Stefanie Brandt

Marketinghandbuch Licensing

Stefanie Brandt

# Marketinghandbuch Licensing

Brands und Lizenzthemen
professionell vermarkten

**GABLER**

Bibliografische Information der Deutschen Nationalbibliothek
Die Deutsche Nationalbibliothek verzeichnet diese Publikation in der
Deutschen Nationalbibliografie; detaillierte bibliografische Daten sind im Internet über
<http://dnb.d-nb.de> abrufbar.

1. Auflage 2011

Alle Rechte vorbehalten
© Gabler Verlag | Springer Fachmedien Wiesbaden GmbH 2011

Lektorat: Barbara Möller | Manuela Eckstein

Gabler Verlag ist eine Marke von Springer Fachmedien.
Springer Fachmedien ist Teil der Fachverlagsgruppe Springer Science+Business Media.
www.gabler.de

Umschlaggestaltung: KünkelLopka Medienentwicklung, Heidelberg
Umschlag-Hintergrundbild „Orange and blue nebula": © sololos / www.istockphoto.com
Umschlag-Figuren: © *Star Wars*™ & © 2011 Lucasfim Ltd. All rights reserved. Used under authorization.
Unauthorized duplication is a violation of applicable law.
© 2011 Hasbro. All rights reserved.
21115 Star Wars Saga Legends Basisfiguren Sortiment, Darth Vader
21115 Star Wars Saga Legends Basisfiguren Sortiment, Anakin Darth Vader
21115 Star Wars Saga Legends Basisfiguren Sortiment, C-3PO
87636 Star Wars Millennium Falcon
94804 Star Wars Fahrzeug Sortiment, Anakin's Starfighter
Druck und buchbinderische Verarbeitung: AZ Druck und Datentechnik, Berlin
Gedruckt auf säurefreiem und chlorfrei gebleichtem Papier
Printed in Germany

ISBN 978-3-8349-1916-8

# Vorwort und Danksagung

Nach dem Studium hat es mich eher zufällig in die Lizenzbranche verschlagen. Schnell habe ich gemerkt, dass dies ein spannendes und abwechslungsreiches Betätigungsfeld ist. Die Branche steht nie still. Ständig drängen neue Lizenzthemen in den Markt, und es ergeben sich immer neue Möglichkeiten für Lizenzprodukte und deren Vermarktung. Heute kann ich mir nicht mehr vorstellen, wie mein Arbeitsalltag ohne den Schwerpunkt Licensing aussehen würde. Es macht sehr viel Spaß, in dieser Branche zu arbeiten.

Für mich ist Licensing vor allem auch deswegen so interessant, weil sich in diesem Betätigungsfeld so viele sympathische, offene Menschen tummeln, mit denen man neue kreative Ansätze für Kooperationen entwickeln und diskutieren kann. Ich bin sehr dankbar, dass mich so viele Kolleginnen und Kollegen aus der deutschen Licensing-Szene beim Schreiben dieses Buches unterstützt haben. Ohne deren unkomplizierte Hilfe bei Informationsbeschaffung und Kontakten hätte ich dieses Buch wohl nie fertiggestellt.

Namentlich möchte ich mich an dieser Stelle besonders bei meinen „Haupt-Unterstützern" *Martin M. Bieri, Axel Dammler, Sabine Eckhardt, Tim Erhardt, Dr. Ursula Feindor-Schmidt, Gabriele Lorenz-Schayer* und *Florian Wagner* bedanken, die alle sehr konkreten Anteil an diesem Buch in Form von Beiträgen und Fachberatung haben. Ein weiteres Dankeschön geht an *Heike Winner* von der deutschen *LIMA Repräsentanz* für ihre fachliche Unterstützung sowie an *Wilma Bögel, Silvia Kaufer und Dorothea Weithoener*, die mir wertvolle Sparringspartnerinnen waren und fleißig Korrektur gelesen haben.

Ein weiterer besonderer Dank geht natürlich auch an meine Familie und meine Freunde, die während der Entstehung dieses Buches nicht allzu viel von mir gesehen und gehört haben.

München, im Januar 2011

Stefanie Brandt

# Inhaltsverzeichnis

# 1    Einführung

*"(An) Intellectual Property[1] is not wealth; it is a tool that, properly used, will produce wealth. The potential that (an) intellectual property represents is locked away and is unlocked only when the property is utilized in the production of goods or services for sale in the market."[2]*

Licensing wird bei Insidern oft mit den Begriffen „Marke", „Markenpolitik" und „Brand" gleichgesetzt oder in Verbindung gebracht (was sicher nicht ganz der korrekten wissenschaftlichen Definition von „Marke" entspricht). Es spielt heute in allen Bereichen der Konsumgüterindustrie und auch im Dienstleistungssektor eine große Rolle. Unternehmen nutzen Lizenzthemen, Prominente oder Marken, um die Attraktivität ihrer Produkte für den Endverbraucher zu steigern. Insbesondere im Kinder- und Jugendbereich geht mittlerweile national und international fast nichts mehr ohne Lizenzen: Das T-Shirt mit der Lieblingsfigur aus dem Fernsehen trägt der Nachwuchs meist lieber als ein „langweiliges" einfarbiges Shirt oder eines mit einem x-beliebigen Bild darauf.

Umgekehrt bauen immer mehr Unternehmen ihre eigenen Marken bewusst so auf, dass sie auch an Partner aus anderen Branchen lizenziert werden können – sei es aus finanziellen Aspekten heraus oder, um markenpolitische Ziele wie z.B. Zielgruppenerweiterung oder eine Produktportfolio-Ergänzung zu erreichen.

Im Entertainment-Bereich ist Licensing schon sehr lange ein wichtiger Teil der Kalkulation für TV- und Kinoproduktionen. Hollywood & Co. bauen auf die Einnahmen aus dem Licensing für die Refinanzierung ihrer kostenintensiven Projekte. Dabei beziehen sich die Licensing-Aktivitäten hier übrigens nicht nur auf Spielwaren oder Fanartikel zum Film oder zur TV-Produktion. Es geht oftmals auch um dem „Ursprungsprodukt" Film sehr nahe Auswertungsmöglichkeiten wie DVDs, Hörspiele und Bücher oder auch in neuerer Zeit z.B. um Video on Demand. Für alle diese Nutzungsarten werden i.d.R. Lizenzverträge geschlossen und sie sind Standard im Film- und Fernsehgeschäft.

Selbstverständlich geht es den Unternehmen – egal ob Lizenzgeber, Lizenznehmer und Handel – am Ende um finanzielle Ziele, die über den gezielten Einsatz von Lizenzthemen erreicht werden sollen. Dabei ist Licensing aber nicht einfach nur ein weiterer Trend aus den USA, der auch zu uns nach Deutschland geschwappt ist. Licensing wird in unserem Land schon seit den 70er Jahren professionell betrieben, und es wird viel Geld damit verdient. In den USA gehört Licensing allerdings schon viel länger zum klassischen Marketing-Mix der Konsumgüterindustrie. Deutsche Markenartikler haben die Chancen auf Wertsteigerung ihrer Marken sowie die Aussicht auf zusätzliche Umsätze durch Lizenzierung dieser an Unternehmen anderer Branchen inzwischen aber auch erkannt und treiben deren Auslizenzierung voran. Des Weiteren denken auch deutsche Filmproduzenten und

---

[1] Intellectual Property = engl. geistiges Eigentum

[2] *Poltorak/Lerner* (2004), S. XV

Verlage inzwischen bereits bei der Skriptentwicklung an die weitere Verwertung ihrer Stoffe durch Lizenzierung.

Licensing deckt viele Branchen und Produktkategorien ab und begegnet uns in vielfältigster Weise im Alltag: Ganz offensichtlich tut es dies bei Kinderprodukten. So manche Eltern kennen die mitunter nervigen Diskussionen, wenn der Nachwuchs nach *SpongeBob*-Bettwäsche verlangt oder plötzlich nur noch die Frühstückscerealien mag, auf deren Verpackung das Bild der *Sendung mit der Maus* prangt. Die Cornflakes oder Rice Krispies werden natürlich nur noch aus dem dazu passenden Geschirr gegessen. Es überrascht daher nicht, dass gerade Lizenzthemen mit Ursprung im (Kinder-)Fernsehen zu den erfolgreichsten gehören. Weitere florierende TV-Lizenzthemen sind u.a. Kinder-Fernseh-Stars wie *Bob der Baumeister* oder im Teenie- und Erwachsenen-Bereich *The Simpsons*. Aber auch bei den nahezu perfekt medial vermarkteten Großevents wie den *Olympischen Spielen*, Begegnungen in der *DFL Deutschen Fußball Liga, Rock am Ring* oder Konzerten bekannter Musiker sind wir spätestens am Souvenir-Stand mit Licensing konfrontiert. Oftmals erreicht es uns aber auch schon im Vorfeld, wie beispielsweise im *Fußball-WM*-Sommer 2006, als wir in den Läden quer durch die Republik lizenzierte Fußbälle für unsere Kinder, das offizielle Maskottchen *Goleo* oder die offizielle Fan-Schminke kaufen konnten, um uns die Farben unseres National-Teams auf die Wangen zu malen. Auch die offizielle Biographie oder der Fankalender über unseren Lieblingsstar oder -film, die wir vor einigen Wochen im Buchladen erstanden haben, sind Lizenzprodukte – ebenso wie übrigens das berühmte *Hard Rock Café*-Hotel in Las Vegas.

Vielleicht überrascht es den einen oder anderen Leser, dass es auch Lizenzprodukte im Handel gibt, die weniger offensichtlich solche sind: Viele Markenartikel-Hersteller bedienen sich des Licensing in „diskreterer" Art und Weise und kommunizieren nicht offensiv, dass einige der mit ihren Marken und ihrem Design versehenen Produkte gar nicht von ihnen selbst hergestellt und vertrieben werden. Namhafte Mode- und Lifestyle-Marken wie beispielsweise *Adidas, Benetton* oder *Boss* produzieren viele, aber eben nicht alle Produkte ihrer Kollektionen selbst (oder lassen diese in ihrem Auftrag produzieren). Stattdessen lizenzieren sie u.a. ihre Parfums und Sonnenbrillen an andere Firmen und stellen diese also weder selbst her noch kümmern sie sich um deren Vertrieb. Verkauft werden diese Lizenzprodukte dann sowohl über die Vertriebskanäle des Lizenznehmers als i.d.R. auch in den Geschäften des Lizenzgebers, wo sie zusammen mit den selbst produzierten Produkten angeboten werden. Die aktuell so gefragte Modemarke *Ed Hardy* ist z.B. vor allem durch internationale Lizenzkooperationen so erfolgreich geworden.

Ähnlich ist es bei den großen internationalen Spielzeugherstellern: Glauben Sie wirklich, dass *Mattel* selbst ein Produkt wie ein *Barbie*-Klavier herstellt und vertreibt? Oder dass hinter der Herstellung von *Playmobil*-Bettwäsche tatsächlich der fränkische Spielwarenhersteller *geobra Brandstätter* selbst steht? Natürlich nicht – auch *Mattel, Hasbro, LEGO* & Co. vergeben Lizenzen an Hersteller anderer Warenbereiche, in denen sie selbst nicht aktiv sind, und verfügen über eigene Lizenzabteilungen mit spezialisiertem Personal und/oder arbeiten mit externen Lizenzagenturen zusammen.

Der nordamerikanische Lizenzmarkt ist der mit Abstand größte international. Aber auch in europäischen Märkten wie Großbritannien, Frankreich, Deutschland und Italien ist die Bedeutung von Licensing für die Konsumgüterindustrie immens – wenn auch die Präferenzen der Märkte bezüglich der nachgefragten Lizenzthemen als auch der Lizenzprodukte zum Teil selbst sehr unterschiedlich sind. Die westeuropäischen Märkte erreichen zusammen nur rund ein Drittel des nordamerikanischen Umsatzvolumens mit Lizenzprodukten, dennoch ist Westeuropa nach dem nordamerikanischen der zweitwichtigste Markt im internationalen Lizenzgeschäft. (**Abbildung 1.1**)

**Abbildung 1.1**     Nationale Anteile am weltweiten Umsatz mit Lizenzprodukten[3]

| Land | Anteil Umsatz in % |
|---|---|
| USA/Kanada | 64,5 % |
| Westeuropa | 22,4 % |
| Japan | 6,7 % |
| Australien/ Neuseeland | 2,4 % |
| China | 1,7 % |
| Lateinamerika | 1,2 % |
| Südasien | 0,8 % |
| Osteuropa | 0,4 % |

Aufgrund einer gewissen Sättigung der Märkte aber auch der noch anhaltenden internationalen Wirtschaftskrise nehmen die Lizenzumsätze weltweit seit einigen Jahren ab. Dennoch ist und bleibt Licensing ein wichtiger Bestandteil des Konsumgüter-Marketings und ist auch bei uns nicht mehr wegzudenken. Der deutsche Lizenzmarkt ist vergleichsweise klein – die Märke in Großbritannien und Frankreich sind viel stärker vom Licensing beeinflusst. Aber auch hierzulande steigt die Bedeutung des Licensing weiter. Mittlerweile tummeln sich zahlreiche Akteure (Lizenzgeber, Lizenzagenturen, Lizenznehmer, Handelsunternehmen und Dienstleister) in der deutschen Repräsentanz der weltweit agieren-

---

[3] vgl. *TLL – The Licensing Newsletter* (Presse, 2009), Emerging Territories Grow in 2008, But Retail Sales Down

den Licensing-Organisation *LIMA*,[4] Tendenz steigend. Hinzu kommen außerdem zahlreiche Unternehmen, die sich auch im Licensing engagieren, aber nicht offiziell organisiert sind. Die nach Umsatz gemessen größte Lizenzproduktkategorie in Deutschland ist die Bekleidungsindustrie mit 20 Prozent, gefolgt von der Spielwaren-Branche (19 Prozent). Die derzeit am stärksten wachsende Lizenzprodukt-Kategorie ist der Software- bzw. Video-Games-Sektor – ein internationaler Trend.[5]

Das vorliegende „Marketinghandbuch Licensing" hat zum Ziel, dem Leser einen umfassenden Einblick in das Lizenzgeschäft zu gewähren – von den Definitionen der Basistermini über die wichtigsten rechtlichen und marketingstrategischen Überlegungen für Lizenzgeber und -nehmer, die wichtigsten Eckpunkte in Lizenzverträgen bis hin zur Produktentwicklung in Abstimmung zwischen Lizenzgebern und -nehmern sowie weitreichenden Marketingkampagnen unter Einbeziehung unterschiedlicher Lizenznehmer. Als Frau der Praxis ist es der Autorin wichtig, neben marketingtheoretischen Aspekten viele Beispiele zu nennen, um ein praxisnahes Bild des Lizenzgeschäftes zu vermitteln. Der Fokus liegt dabei auf dem deutschsprachigen Markt. Die internationalen Märkte weisen zu große Unterschiede auf, so dass es leider nicht möglich ist, in dem gegebenen Umfang dieses Buches alle weltweit relevanten Märkte en détail zu durchleuchten und deren Spezifika zu erläutern. Die grundsätzlichen Begebenheiten des Licensing treffen jedoch auch auf die internationalen Märkte zu, so dass dieses Buch dazu dienen kann, die Grundlagen des Licensing zu verstehen.

Es kommen im Folgenden ergänzend ausgewiesene Fachleute der deutschen Lizenzbranche zu Wort, die dem Leser erfolgreiche Case Studies und interessante Insights zu prominenten Lizenzthemen und Spezialbereichen des Licensing vorstellen. Sämtliche Texte, die nicht (ausschließlich) von der Autorin dieses Buches, Stefanie Brandt, stammen, sind entsprechend gekennzeichnet.

Angemerkt sei außerdem, dass die Lizenzbranche genauso wie Technik und Medien allgemein im ständigen Wandel ist und sich kontinuierlich weiterentwickelt. Trends, Themen, Produkte und Vermarktungsansätze kommen und gehen. Dieses Buch ist kein Orakel, das in die Zukunft blicken kann. Es ist vielmehr eine Momentaufnahme dessen, wie Licensing zu Beginn des zweiten Jahrzehnts des 21. Jahrhunderts im deutschsprachigen Raum durchgeführt wird. Das Basiswissen über Licensing bleibt im Zeitverlauf gleich – auch wenn sich das Licensing an sich natürlich weiterentwickeln wird.

---

[4] LIMA = International Licensing Industry Merchandiser's Association (Hauptsitz: New York/ USA)

[5] vgl. *LIMA Repräsentanz Deutschland* (Web, 2009), LIMA Deutschland: Aussichten 2009

# Grundlagen des Licensing

# 2 Geschichte des Licensing

Licensing in seiner Grundform ist keine neue „Erfindung". Schon im späten 19. Jahrhundert setzten britische Banken *Punch and Judy*-Handpuppen, die englischen Vorlagen für die in unseren Breiten bekannten Kasperle-Puppen, ein, um für sich zu werben. Auch gekrönte Häupter unterstützten eine ganze Bandbreite an Produkten mit ihren Konterfeis darauf, um sich die Beliebtheit ihrer Untertanen zu sichern.

Das Lizenzgeschäft, wie wir es heute kennen, ist in Deutschland und Europa schon immer von Trends und Themen aus den USA stark beeinflusst. Schließlich ist es kein Geheimnis, dass die USA als das Mutterland der Filmindustrie betrachtet werden. Von hier aus wird bis heute die internationale Filmindustrie dominiert, denn Filmstudios wie *Warner Bros.*, *Disney*, *DreamWorks* oder *Paramount Pictures* sind hier beheimatet. Die US-amerikanische Filmindustrie sowie andere im Land ansässige Medienunternehmen gelten als Vorreiter des Lizenzgeschäfts. Hier hat man früh erkannt, welches enorme finanzielle Potenzial darin steckt. Gerade weil in den USA kein öffentlich-rechtliches Fernsehen existiert, suchten Filmproduzenten bereits früh Möglichkeiten, ihre Produktionskosten über Kooperationen zu decken. Die Verwertung von Nebenrechten[6] spielte seitdem eine immer wichtigere Rolle. Aber auch viele Spielzeughersteller, die heutzutage im internationalen Lizenzgeschäft bedeutend sind (z.B. *LEGO* oder *Mattel*), stammen aus den USA. In Europa und speziell Deutschland hat man erst viel später die Möglichkeiten des Licensing erkannt und begonnen, es konsequent und im größeren Umfang zu nutzen.

Hinzu kommt die immer weiter voranschreitende Internationalisierung. Sie bewirkt, dass Themen von vornherein global angelegt werden und entsprechend weltweit zeitgleich vermarktet werden. Vor allem Kinoproduktionen und Kinderthemen aus dem Spielwaren- und TV-Bereich haben heute mehr denn je eine sehr große internationale Ausstrahlung in Marketing und Pressearbeit. Daher ist es naheliegend, dass auch Vermarktungsstrategien hierfür vielfach aus den USA und auch Asien nach Europa herüber schwappen und hierzulande dann für lokalere Projekte adaptiert und modifiziert werden.

## 2.1 Licensing-Geschichte in den USA und international

Da sie als das Mutterland des Licensing betrachtet werden, die das Geschäft noch heute maßgeblich bestimmen, ist es sinnvoll, in diesem Buch einen kurzen Überblick über die Geschichte des Licensing in den USA zu geben. Wichtige internationale Einflüsse werden ebenfalls dargestellt.

---

[6] siehe Kapitel „Verwertungs- und Nutzungsrechte", S. 53

In der rar gesäten Fachliteratur wird die Figur *Buster Brown*, eine Comic-Figur der Tageszeitung *New York Herold*, als erste Licensing-Figur genannt. 1902 wird der Name dieser Figur erstmals für Spielzeug, Schuhe und Bekleidung verwendet. Ein Jahr später wird in den USA das erste *Peter Rabbit*-Spielzeug, das auf einer Figur der erfolgreichen *Beatrix-Potter*-Bücher basiert, in den Handel gebracht. Kurz darauf vertreiben unterschiedliche Unternehmen bereits Produkte unter Verwendung von Logos namhafter Marken wie *Ford*, *Pepsi* oder *Campbell's*. Auch die Verkaufskraft von Prominenten und bekannten Figuren der aufstrebenden Filmindustrie im ersten Jahrzehnt des 20. Jahrhunderts gewinnt damals an Bedeutung: So ist der Schauspieler *Charlie Chaplin* einer der ersten Prominenten, der ab 1910 als „Lizenzthema" zum Einsatz kam.[7] Selbst die Bekanntheit des US-Präsidenten *Theodore Roosevelt* wird für Lizenzprodukte genutzt, denn 1913 vergibt er die Nutzungsrechte an seinem Spitznamen „Teddy" für den Teddy-Bären.

Seit den 20er Jahren sind Filmgeschäft und Licensing in den USA schon kaum noch voneinander zu trennen. So erwerben die Produzenten der ersten beiden Zeichentrickfilme *Alice's Wonderland* (1923) und *Oswalt – The lucky Rabbit* (1927) von deren Urheber *Walt Disney* alle Nebenrechte und vergeben diese in Form von Lizenzen.[8] Auch wenn *Walt Disney* damals noch nicht wirklich am kommerziellen Erfolg dieser Figuren partizipiert, so gilt er heute dennoch als einer der Pioniere des Lizenzgeschäfts. Sein erster eigener Film *Steamboat Willie* – mit der heute so bekannten Figur *Mickey Mouse* (1928) – wird schon durch Lizenzeinnahmen refinanziert. *Mickey Mouse* erscheint beispielsweise als Comic-Strip in Tageszeitungen und in Buch-Form. Das erste „richtige" *Mickey*-Lizenzprodukt ist 1929 eine Schreibtafel,[9] der bis heute ungezählte Produkte folgen sollten, u.a eine *Mickey-Mouse*-Uhr, die allein zwischen 1933 und 1935 unglaubliche 2,5 Mio. Mal verkauft wurde.[10]

In den 30er Jahren werden in den USA Comic-Figuren immer beliebter, genauso wie Filmstars und Prominente aus dem Massenmedium Radio. Erfolgreiche Lizenzen sind zu dieser Zeit u.a. *Felix the Cat*, *Batman*, *Popeye*, *Dick Tracy*, *The Lone Ranger* oder *Shirley Temple*.[11]

Diese Trends halten auch in den 40er Jahren an. Lizenzthemen wie *Bugs Bunny*, *Caspar der freundliche Geist*, *Tom & Jerry* oder *Captain Marvel* werden bekannt und für Lizenzprodukte verwendet. Große Modedesigner wie *Christian Dior* und *Pierre Balmain* starten ihre Karrieren und beeinflussen das Lizenzgeschäft, indem sie Nebenprodukte ihrer Kollektionen, die sie selbst nicht herstellen, in Form von Lizenzen an andere Unternehmen abtreten.[12]

---

[7] vgl. *Raugust* (2008), S. 4

[8] vgl. *Maltin* in *Böll* (1996), S. 29

[9] vgl. *Upton* in: *Pecora* (1998), S. 56

[10] vgl. *Fuchs* in: *Schäfer* (2003), S. 20

[11] vgl. *Raugust* (2008), S. 4

[12] vgl. *Raugust* (2008), S. 4

In den 50er Jahren kommen weitere Modedesigner wie *Pierre Cardin, Givenchy* oder *Valentino* auf den Markt. Sie alle vergeben für ausgewählte Produktgruppen Lizenzen an Dritte. So schießt 1959 Schuhdesigner *Charles Jourdan* einen Lizenzvertrag mit *Christian Dior* über eine komplette *Dior*-Schuhlinie. In den USA fangen zu dieser Zeit auch Eishockey- und Baseball-Sportler an, Trading Cards zu lizenzieren. Ebenso starten große Lizenzen aus dem Verlagsbereich ihre Erfolgsgeschichten in den 50er Jahren: 1958 wird das erste *Peanuts*-Buch veröffentlicht und passend dazu kommt das erste *Snoopy*-Lizenzprodukt, eine Plastik-Figur, in den Handel. Personen und Figuren aus der Unterhaltungsindustrie wie *John Wayne, Rin Tin Tin* oder *Huckleberry Hound* werden berühmt und für Produkte eingesetzt. Dieses Jahrzehnt verzeichnet auch den ersten ganz großen kommerziellen Erfolg mit der Lizenzierung eines TV-Formats mit *Davy Crockett*, einer von *Disney* geschaffenen Serie auf Basis des Lebens eines amerikanischen Politikers und Kriegshelden aus dem 19. Jahrhundert. Die Serie erwirtschaftet 300 Millionen US-Dollar an Lizenzeinnahmen.[13]

Im Laufe der 60er Jahre werden das Fernsehen und die daraus generierten Lizenzthemen immer bedeutender. Serien wie *Die Familie Feuerstein, Yogi Bär, Daniel Boone* und die *Sesamstraße* erscheinen auf der Mattscheibe. Außerdem avancieren *The Beatles* zu einem großen Lizenzthema, ebenso wie die amerikanische *National Football League* (*NFL*), die als erste Sportliga weltweit ein Lizenzprogramm auflegt und es kontinuierlich bis heute ausbaut. Und weitere noch heute namhafte Modedesigner wie *Oscar de la Renta, Laura Ashley* oder *Ralph Lauren* werden in diesem Jahrzehnt populär.[14]

*Der Rosarote Panther* ist in den 70er Jahren eine der Toplizenzen mit über 250 Lizenznehmern weltweit. Mit der *Muppet Show* startet in dieser Zeit ein weiteres weltweit sehr erfolgreiches TV-Format. Aus der Welt des Kinos werden Themen wie *Planet der Affen, Der 6 Millionen Dollar Mann* und vor allem *George Lucas'* zunächst als Trilogie startende *Star Wars*-Saga zu Blockbustern, die riesige Mengen an Lizenzgebühren generieren. *Planet der Affen* bringt es beispielsweise auf über 300 Lizenzprodukte innerhalb von zwei Jahren[15], während *Star Wars* bis heute zu den weltweit einträglichsten Lizenzthemen überhaupt zählt![16]

In den 80er Jahren erobert eine neue Generation von TV-Serien die Fernsehgeräte: Spielzeuge, die bereits in den Kinderzimmern der Welt zuhause sind, werden zu Serienhelden. Unter ihnen *He-Man, My Little Pony* und die *Power Rangers*. Aus dem Unterhaltungsbereich stammen in diesem Jahrzehnt weiterhin Themen wie *Roger Rabbit, ALF, Dallas, Denver Clan* und der Kino-Blockbuster *Ghostbusters*. Ebenfalls schaffen es Figuren aus der Werbung in die Lizenzvermarktung (z.B. *Budweiser's Party Animal*). Nicht zuletzt ist es das Jahrzehnt der Sport-Vermarktung: Die führenden Sportligen in den USA und große internationale

---

[13] vgl. *Raugust* (2008), S. 4

[14] vgl. *Raugust* (2008), S. 5

[15] vgl. *Forkan* in *Pecora* (1998), S. 56

[16] vgl. *Raugust* (2008), S. 5

Sportevents wie beispielsweise die *Olympischen Spiele* 1984 in Los Angeles werden aggressiv und komplett – national und international – vermarktet.[17]

Im Jahr 1985 wird der internationale Lizenzverband *LIMA* in New York gegründet, von wo aus Lizenzgeber, Lizenzagenturen, Lizenznehmer und Handelspartner bei ihrem Geschäft unterstützt werden. Die *LIMA* richtet u.a. Messen und Networking-Veranstaltungen aus und hat einige nationale Repräsentanzen.

Im letzten Jahrzehnt des 20. Jahrhunderts ist das Licensing – wie es in den USA interpretiert und umgesetzt wird – den Kinderschuhen entwachsen. Erstmals liegen die Einnahmen aus Lizenzvermarktung unter den Vorjahresumsätzen. Dennoch gibt es einige sehr erfolgreiche Themen wie die Music Acts *New Kids on the Block*, *The Spice Girls* oder *Take That*, die weltweit vermarktet werden. *The Simpsons* erobern in den 90er Jahren die Fernseher und werden zum Top-Seller unter den Lizenzthemen. Andere große Properties in dieser Zeit sind u.a. *Teenage Mutant Ninja Turtels*, *Thomas und seine Freunde* (die in Deutschland erst im folgenden Jahrzehnt richtig durchstarten wird), die *Teletubbies*, *Beverly Hills 90210*, *South Park* und *Pokémon*.[18]

Seit der Jahrtausendwende gewinnen Marken im internationalen Licensing an Bedeutung. Musikveranstaltungen werden immer gigantischer und mit ihnen auch die Umsätze des Licensing. Künstler-Themen wie *Keith Haring* oder *Andy Warhol* sind erfolgreich, und auch Buchthemen wie *Harry Potter*, *Herr der Ringe* oder die *Twilight*-Verfilmungen werden weltweit in Form von Kinofilm-Reihen zu großen Lizenzierungserfolgen, die die Erwartungen bei weitem übertreffen. Viele „One-Shot"-Kinofilme sorgen nicht nur an den Kinokassen für Umsatz, sondern auch im Lizenzhandel. Zu ihnen zählen *Monster AG*, *Findet Nemo* und *Cars*. TV-Themen wie *SpongeBob*, *Bob der Baumeister*, *High School Musical* oder *Hannah Montana* starteten ihren Siegeszug im neuen Millennium. Letztere läuten damit auch die neue Ära des Licensing für die so genannte Tween-Zielgruppe[19] ein. Immer mehr setzt sich in dieser Zeit auch die Praxis durch, direkt an den Handel zu lizenzieren; auf einen herstellenden Lizenznehmer „dazwischen" wird fortan häufig verzichtet. Die wirtschaftliche Krise, die Ende des Jahrzehnts in den USA beginnt, beeinflusst weltweit auch den Lizenzhandel. Die Umsätze sinken.[20] Seit Beginn des zweiten Jahrzehnts erholt sich der Markt aber zusehends.

---

[17] vgl. *Raugust* (2008), S. 5

[18] vgl. *Raugust* (2008), S. 5-6

[19] Tweens = Jugendliche im Alter 8 - 12 Jahre

[20] vgl. *Raugust* (2008), S. 6

## 2.2 Licensing-Geschichte in Deutschland

In Deutschland erkennen erste Unternehmen Mitte des 19. Jahrhunderts, dass gewisse Maßnahmen Produkte attraktiver für den Konsumenten werden lassen, weil sie mit deren Hilfe aus der Masse vergleichbarer Angebote herausstechen und den Endverbraucher so emotional an das Produkt binden. Der Süßwarenfabrikant *Stollwerk* legt z.B. seinen Produkten Sammelbilder bei und erweitert sein Angebot um dazu passende Sammelalben. Sammelkarten und -alben sind noch heute Verkaufsschlager – wie beispielsweise die beliebten *Fußball WM*-Sammelalben des italienischen Verlags *Panini*.

Zunächst werden in Deutschland hauptsächlich gemeinfreie[21] Bilder und solche, die eigens für verkaufsfördernde Zwecke erstellt werden, als Produktzugaben genutzt. Doch die Unternehmen erkennen schnell, dass bekannte Figuren aus Büchern, Filmen etc. durch ihre Beliebtheit noch attraktiver für die Konsumenten sind. Ende des 19. Jahrhunderts werden u.a. Figuren aus dem damals weit verbreiteten Buch *Struwwelpeter* von *Dr. Heinrich Hoffmann* und aus *Wilhelm Busch*s *Max und Moritz* für Karten- und Gesellschaftsspiele lizenziert. Diese Figuren und andere Charaktere aus Büchern werden übrigens auch als Anzeigenmotive für Kindermehl verwendet.[22] Heute würde man diesen Einsatz eines „Characters" neudeutsch „Promotion" nennen.

In den 20er Jahren des letzten Jahrhunderts gewinnen absatzfördernde Kundenmagazine an Ansehen. Der Margarinen-Hersteller *Rama* (heute Teil des internationalen *Unilever*-Konzerns) veröffentlicht beispielsweise als einer der ersten ein solches Magazin, genauso wie das Handelsunternehmen *Karstadt*. Diese Kundenzeitschriften, die sich vorrangig an die Zielgruppe Kinder richten, enthalten ab den 30er Jahren auch amerikanische Comic-Strips wie z.B. mit *Mickey Mouse*, *Donald Duck* oder *Prinz Eisenherz* und werden im Handel vertrieben. Die Nutzung dieser Comics erfolgt über Lizenzzahlungen an den jeweiligen (amerikanischen) Lizenzgeber.[23]

Der Schuhfabrikant *Salamander* verlegt seit 1937 sein eigenes Kundenheft *Lurchi*, das in Form von Sammelbänden beim *Esslinger Verlag* bis heute erhältlich ist. Zunächst wird das Heft kostenlos verteilt, später aber auch verkauft. Neben den Comics sind zeitweise u.a. auch Stofftiere, Hörspiele und Biegefiguren von *Lurchi* im Handel erhältlich.[24] Aber auch der Vertrieb „echter" Lizenzprodukte zu *Mickey Mouse* wie Salzstreuer, Porzellan und Puppen boomt im Deutschland der 30er Jahre und endet erst, als die Zensur der Nationalsozialisten greift.

---

[21] siehe Kapitel „Verwertungs- und Nutzungrechte", S. 53

[22] vgl. *Schnurrer* in: *Böll* (1996), S. 25

[23] vgl. *Schnurrer* in: *Böll* (1996), S. 35

[24] vgl. *www.wikipedia.de* (Web, 2010), Luchi

Nach dem Zweiten Weltkrieg sind es vorwiegend amerikanische Comic-Hefte, die den Lizenzmarkt hierzulande beherrschen. Neben *Disney* gelingt es jedoch nur wenigen Unternehmen, bis in die 70er Jahre hinein Lizenzprodukte im bundesdeutschen Handel zu platzieren. Hierzulande beginnt allerdings die erste zaghafte, wirklich kommerzielle Vermarktung von TV-Formaten, die man als den eigentlichen Anfang des deutschen Lizenzgeschäfts bezeichnen kann, mit der Gründung der beiden öffentlich-rechtlichen Fernsehanstalten *ARD* (Gründung 1950) und *ZDF* (Gründung 1961, Sendebeginn 1963). Der Rundfunkstaatsvertrag sieht damals für die öffentlich-rechtlichen Fernsehanstalten keine anderen Finanzierungsquellen neben Rundfunkgebühren, Werbeeinnahmen und öffentlichen Zuschüssen vor. Dennoch gibt es bereits damals Licensing-Aktivitäten: So werden schon in den 60er Jahren erste Langspielplatten zu TV-Sendungen veröffentlicht. Das *ZDF* gründet sehr früh eine eigene Merchandising-Abteilung, die u.a. die *Mainzelmännchen* vermarktet, die seit Sendebeginn in kleinen Zuspiel-Geschichten im Programm des Senders ausgestrahlt werden. Seit 1964 sieht man die Konterfeis von *Edi* & *Co.* auf unterschiedlichen Produkten, deren Verkauf dem Sender zusätzliche Einnahmen bescherten.[25] Ein weiterer früher Licensing-Erfolg des *ZDF* sind *Loriots* Figuren *Wum & Wendelin*, die regelmäßig in der TV-Show *Drei mal Neun* und später bei *Der große Preis* über den Bildschirm flimmern[26]. Aber auch in den Sendeanstalten der *ARD* wird Licensing betrieben. Sender-Charaktere wie z.B. das *Walross Antje* des *NDR* werden lizenziert.

In München gründet der Münchner Medienunternehmer *Leo Kirch* 1971 *Merchandising München*, die erste deutsche Lizenzagentur – die heute als *MM MerchandisingMedia* zur *ProSiebenSat.1 Group* gehört. Erste Lizenzthemen der Agentur sind die Zeichentrickserien *Biene Maja*, *Sindbad der Seefahrer* und *Pinocchio*, die die *Kirch-Gruppe* co-produziert.[27] Diese ersten von einer professionellen Lizenzagentur vermarkteten Lizenzthemen sind typisch für ihre Zeit in Deutschland: Der Fokus bei der Lizenzierung liegt in der Anfangszeit hierzulande fast ausschließlich auf animierten Kinderprogrammen.

Erst ab den 80er Jahren werden auch Realserien für Kinder und Erwachsene in Deutschland vermarktet. Die amerikanischen TV-Serien *Dallas* und *Denver Clan* sind die ersten Lizenzkassenschlager ihrer Art. Das Produktportfolio ist riesig: von Bekleidung über Geschirr bis hin zu Büchern. Der Erfolg der Lizenzierung dieser amerikanischen Serien bestätigt das finanzielle Potenzial von Licensing für die Re-Finanzierung von Filmprojekten. Für deutsche TV-Serien wurde es erstmals bei den Kultserien *Die Schwarzwaldklinik* und *Die Guldenburgs* einkalkuliert.[28] Ein erster ganz großer Licensing-Erfolg in Deutschland ist schließlich die US-Serie *ALF*, die im *ZDF*-Vorabendprogramm seit 1987 ausgestrahlt und

---

[25] vgl. *Böll (1999)*, S. 22

[26] vgl. *Schäfer (2003)*, S. 22

[27] vgl. *Böll (1999)*, S. 22

[28] vgl. *Böll (1999)*, S. 22

von *Merchandising München* vermarktet wird. Die Vermarktungsumsätze für die Serie erreichen damals eine halbe Milliarde Mark (zu Endverbraucherpreisen).[29]

Im Jahr 1984 werden mit *Sat.1* und im folgenden Jahr mit *RTL plus* (heute *RTL*) die ersten beiden privaten TV-Sender Deutschlands gegründet. Damit entstehen neuartige Medienunternehmen, bei denen – anders als bei den öffentlich-rechtlichen Sendern – die kommerzielle Nutzung von TV-Inhalten zum Zwecke der Erwirtschaftung von Einnahmen im Vordergrund steht. Durch die neuen Sender verteilen sich auch Zuschauerzahlen und Marktanteile neu. Fortan wird es unterschiedliche TV- und auch Radioangebote für spezielle Zielgruppen geben; sogar eigene Sparten-Sender mit darauf abgestimmten Programmen halten Einzug in die deutsche Medien-Landschaft. Nicht nur die beiden Privatsender der ersten Stunde bieten heute eine Vielzahl von TV-Programmen oder Internetangeboten an, die zum Teil kostenpflichtig sind. Ergänzt werden diese durch Produkt- und Service-Angebote wie Handy-Tarife oder Online-Videotheken. Sie verfügen meist auch über eigene Lizenzagenturen oder entsprechende Abteilungen im Haus, die eingekaufte und selbst produzierte TV-Programme lizenzieren und zum Teil mit Werbezeitenbuchungen oder Integration in die Senderwebsites kombinieren.

In den 90er Jahren werden in Deutschland zahlreiche Lizenzagenturen gegründet. Aufgrund des größeren Angebotes an TV-Formaten durch die gestiegene Anzahl an TV-Sendern, aber wohl auch durch die steigende Offenheit der Endverbraucher hierzulande gegenüber Lizenzartikeln werden mehr und mehr Themen vermarktet. In Deutschland entstehen seit dieser Zeit nationale moderne Lizenzklassiker wie *Janosch* und *Die Sendung mit der Maus*. Beide sind schon länger mit ihren Büchern bzw. ihrer TV-Sendung präsent, aber erst seit den 90er Jahren werden sie aktiv und sehr lohnend vermarktet. Die *Teletubbies* der britischen *BBC* werden auch in Deutschland zu einem großen Licensing-Erfolg in diesem Jahrzehnt.

Im neuen Jahrtausend wird die deutsche Repräsentanz der internationalen Licensing-Organisation *LIMA* in München gegründet und unterstützt dadurch das Lizenzgeschäft im deutschsprachigen Raum maßgeblich, da es fortan eine Interessenvertretung für im Licensing aktive Unternehmen gibt. Sie ist die größte *LIMA*-Organisation außerhalb der USA und organisiert u.a. regelmäßige Branchen-Treffs und leistet aktiv PR- und Marketing-Arbeit für die gesamte Branche.

Das Millennium steht in Deutschland unter der umfassenden Vermarktung aller erdenklichen Themen: Nationale Buchthemen wie der *Hase Felix* oder *Prinzessin Lillifee* des Münsteraner Verlags *Coppenrath*, die beide auch die Kinoleinwände erobern, oder *Die Wilden Kerle* des *Baumhaus Verlags* werden zu Top-Lizenzthemen, die aber vorwiegend in unserem Land funktionieren. Gerade *Die Wilden Kerle* werden nicht zuletzt dank der fünf Kinofilme so erfolgreich. Geschickt wird die Welt, die Autor *Joachim Massanek* in seinen 14 Kinder-Romanen beschreibt, im Hinblick auf die Zielgruppenansprache in den Kinofilmen erwei-

---

[29] vgl. *Böll* (1996), S. 31

tert. Andere Themen, die in Deutschland zu großen Lizenzkassenschlagern werden, sind u.a. 2006 die *Fußball-WM* im eigenen Land, reichweitenstarke TV-Reality-TV-Formate wie *DSDS-Deutschland sucht den Superstar* mit dem Star-Musikproduzenten *Dieter Bohlen* oder *Germany's next Topmodel* mit dem deutschen Topmodel *Heidi Klum*. Aber auch internationale Themen wie *Hello Kitty* aus Japan und weltweite Dauerbrenner wie *Star Wars* oder Kino-Serien wie *Shrek, Harry Potter* oder *Ice Age* sind in Deutschland sehr gewinnbringend. Gleiches gilt für TV-Serien wie *Thomas und seine Freunde, SpongeBob, Ben 10* oder *Bob der Baumeister*. Allesamt funktionieren auch global und werden in Deutschland vor Ort von lokalen Lizenzagenturen betreut. Auch Marken gewinnen, dem internationalen Trend folgend, an Bedeutung bei der Lizenzierung. Zu den bekanntesten Marken in diesem Bereich zählt aktuell die Modemarke *Ed Hardy*.

Des Weiteren erkennen in neuerer Zeit immer mehr deutsche Unternehmen die Möglichkeiten von vernetzten Lizenzkooperationen, bei denen sie sich mit anderen Lizenznehmern zusammenschließen oder Promotions lizenzieren, die bisher eher selten oder nie neu für das deutsche Lizenzgeschäft sind. Dazu zählen z.B. die Lizenzierung von Versandpaketen bei *DHL* mit den Abbildungen von *Prinzessin Lillifee* und *SpongeBob* im Jahr 2009. Allgemein beginnen Lizenzgeber nun, ihre Lizenzstrategien zu überdenken und die Anzahl der autorisierten Produkte zu reduzieren. Ziel ist es, mehr Kontrolle über ihre Themen zurückzuerhalten und der allgemeinen wirtschaftlichen Krise am Ende des ersten Jahrzehnts des neuen Jahrtausends entgegenzuwirken.

# 3 Einordnung des Licensing in das Marketing

## 3.1 Licensing als Teil des Marketing-Mix

Aus dem Englischen übersetzt bedeuten das Nomen „**License**" Lizenz und das Verb „**licensing**" lizenzieren. Es geht beim Licensing allgemein gesprochen um die Verwendung von Lizenzthemen im Zusammenhang mit Produkten und Dienstleistungen, um diese durch die Nutzung von z.B. bekannten Marken, Prominenten oder Figuren von der Konkurrenz abzuheben und dadurch für den Endverbraucher attraktiver zu machen.

Licensing ist jedoch keine eigenständige Strategie, sondern vielmehr ein Teil des Marketing-Mix innerhalb einer komplexen Marketingstrategie eines Unternehmens. Sowohl für Lizenzgeber als auch für Lizenznehmer dient Licensing als ein Mittel neben anderen Maßnahmen, um die strategischen Ziele des Unternehmens, die meist der Markenführung dienen, zu erreichen. Es verwundert daher nicht, dass das Licensing sowohl bei Lizenzgebern als auch bei -nehmern häufig von der Marketing-Abteilung geleitet wird.

### Der klassische Marketing-Mix (4 Ps)

Die Kernaufgaben des Marketings in einem Unternehmens sind offensichtlich: Es geht darum, neue Leistungen anzubieten, bestehende Leistungen zu halten und zu pflegen, neue Kunden zu akquirieren und neue Kunden hinzuzugewinnen.[30] Aus diesen vier Aufgaben wird die Marketingplanung entwickelt, umgesetzt und kontrolliert. Es wird unterschieden zwischen der **strategischen Marketingplanung**, die langfristig ist und eher globale Marketingziele eines Unternehmens wie z.B. die Erhöhung des Bekanntheitsgrades definiert, und der **operativen Marketingplanung**, die auf Basis der strategischen Planung die Marketinginstrumente festlegt.[31] [32] [33]

Der **Marketing-Mix** gestaltet die operative Marketingplanung. Die so genannten „klassischen 4 Ps" des Marketing-Mix werden heutzutage immer häufiger weitreichender interpretiert und in der Literatur oft um weitere „Ps" ergänzt, die u.a. die zunehmende Wichtigkeit von Dienstleistungen einbeziehen. Als Basis des Marketings ist der Marketing-Mix selbstverständlich auch für Unternehmen anzuwenden, die Licensing betreiben.

---

[30] vgl. *Tomczak/Reineke* in: *Meffert/Burmann/Kirchgeorg* (2008), S. 18

[31] vgl. *Meffert/Burmann/Kirchgeorg* (2008), S. 18

[32] vgl. *Meffert/Burmann/Kirchgeorg* (2008), S. 21-22

[33] vgl. *Meffert/Burmann/Kirchgeorg* (2008), S. 24-26

## Die klassischen 4 Ps:

**▦ Product (Produktpolitik)**

Im Rahmen der Produktpolitik dient Licensing dazu, Produkte passend zu einem Lizenzthema zu entwickeln bzw. das jeweilige Lizenzthema für die eigenen Produkte auszuwählen. Dazu zählen z.B. ein korrespondierendes Verpackungsdesign im Rahmen einer zeitlich begrenzten Promotion, speziell neu entwickelte Lizenzprodukte, die das Sortiment an Lizenzprodukten erweitern, oder Produktzugaben mit einem Bezug zum Lizenzthema.

**▦ Price (Preispolitik bzw. Kontrahierungs- oder Konditionspolitik)**

Ein Lizenzthema hebt ein Lizenzprodukt von anderen Produkten durch die Markierung mit dem Lizenzthema ab. Deswegen ist es auch möglich, es preislich anders zu positionieren als unlizenzierte vergleichbare Angebote. Meist kann durch den Einkauf eines Lizenzthemas der Endverbraucherpreis höher angesetzt werden – weil das Produkt durch eine Lizenz aufgewertet wird, aber auch, weil neben den Produktionskosten Lizenzgebühren mit den Erlösen einzuspielen sind, so dass für den Lizenznehmer auch eine Notwendigkeit hierzu besteht.

**▦ Promotion (Kommunikationspolitik, z.B. Werbung und PR)**

Die Kommunikationspolitik sorgt für Bekanntheit, kann Einstellungen der Konsumenten ändern, die Abgrenzung zur Konkurrenz herausstellen und Kaufabsichten beeinflussen.[34] Unternehmen nutzen Lizenzthemen, indem sie diese offen in der Kommunikation für Produkte verwenden, wie z.B. in Werbespots, aber auch in anderen Aktionen, die den Verkauf von (Lizenz-)Produkten ankurbeln sollen (z.B. Walking Acts[35] oder Gewinnspielaktionen).

**▦ Place (Distributions- bzw. Vertriebspolitik)**

Über die Lizenzierung an ausgewählte Lizenznehmer, deren Produkte außerhalb der angestammten Vertriebskanäle des Lizenzgebers bzw. von dessen Kernprodukten angesiedelt sind, können neue Vertriebswege für ein Lizenzthema eröffnet werden, so dass damit die Distributionspolitik beeinflusst wird. Die Nutzung eines bestimmten Lizenzthemas kann auch bedeuten, dass die Vertriebskanäle aufgrund von Restriktionen durch den Lizenzgeber eingeschränkt werden.

Maßnahmen innerhalb der Teilbereiche des Marketing-Mix haben immer auch Auswirkungen auf die anderen Bereiche, so dass die einzelnen Segmente nicht isoliert betrachtet werden sollten, sondern immer im Gesamtkontext aller Marketinginstrumente.[36] [37]

---

[34] vgl. *Meffert/Burmann/Kirchgeorg* (2008), S. 634-635

[35] Walking Act = in diesem Zusammenhang: Figur, die durch einen Darsteller in einem entsprechenden Kostüm zum Leben erweckt wird und z.B. zu Werbezwecken eingesetzt wird

[36] vgl. *Meffert/Burmann/Kirchgeorg* (2008), S. 22 ff.

[37] vgl. *Böll* (1996), S. 150-153

# 3.2 Notwendigkeit von Licensing für viele Unternehmen

Unternehmen sehen sich heute mit einer Reihe von Marktparametern konfrontiert. Um weiter erfolgreich am Markt zu bestehen, ist es notwendig, die unternehmerischen Strategien anzupassen. Dies gilt auch für alle Marktteilnehmer, die direkt mit Licensing zu tun haben: Lizenzgeber, Lizenznehmer und auch der Handel.

## Grundsituation der heutigen Märkte:[38] [39]

- **Gesättigte Märkte**
  Die Endverbraucher können jederzeit alles erwerben und haben die Auswahl zwischen vielen austauschbaren Produkten und Dienstleistungen.

- **Zunehmende Marktsegmentierung**
  Produkte werden immer mehr an die zunehmend heterogenen Bedürfnisse der Endverbraucher in gesättigten Märken angepasst, so dass die Anzahl der Produktvarianten und Marken (und Lizenzen) zunimmt, um den heterogenen Konsumentenwünschen entsprechen zu können.

- **Zunehmende Internationalisierung**
  Nicht nur durch das Internet sind internationale Produkte für den Endverbraucher verfügbar, auch internationale Anbieter drängen in lokale Märkte, ebenso wie die Produktion meist aus Kostengründen immer mehr im Ausland stattfindet.

- **Sich verkürzende Produktlebenszyklen**
  Produktinnovationen und neue Produkte werden immer schneller durch andere abgelöst, weil die Technik sich weiterentwickelt oder Trends vergehen und durch neue ersetzt werden. Dies wiederum impliziert auch, dass Unternehmen „am Ball" bleiben müssen und immer neue Innovationen und Produkte anbieten müssen, um wettbewerbsfähig zu bleiben.

- **Reizüberflutung bei der Produktkommunikation**
  Entweder der Endverbraucher ignoriert die Kommunikation oder er nimmt sie nicht mehr bewusst wahr.

- **Erlebnis- und Freizeitorientierung der Konsumenten**
  Die Kommunikation wird vom Verhalten der Endverbraucher beeinflusst, so dass neue Wege gesucht werden, um Produkte so zu positionieren, dass sie in das Freizeitumfeld der Konsumenten passen und dort relevant sind.

---

[38] vgl. *Ahlert/Tönnis/Woisetschläger* (2005), S. 2

[39] vgl. *Esch/Wicke/Rempel* in: *Esch* (2005), S. 13-14

▪ **Verkäufermärkte werden zu Käufermärkten**
Die Kommunikation muss heute stärker denn je zielgruppenorientiert sein. Die Zielgruppen werden immer heterogener und dynamischer, was eine allgemein gehaltene
Zielgruppenansprache sehr schwer macht, sofern diese nicht auf allgemeine Grundbedürfnisse abzielt.

▪ **Einschränkungen in der Werbung**
Klassische Produktwerbung ist in einigen Branchen (z.B. Tabak und Alkohol) heutzutage gar nicht oder nur noch sehr eingeschränkt möglich, weil der Gesetzgeber Verbote
oder Regeln hierfür aufgestellt hat. Oftmals ist aber auch der Druck der Konsumenten
diesbezüglich so groß, dass die Unternehmen von selbst weniger oder anders kommunizieren (z.B. Süßigkeiten und Fast Food). Die Art, wie für Produkte kommuniziert und
geworben wird, muss den neuen Gegebenheiten angepasst werden.

Licensing ist vor allem ein mögliches Mittel zur Diversifikation bei funktionell austauschbaren Produkten – sowohl für Lizenznehmer und -geber als auch für Händler. Neben den
**physischen** werden **psychologische Produkteigenschaften** in diesem Zusammenhang
immer wesentlicher, um sich von der Konkurrenz abzugrenzen. Lizenzthemen werden
bewusst für die psychologische Komponente des Gesamtpaketes eines Produktes eingesetzt.

Sowohl für Konsumgüter und Dienstleistungen als auch im technischen und patentrechtli-
chen Bereich werden Lizenzen eingeräumt bzw. erworben, um das eigene Angebot an
Produkten und Dienstleistungen zu ergänzen, zu vervollständigen und zu erweitern.[40]
Dies dient dazu, besser als die Konkurrenz mit den oben genannten Gegebenheiten des
Marktes umzugehen und sich dadurch vom Wettbewerb abzugrenzen. Gleichzeitig zählt
die Relevanz bei der Zielgruppe: Dies kann der Einsatz von Lizenzthemen genauso bewirken wie andere Maßnahmen, die aus dem Marketing-Mix abgeleitet und kombiniert werden können.

## 3.3    Mit Licensing strategische Marketingziele erreichen

Das allgemeine Ziel des Marketings kann aus Sicht der Lizenzgeber u.a. Ausweitung der
**Markenbekanntheit** oder **-beliebtheit** sein. Diese ist Bedingung dafür, dass sich bei den
Konsumenten überhaupt ein möglichst klares Image einer Lizenz oder Marke entwickeln
kann.[41] Je vorteilhafter oder einzigartiger die mit einer Marke oder einem Lizenzthema
verbundene Assoziation ist und je mehr ein Lizenzthema leicht wiedererkennbare Sche-
men (Logo, Figuren, Farbwelt etc.) aufweist, desto stärker kann es das Kaufverhalten der

---

[40] vgl. *Schäfer* (2003), S. 15

[41] vgl. *Esch/Wicke/Rempel* in: *Esch* (2005), S. 46

Endverbraucher beeinflussen.[42] Ebenso kann die Verbesserung oder Erreichung eines bestimmten Markenimages, das die Zielgruppe dem Lizenzthema zuschreibt, Ziel eines Lizenzierungsprogramms eines Lizenzgebers sein. Dabei geht es darum, wie der Endverbraucher das Lizenzthema subjektiv wahrnimmt. Durch attraktive und zum Markenkern passende Lizenzprodukte kann ein Markenimage bei den Konsumenten im Zeitverlauf geändert und/oder gefestigt werden. Aber auch **Brand Extension**, das heißt die Ausweitung der eigenen Vertriebskanäle oder Erweiterung der Produktlinien und die dadurch entstehende Markenkernerweiterung, kann ein solches Ziel sein.[43] In erster Linie dient dies dem Standing der Marke, gleichzeitig wird aber auch die Grundlage zum Eintritt in neue Vertriebskanäle geschaffen.

Die international bekannte amerikanische Medienpersönlichkeit *Martha Stewart*, die durch Fernsehauftritte in den 80er Jahren zu einer „Expertin" für Fragen der Haushaltsführung und des Gartens in den USA avancierte, gründete zunächst ein eigenes Magazin und baute in der Folge sukzessive ein umfangreiches Lizenzprogramm vorwiegend in den Kategorien[44] „Food & Beverages", „Gifts & Collectibles", „Home Decor" und „Housewares" auf, um so die Marke „*Martha Stewart*" zu festigen und auszuweiten.[45] Heute gehört die Marke *Martha Stewart* zu den erfolgreichsten Lizenzthemen weltweit. Andere Beispiele: Die Zigarrenmarke *Davidoff* weitete ihre Produktlinien auf Parfums und die Automarke *Peugeot* auf Fahrräder aus.

Aus Sicht von Lizenznehmern und Handelsunternehmen geht es um die emotionale Aufladung von Produkten und Dienstleistungen mit Hilfe von Lizenzthemen. Das Ziel ist es, ansprechender für den Konsumenten zu sein als die Wettbewerber.

## Grundsätzliche Marketingstrategien unter Nutzung von Licensing:

▓ **Differenzierungsstrategie**
Die Differenzierungsstrategie hat zum Ziel, sich vom Wettbewerb abzuheben. Da Lizenzthemen oft exklusiv für bestimmte Produkte vergeben werden, kann sich damit ein Lizenznehmer von vergleichbaren Produkten anderer Anbieter absetzen.
**Beispiel:** Puzzles mit verschiedenen *Playmobil*-Motiven hat nur der Spielehersteller *Schmidt Spiele* im Angebot. Wettbewerber hingegen führen generische Themen und/oder andere Lizenzthemen.

▓ **Segmentierungsstrategie**[46]
Bei der Marktsegmentierung wird der Markt nicht ganzheitlich bearbeitet, sondern in Teilen – z.B. durch Ansprache bestimmter Unterzielgruppen innerhalb der Gesamtziel-

---

[42] vgl. *Saldsieder* (2008), S. 95

[43] vgl. *Burmann/Meffert* in: *Meffert/Burmann/Koers* (2005), S. 196

[44] siehe Kapitel „Lizenzproduktkategorien", S. 50

[45] vgl. *Martha Steward Living Omnimedia Inc.* (Web, 2010), Company Overview

[46] vgl. *Pepels* (2002), S. 517-518

gruppe. Ein Lizenznehmer kann mit der Lizenzierung seines Lizenzthemas andere Zielgruppen als mit seinen sonstigen Produkten ansprechen und so bestimmte (neue) Zielgruppen im Rahmen der Segmentierungsstrategie für seine Produkte hinzugewinnen. Und auch ein Lizenzgeber kann von der Segmentierungsstrategie über Licensing profitieren, indem er Produkte lizenziert, die die Zielgruppe seines Themas oder dessen Beliebtheit erweitert.

**Beispiele:** Ein „normaler" Joghurt wird für Kinder um ein Vielfaches interessanter, wenn auf der Verpackung *Biene Maja* zu sehen ist. So genannte Retro-T-Shirts z.B. zur Zwieback-Marke *Brandt* generieren für den Lizenzgeber Bekanntheit und Beliebtheit in der für ihn neuen Zielgruppe der trendigen jungen Erwachsenen.

■ **Profilierungs- oder Positionierungsstrategie**[47]
Bei der Profilierungsstrategie geht es darum, ein festgelegtes Image oder Leitbild eines Unternehmens und/oder seiner Produkte bei den Konsumenten zu festigen. Wobei die Images von Unternehmen und Produkten hier häufig eng miteinander verbunden sind. Der Einsatz von Lizenzthemen kann dazu dienen, ein bestimmtes Image zu transportieren und zu etablieren, weil das Unternehmen oder Produkt durch seine Positionierung selbst bereits ein Image hat, das wiederum durch Endverbraucher auf die Lizenzprodukte per Imagetransfer[48] übertragen wird.

**Beispiel:** Durch die eigene Mode-Kollektion der Musik-Ikone *Madonna* mit *H&M* stärkt die Sängerin die Identifikation ihrer Zielgruppe mit ihr, was ebenfalls für *H&M* gilt, die wiederum bei ihren Kunden unterstreichen, dass sie Trends setzen und mit angesagten Prominenten und Designern kooperieren.

■ **Innovationsstrategie**
Wenn neue Produkte eingeführt werden sollen, spricht man von Innovationsstrategie. Die Verwendung eines Lizenzthemas eignet sich in diesem Zusammenhang, wenn nicht langwierig eine neue Marke zusätzlich etabliert werden soll, sondern stattdessen auf ein bekanntes Lizenzthema gesetzt wird, um Produkte erfolgreich zu verkaufen.

**Beispiel:** Der Münchner Verlag *Comma Publications* verwendet z.B. namhafte Lizenzthemen und vertreibt damit markierte Schreibwaren bundesweit in allen relevanten Vertriebskanälen. Das Unternehmen selbst ist der Öffentlichkeit nicht bekannt. Es nutzt Lizenzen wie *Die Wilden Kerle, Disney Princess* oder *Sheepworld* bewusst als Marketing-Tool, um seine Produkte zu verkaufen.

Unternehmen nutzen Lizenzthemen und dazu passende Produkte, um entweder das Image ihrer Lizenzthemen zu festigen (um z.B. weiterhin hohe TV-Quoten zu haben, die eine weitere Ausstrahlung einer Serie ermöglichen), durch Lizenzierung zusätzliches Geld zu erwirtschaften oder um die vorverkaufte Sympathie eines Lizenzthemas als hervorstechendes Verkaufsargument gegenüber dem Endverbraucher zu nutzen, um so zusätzliche Abnehmer für die Produkte und Dienstleistungen zu finden. Das allgemeine Ziel aller

---

[47] vgl. *Bea/Dichtl/Schweitzer* (1994), S.148-149

[48] siehe Kapitel „Imagetransfer", S. 40

Unternehmen ist die Verbesserung der eigenen Wettbewerbssituation, die von den oben genannten Parametern beeinflusst wird. Diese muss sich vor allem an Umsätzen und Unternehmensgewinnen messen lassen. Licensing kann ein Mittel zur Erreichung dieses Ziels sein.

# 4    Grundbegriffe des Licensing

Dr. Ursula Feindor-Schmidt und Stefanie Brandt

## 4.1    Licensing

In der Literatur findet sich keine allgemeingültige Definition für den Begriff „Licensing". Dies mag daran liegen, dass in der Praxis meist die Begriffe **Lizenzierung, Licensing** wie auch **Merchandising** als Synonyme verwendet werden. Dies gilt für den deutschen genauso wie für den internationalen Sprachgebrauch.

Der Begriff **Merchandising** wird allerdings eher als Oberbegriff für sämtliche verkaufsfördernden Maßnahmen innerhalb des Marketing-Mix verwendet, die absatzschaffend und -beschleunigend sind.[49] Hierzu zählen auch Produkte, die mit einem Warenzeichen und/oder dem Design eines Lizenzthemas versehen werden, aber nicht verkauft, sondern zu Verkaufsförderungszwecken verschenkt werden. Ebenso zählen dazu Displays, Sonderplatzierungen, Promotions und ähnliche Maßnahmen, die vorwiegend im Handel augenscheinlich werden. Licensing dient ebenfalls der Absatzförderung und ist als Teilaspekt des Merchandisings im Gesamtkontext der absatzfördernden Maßnahmen eines Unternehmens zu sehen.[50]

Des Weiteren unterscheiden sich die Definitionen des Begriffskomplexes Licensing allgemein auch nach wissenschaftlicher Fachrichtung in der Sichtweise. Es gibt hier u.a. Variationen zwischen allgemeinen Definitionen aus Standardlexika, aus betriebswirtschaftlichem, aus juristischem oder kommunikationswissenschaftlichem Blickwinkel.

### Zusammenfassende Definition „Licensing"[51] [52] [53] [54]

**Licensing** ist das Recht des Lizenzgebers zur kommerziellen Auswertung eines Lizenzgegenstandes durch Herstellung und Vertrieb von Waren und Dienstleistungen aller Art, die in einer Beziehung zum Lizenzthema stehen oder gebracht werden können. Es ist insbesondere das Recht, Waren und Dienstleistungen mit dem Lizenzgegenstand zu kennzeichnen und zu bewerben.

---

[49] vgl. *Pepels* (2002), S. 533

[50] vgl. *zu Salm* in: *Böll* (2001), S. 128

[51] vgl. *Pepels* (2002), S. 459

[52] vgl. *Böll* (1996), S. 22

[53] vgl. *Saldsieder* (2008), S. 26

[54] vgl. *Böll* (2001), S. 22

Diese Kennzeichnung kann durch Symbole, Ausdrücke, Zeichen, Designs, Namen oder eine Kombination dieser Elemente zum Ausdruck gebracht werden. Dem Lizenznehmer ist es so möglich, seine Produkte identifizierbar und abgrenzbar zu gestalten.

Der **Lizenzgegenstand (Lizenzthema)** wird von einem Lizenznehmer erworben, der im Gegenzug in der Regel eine monetäre Leistung an den Lizenzgeber zu erbringen hat.

In rechtlichem Sinne resultiert die Lizenzierung aus dem ausschließlichen Recht des Urhebers, sein Werk in allen seinen Bestandteilen zu verwerten bzw. zu vermarkten. Räumt er dieses Recht einem Dritten zur Nutzung ein, spricht man von einer Lizenz. Teilweise, z.B. in Verlagsverträgen, fasst man die Lizenzierung eines Werkes in Verbindung mit Waren und Dienstleistungen, die mit dem primären Werk nicht unmittelbar in Zusammenhang stehen, unter den Begriff „Nebenrechte" zusammen.

Zum Zwecke der Eindeutigkeit verwendet die Autorin in diesem Buch vorwiegend die Begriffe Licensing bzw. Lizenzierung.

Aus Sicht des Lizenzgebers geht es bei der Nutzung des Tools Licensing allgemein gesprochen um die Ausweitung oder Erhaltung seiner Marktposition. Der Lizenznehmer wiederum bedient sich durch den Erwerb eines Lizenzthemas einer Marketing-Maßnahme, die häufig kostengünstiger ist als die Erschaffung bzw. der Aufbau einer eigenen Marke. Grund dafür ist die in der Regel schon bestehende Bekanntheit und Positionierung des eingekauften Lizenzthemas. Licensing kann einem Lizenznehmer außerdem helfen, sich mit Hilfe eines Lizenzthemas zu diversifizieren oder neu zu positionieren.[55]

## 4.2      Lizenzthema

Das **Lizenzthema** ist der Gegenstand des Lizenzgeschäftes. Es gibt keine klare Definition darüber, wie oder was etwas sein muss, damit es zu einem Lizenzthema werden kann. Voraussetzung ist vor allem, dass ein potenzielles Thema eine gewisse Relevanz bei den Endverbrauchern hat, da es sich sonst nur schlecht vermarkten ließe.

Ein Lizenzthema kann beispielsweise eine Marke, eine Person, ein Kinofilm, eine TV-Serie, ein Buch, ein Event oder auch eine einzelne Figur sein.

Im Englischen wird das Lizenzthema **(Intellectual) Property** genannt. Diese Bezeichnung setzt sich auch im deutschen Sprachgebrauch immer mehr durch. In der Praxis werden die Begriffe **Lizenzthema**, **Lizenz** und **Marke** oder dessen englische Bezeichnung **Brand** sehr häufig synonym verwendet. Dies mag aus wissenschaftlicher Sicht nicht ganz korrekt sein, zumal der Erwerb eines Markenrechts an bestimmte Voraussetzungen geknüpft ist. Dennoch ist es im Lizenzgeschäft üblich, die Begriffe sinngleich zu verwenden.

---

[55] vgl. *Booke/Skilbeck* (1994), S. 47

Jedes Lizenzthema basiert auf einer durch Urheber-, Marken-, Titel-, Geschmacks-, Gebrauchsmuster- oder sonstiges Recht geschützten Schöpfung einer Person oder eines Unternehmens. Diese erhalten durch den speziellen rechtlichen Schutz ein Ausschließlichkeitsrecht, also das alleinige Recht zur Verwertung dieser Schöpfung. Lizenzthemen werden eingesetzt, um die Nachfrage der Endverbraucher zu beeinflussen, um durch sie den Absatz zu erhöhen. Je positiver die Einstellung des Endverbrauchers gegenüber dem Lizenzthema, desto höher ist die Wahrscheinlichkeit, dass er mit dem Lizenzthema markierte Produkte erwerben wird.

> Der **finanzielle Wert eines Lizenzthemas** fußt auf dessen Bekanntheit, dessen Image und dessen Beliebtheit in der Zielgruppe.[56]
>
> Hinzu kommt die **Positionierung** bzw. „**Identität**" oder „**Persönlichkeit**" eines **Lizenzthemas**. Die Positionierung ist eine Art Soll-Image, das der Lizenzgeber in allen Kommunikationsmaßnahmen inklusive des Designs und der Vertriebskanäle der Lizenzprodukte zu einem Lizenzthema umzusetzen versucht, um dessen Charakter zu prägen und um sich dadurch vom Wettbewerb abzuheben.[57] [58]

Die Positionierung sollte glaubhaft und nicht zu konstruiert sein, so dass der Endverbraucher zur Lizenz Vertrauen aufbauen kann und sie wertschätzt, was wiederum den Wert der Lizenz steigert.[59] Idealerweise verfügt eine Lizenz über einen so genannten „added Value", einen Mehrwert oder Zusatznutzen, der sie in den Augen der Konsumenten besonders stark von vergleichbaren Themen und damit markierten Produkten abhebt und zur Kaufentscheidung führt.[60] Je eindeutiger die Positionierung des Lizenzthemas und je schlüssiger und in sich stimmig die Botschaft ist, die es über die verschiedenen Kommunikationskanäle aussendet, desto größer sind seine Erfolgschancen am Markt. All diese Attribute zusammen bilden die Basis für die Loyalität der Zielgruppe, also deren Bindung, Vertrauen und Zufriedenheit zum Lizenzthema, die alle ebenfalls den Wert eines Lizenzthemas erhöhen.

Das Verhältnis zwischen Mensch und der so genannten „Persönlichkeit" des Lizenzthemas spielt eine entscheidende Rolle bei dessen kommerziellem Erfolg oder Misserfolg.[61] Es ist schwierig, eine Lizenz am Reißbrett zu planen, da viele nicht planbare Variablen, wie z.B. plötzlich auftretende Trends oder sich ändernde Konsumentenpräferenzen, hineinspielen. Auch Veränderungen der allgemeinen wirtschaftlichen Lage oder der Grundstimmung in der Bevölkerung können Einfluss auf die Beliebtheit einer bestimmten Lizenz haben. Ge-

---

[56] vgl. *Zatloukal* (2002), S. 22-23

[57] vgl. *Engh* (2006), S. 74

[58] vgl. *Meffert/Burmann* in: *Meffert/Burmann/Kirchgeorg* (2008), S. 361

[59] vgl. *Schindler* (2008), S. 12

[60] vgl. *Meffert/Burmann/Koers (Hrsg.)*, Markenmanagement, S. 9

[61] vgl. *Schindler* (2008), S. 13

rade aber weil ein Lizenzthema eine „Persönlichkeit" hat, emotionalisiert es den Konsumenten. Diese Emotionalisierung kann dazu beitragen, ein Lizenzthema in das Lebensumfeld des Endverbrauchers zu integrieren. Sie kann aber auch zum Gegenteil führen, so dass das Lizenzthema abgelehnt wird. Je größer die (positive) „emotionale Schubkraft"[62] eines Lizenzthemas ist, desto wertvoller ist sie für den Lizenzgeber und auch für den Lizenznehmer, der sie nutzt.

Zur Nutzung eines Lizenzthemas für Waren und Dienstleistungen überträgt ein Lizenzgeber oder eine autorisierte (Lizenz-)Agentur einzelne Nutzungsrechte an einem Lizenzthema an den Lizenznehmer. Der Lizenzgeber bleibt jedoch Inhaber des Lizenzthemas. Korrekterweise muss in diesem Zusammenhang erwähnt werden, dass aus rechtlicher Sicht der Begriff des Eigentums ausschließlich auf Sachen bezogen wird und nicht auf Rechte.

## 4.3    Marke

Im praktischen Umgang mit dem Licensing begegnet einem auf Schritt und Tritt die Bezeichnung „**Marke**" bzw. deren englischer Begriff „**Brand**" als Synonym für Lizenzthemen, denn Lizenzgeber und Lizenzagenturen preisen ihre Lizenzen gern als Marken an. Aus wirtschaftswissenschaftlicher Sicht ist es daher sinnvoll, auch den Begriff der Marke im Rahmen dieses Buches zu definieren:

> Im **wirtschaftswissenschaftlichen Sinne** ist eine **Marke** *„ein Nutzenbündel mit spezifischen Merkmalen, die dafür sorgen, dass sich dieses Nutzenbündel gegenüber anderen Nutzenbündeln, welche dieselben Basisbedürfnisse erfüllen, aus Sicht der relevanten Zielgruppen nachhaltig differenziert".*[63]

> Des Weiteren gibt es noch die **juristische Markendefinition**[64] nach § 3 MarkenG: Danach können als Marke *„alle Zeichen, insbesondere Wörter einschließlich Personennamen, Abbildungen, Buchstaben, Zahlen, Hörzeichen, dreidimensionale Gestaltungen einschließlich der Form einer Ware oder ihrer Verpackung sowie sonstige Aufmachungen einschließlich Farben und Farbzusammenstellungen geschützt werden, die geeignet sind, Waren oder Dienstleistungen eines Unternehmens von denjenigen anderer Unternehmen zu unterscheiden."*

Das **Nutzenbündel** der wirtschaftswissenschaftlichen Definition der Marke setzt sich aus physisch-funktionalen und symbolischen Komponenten zusammen. Die **physisch-funktionalen Komponenten** spiegeln die Innovationsfähigkeit des die Marke verwendenden Produktes wider. **Symbolische Nutzenkomponenten** sind die schutzfähigen Zeichen der Marke wie z.B. Namen oder Logo, aber auch die nicht schutzfähigen Elemente, die das Wesen der Marke beschreiben. Die wichtigsten fünf bis zehn Aspekte, die eine Marke

---

[62] vgl. *Schindler* (2008), S. 21

[63] vgl. *Burmann/Blinda/Nitschke* in: *Meffert/Burmann/Koers* (2005), S. 7

[64] siehe Kapitel „Markenanmeldung", S. 57

ausmachen, werden auch als **Core Brand Values** bezeichnet. Je größer und langfristiger dieser Mix der Elemente des Nutzenbündels bzw. der Core Brand Values einer Marke angelegt ist, desto größer die Abgrenzung zu konkurrierenden Angeboten. Das Nutzenbündel einer Marke bzw. eines Lizenzthemas insgesamt wird vom Konsumenten als dessen (Marken-)Image wahrgenommen. Beim **Markenmanagement** des Lizenzgebers geht es darum, das Image des Lizenzthemas derartig zu beeinflussen, dass es für den Endverbraucher sympathisch ist, so dass er möglichst damit markierte Produkte erwirbt.[65] [66]

Der oben dargestellten Definition des Begriffes Marke folgend kann ein Lizenzthema durchaus als Marke betrachtet werden, denn auch eine Lizenz besteht aus physischfunktionalen wie auch symbolischen Komponenten. Es gibt bisher nur sehr wenig Fachliteratur zum Thema Licensing. Im Allgemeinen kann aber das, was in der Literatur über Marken und Markenmanagement geschrieben wird und wurde, auf Lizenzthemen, deren Aufbau und Pflege sowie deren Einsatz als Marketing-Tool innerhalb einer Marketingstrategie angewendet werden.

Marken- und Lizenzmanagement sind häufig wichtige Bestandteile der Organisation eines Unternehmens, die diese nach innen und außen stärken[67] und so einen Wettbewerbsvorteil möglich machen.

## 4.4     Lizenzgeber

Der **Lizenzgeber**, auch als **Rechteinhaber** bezeichnet, ist der Inhaber eines Lizenzthemas. Er besitzt rechtlich nachvollziehbar alle Rechte an dem Lizenzgegenstand und ist daher berechtigt, zum einen eine (Lizenz-)Agentur für die Verwertung der Nutzungsrechte an seinem Lizenzthema zu beauftragen und zum anderen selbst einzelne Rechte zu seinem Lizenzthema zu veräußern.

Selbstverständlich kann der Lizenzgeber auch sämtliche Rechte an einem ihm gehörenden Lizenzthema komplett veräußern.

Die **Urheberschaft** an einem Lizenzthema hingegen kann nicht veräußert werden, diese verbleibt beim Schöpfer des Lizenzthemas, dem **Urheber**. Urheber und Lizenzgeber müssen jedoch keineswegs zwingend eine Person oder Firma sein. Der Urheber kann dem Lizenzgeber die Rechte zur Vermarktung seines Werkes eingeräumt haben.

Normalerweise verfolgt ein Lizenzgeber bei der Entscheidung für ein Lizenzprogramm das Ziel, Geld mit der Vermarktung seines Lizenzthemas zu verdienen und/oder die Lizenzierung als Marketing-Tool einzusetzen. Die Zielgruppe des Lizenzgebers sind bei

---

[65] vgl. *Meffert/Burmann/Koers* (2005), S. 7

[66] vgl. *Keller* in: *Esch* (2005), S. 88

[67] vgl. *Halek* (2009), S. 15

der Auswertung seines Lizenzthemas (potenzielle) Lizenznehmer. Er bewegt sich also beim Vertrieb seines Lizenzthemas im Business-to-Business-Bereich (B2B) mit anderen Unternehmen, um über die Lizenzprodukte gewissermaßen indirekt mit dem Endverbraucher in Kontakt zu treten.[68]

**Abbildung 4.1    Top Lizenzgeber 2009 weltweit** [69] [70]

| | Lizenzgeber | Lizenzthemen | Handelsumsatz in Mrd. US-$ |
|---|---|---|---|
| 1 | DISNEY CONSUMER PRODUCTS | u.a. Hannah Montana, High School Musical, Cars, Disney Fairies, Disney Princess, Küss den Frosch | 27,2 |
| 2 | ICONIX | Mode- und Heimmarken wie z.B. Starter, OP, Rocawear, Danskinc (wenig bekannt in deutschsprachigen Gebieten) | 9,0 |
| 3 | PHILIPPS-VAN HEUSEN | u.a Calvin Klein, Tommy Hilfiger, Arrow, Izod, Van Heusen (Modemarken) | 6,6 |
| 4 | WARNER BROS. CONSUMER PRODUCTS | u.a. Batman, Looney Tunes, Harry Potter, Scooby-Doo | 6,0 |
| 5 | NICKELODEON & VIACOM CONSUMER PRODUCTS | u.a SpongeBob Schwammkopf, Avatar: The last Airbender, Dora the Explorer | 5,5 |
| 6 | MLB - MAJOR LEAGUE BASEBALL | u.a New York Yankees, Chicargo White Sox, Texas Rangers, San Francisco Giants | 5,0 |
| 7 | SANRIO | u.a. Hello Kitty, My Melody, Kuromi | 5,0 |
| 8 | MARVEL ENTERTAINMENT | u.a. Iron Man, Hulk, Spider-Man, X-Men (Marvel ist seit Herbst 2009 Teil des Disney Konzerns) | 4,9 |
| 9 | HASBRO | u.a. Transformers, G.I. Joe, My Littlest Petshop, Monopoly, My Little Pony | 4,5 |
| 10 | CHEROKEE GROUP | u.a. Cherokee, Sideout Sport, Laila Ali (Modemarken) | 4,0 |

Häufig beauftragen Lizenzgeber eine **Lizenzagentur,**[71] die **Lizenzverträge** für sie vermittelt oder diese sogar in ihrem Namen unterzeichnet. In diesem Fall wird ein so genannter **Agenturvertrag**[72] zwischen Lizenzgeber und -agentur abgeschlossen. Dieser regelt den Umfang der Rechte, die die Agentur für den Lizenzgeber wahrnimmt. Die Agentur verhandelt auf Basis des Agenturvertrags Lizenzverträge mit Lizenznehmern. Diese werden teilweise von der Lizenzagentur jedoch im Namen des Lizenzgebers unterzeichnet. Es gibt auch Lizenzverträge, die die Agentur zwar verhandelt, aber der Lizenzgeber paraphiert. Dieser Agenturvertrag legt meist auch die Basisvoraussetzungen fest, nach denen potenzi-

---

[68] vgl. *Böll (1999)*, S. 8-10

[69] vgl. *License! Global* (Presse, 2010), Top 125 Global Licensors

[70] vgl. *Kireev* (Web, 2009), Disney/Marvel: Heldenhafte Übernahme?

[71] siehe Kapitel „Lizenzagenturen", S. 191

[72] siehe Kapitel „Agenturvertrag", S. 198

elle Lizenznehmer selektiert werden sollen.[73] Die Vergütung einer Lizenzagentur wird im Agenturvertrag geregelt. Normalerweise finanziert sie sich aus umsatzabhängigen Provisionen auf die abgeschlossenen Lizenzverträge.

Die Top 125 der größten Lizenzgeber weltweit erwirtschafteten 2009 rund 165 Mrd. US-Dollar Handelsumsatz mit Lizenzprodukten (siehe auch **Abbildung 4.1**). Der gesamte internationale Markt mit Lizenzprodukten wird auf 187,2 Mrd. US-Dollar für dasselbe Jahr geschätzt.[74]

## 4.5     Lizenznehmer

> Der **Lizenznehmer** erwirbt Nutzungsrechte an einem Lizenzthema direkt von einem Lizenzgeber oder über eine Lizenzagentur, um diese für Waren und Dienstleistungen (kommerziell) zu nutzen.

Die durch die Nutzung eines Lizenzthemas entstehenden Produkte (oder Dienstleistungen) werden als **Lizenzprodukte** bezeichnet. Der **Lizenzvertrag** regelt die grundsätzlich erlaubte Nutzung des Lizenzthemas für das Lizenzprodukt.

Über den Erwerb eines Lizenzthemas zielen Lizenznehmer darauf ab, ihre Produkte mit dem Image des Lizenzthemas aufzuladen und so mit dessen Hilfe bestimmte (zum Teil neue) Zielgruppen zu erreichen, um letztlich auf diesem Weg definierte finanzielle Ziele zu erreichen.

Der Lizenznehmer interagiert nach Erwerb einer Lizenz aktiv mit drei Zielgruppen: dem Handel auf der Business-to-Business-Ebene (B2B), weiter auf der Business-to-Consumer-Ebene (B2C) mit dem Endverbraucher, der die Lizenzprodukte am Ende kaufen soll, und drittens über Kommunikationsmaßnahmen mit Presse, Massenmedien und anderen Multiplikatoren auf der Business-to-Media-Ebene (B2M).[75]

## 4.6     Imagetransfer

Beim Licensing geht es immer um den so genannten Imagetransfer, der das Besondere an einem Lizenzthema auf ein Produkt oder ein Unternehmen überträgt. Je besser dieser Imagetransfer gelingt, desto höher ist die Wahrscheinlichkeit, dass sich viele Endverbraucher für den Erwerb eines Lizenzproduktes entscheiden.

---

[73] vgl. *Böll* (1996), S. 56

[74] vgl. *License! Global* (Presse, 2010), Top 125 Global Licensors

[75] vgl. *Böll* (1999), S. 11

Der **Imagetransfer** erfolgt durch das Herausstellen von Personen, Stars, Symbolen, Markennamen und/oder signifikanten Grafikelementen des Lizenzthemas.

Basis für den Imagetransfer ist eine eindeutige Positionierung des Lizenzthemas, so dass dieses klar für ein bestimmtes Wertesystem steht, das auf andere Produkte übertragen werden kann. In diesem Zusammenhang wird auch von der **Persönlichkeit eines Lizenzthemas** bzw. einer **Marke** gesprochen, die sich aus dem Fremdbild, das die Zielgruppe vom ihm hat, und dem konstruierten Bild, das der Lizenzgeber/Markeninhaber seiner Lizenz bzw. seiner Marke gibt, zusammensetzt und durchaus vergleichbar mit menschlichen Persönlichkeitscharakteristika ist und sich im Zeitverlauf entwickelt.[76][77][78]

Die Voraussetzung für den Erfolg einer Lizenzierung ist eine effiziente und vor allem sinnvolle Verknüpfung der Kompetenz eines Lizenzthemas mit der Kompetenz von dessen Lizenznehmer in Bezug auf die Lizenzprodukte, deren Vertrieb und Marketing hierfür als auch gegebenenfalls mit dem Lizenznehmer-Unternehmen.

Durch ein Lizenzthema wird ein Produkt emotional positiv aufgeladen und gestärkt, um es attraktiver für den Endverbraucher zu machen. Der Sympathiewert des Lizenzthemas wird vom Endverbraucher mit dem Lizenzprodukt in Verbindung gebracht.[79] Insbesondere bekannte Lizenzen haben in den Köpfen der Endverbraucher oftmals schon ein eindeutiges Image. Dies kann bei Modelabels wie *Diesel* oder *Ralph Lauren* ein luxuriöser Lebensstil sein, der auch auf Lizenzprodukte übertragen wird, wenn sie ein passend dazu lizenziertes Parfum oder eine Sonnenbrille kaufen. Das Lizenzthema wiederum wird über ein Lizenzprodukt erlebbarer bzw. präsenter, da es auch außerhalb des originären Kontextes der Lizenz auftaucht. Dies kann eine zusätzliche Bindung zwischen Konsument und Lizenzthema schaffen.

Der Einsatz eines (bekannten) Lizenzthemas kann einen Wiedererkennungswert und Vertrauen beim Konsumenten schaffen, was auch als **Halo-Wirkung**[80] bezeichnet wird. Voraussetzung für einen erfolgreichen Imagetransfer ist immer die Stimmigkeit von Produkt und Lizenzthema. Beispiel: Bekleidungsartikel, die mit der Zigarettenmarke *Marlboro* gebrandet sind, sollten ein Gefühl von Freiheit und Abenteuer transportieren und zeitgemäßes Design haben. Ökotextilien dagegen passen hier nicht zur Marke *Marlboro*.

Beim Licensing entstehen **Rückkopplungs-Effekte** zwischen Lizenzthema und -produkt, von denen sowohl Lizenzgeber als auch -nehmer profitieren können, wenn der Imagetransfer (**Abbildung 4.2**) gelingt. Im Idealfall resultieren daraus neben einer höheren Bindung der Konsumenten an das Thema auch ein erhöhter Produktabsatz und -umsatz, ein

---

[76] vgl. *Olins* (2004), S. 20

[77] vgl. *Burmann/Meffert* in: *Meffert/Burmann/Koers* (2005), S. 49

[78] vgl. *Burmann/Meffert* in: *Meffert/Burmann/Koers* (2005), S. 67

[79] vgl. *Meyer* (2003), S. 16

[80] vgl. *Morschett* (2002), S. 35

Imagezuwachs des Lizenznehmers selbst sowie seiner Produkte, Wettbewerbsvorteile gegenüber Konkurrenzprodukten und erhöhte Aufmerksamkeit am POS[81] für das Unternehmen des Lizenznehmers und dessen Produkte. Allerdings funktioniert dies nur, wenn Lizenzthema und -produkt im Handel ähnlich oder gleich positioniert sind und deren Schnittmenge insbesondere bezüglich der Zielgruppe möglichst groß ist.[82]

**Abbildung 4.2**      Rückkopplungs-Effekte im Licensing[83]

Ein Lizenzgeber wird normalerweise beim Aufbau eines Lizenzthemas zunächst Produkte zu lizenzieren versuchen, die eine besonders große inhaltliche Nähe zum **Leitmedium**, dem Ursprung des Lizenzthemas, und dessen Inhalt haben. Im weiteren Verlauf der Lizenzauswertung wird er dann auch gegebenenfalls inhaltlich entferntere Produkte akquirieren. Je besser der Imagetransfer gelingt, desto größer ist nicht nur die Wahrscheinlichkeit, dass ein Produkt gekauft wird. Es steigt auch die Chance eines Folgekaufes.[84] Dies setzt allerdings voraus, dass der Lizenzgeber sorgsam auf die Positionierung seines Lizenzthemas achtet, damit der Imagetransfer dauerhaft funktioniert und sich der Endverbraucher nicht aufgrund von negativen Erfahrungen mit dem Lizenzthema oder -produkt davon abwendet.

In diesem Zusammenhang spielen das Involvement und das Commitment des Endverbrauchers eine wichtige Rolle. Das **Involvement** bezeichnet das Engagement des Konsumenten, mit dem er sich einem Angebot zuwendet. Je höher das Involvement, desto größer die Wahrscheinlichkeit, dass der Konsument ein Produkt erwirbt – umgekehrt gilt, stünde er dem Produkt gleichgültig oder ablehnend gegenüber, wird er es nicht kaufen wollen.[85] Das **Commitment** beschreibt die Bindung zwischen Konsument und Produkt (oder auch

---

[81] POS = Point of Sale

[82] vgl. *Saldsieder*, Erfolgsfaktoren des Licensing in der deutschen Spielwarenindustrie, S.152

[83] Quelle: *eigenes Modell*

[84] vgl. *Morschett*, Retail Branding und Integriertes Handelsmarketing, S.38-39

[85] vgl. *Kroerber-Riel* in: *Esch* (2005), S. 138

Lizenz), nach der der Endverbraucher strebt und die er halten will.[86] Beides funktioniert bei einem eingeführten Lizenzthema, das klar für bestimmte Werte steht, in der Regel besser: *Bob der Baumeister*-Bettwäsche ist aus dem Fernsehen bekannt und die Kids wissen, dass *Bob* ein toller Handwerker ist. Deswegen wollen sie in Bettwäsche mit *Bob*-Abbildungen schlafen. Bei einer neuen Lizenz hingegen muss ein Wertesystem erst aufgebaut werden, damit eine Bindung zwischen Endverbraucher und Lizenz überhaupt entstehen kann und er sie daraus resultierend schließlich auch nachfragt.

Bei einem gelungenen Imagetransfer von Lizenzthema und -produkt treten aufgrund des hohen Involvement manchmal sogar die Produktfunktionen in den Hintergrund, da der Endverbraucher den emotionalen Wert eines Lizenzthemas höher bewertet als die Eigenschaften des Produktes selbst. Dies geschieht besonders häufig bei lizenzierten Spielwaren: Das „richtige" Lizenzthema kann hier die Nachfrage so stark beeinflussen, dass der Spielwert oder die Qualität des Produktes an Bedeutung verliert. Die Spielzeuge aus dem *McDonald's Happy Meal* finden wohl vor allem deswegen so reißenden Absatz. Der Hauptkaufanreiz hierfür ist das Lizenzthema der Spielzeuge und nicht dessen Funktionen und auch nicht deren Wertigkeit, die aufgrund des beschränkten Herstellungsbudgets mit ähnlichen Produkten aus dem Spielwarenhandel nicht zu vergleichen ist. Dennoch werden die *Happy Meal*-Premiums jeden Monat millionenfach auf der ganzen Welt verkauft.

Voraussetzung für einen vielversprechenden Imagetransfer ist die klare Definition der Lizenz. Dies umfasst neben den grafischen Elementen vor allem auch die Klärung, wofür das Lizenzthema eigentlich steht und was es aussagen soll.[87] Denn mit Marken und Lizenzen verbinden die Menschen etwas – Eigenschaften, Kompetenzen, Einstellungen und Fähigkeiten. Diese Werte wiederum spiegeln sich in der Regel im Design des Lizenzthemas wider.[88] Je besser es einem Lizenzgeber gelingt, seine Lizenz eindeutig zu positionieren, desto stärker ist sein Lizenzthema und desto klarer ist, welche Produkte sich zur Lizenzierung eignen und welche nicht.

Ob der konstruierte Imagetransfer zwischen Lizenzthema und -produkt funktioniert und letzteres am Ende ein Erfolg wird, hängt neben einer gelungenen Kombination der Komponenten des Marketing-Mix am Ende vom Konsumenten ab. Dieser muss den Imagetransfer klar nachvollziehen können und die Positionierung von Lizenz und Lizenzprodukt gut finden, damit er ein Lizenzprodukt erwirbt.

---

[86] vgl. *Rusbult* in: *Lorenz* (2009), S. 97

[87] siehe Kapitel „Analyse und Positionierung eines Lizenzthemas", S. 75

[88] vgl. *Halek* (2009), S. 16-17

# 4.7    Ablauf der Lizenzierung

Der Arbeitsablauf der Lizenzierung eines Themas ist in der Regel bei Lizenzgebern und -agenturen gleich. Das liegt daran, dass gewisse Voraussetzungen wie z.B. die Schaffung der rechtlichen Basis wie auch die Erstellung von vor allem grafischen Unterlagen in Form eines Style Guides genauso wie die Festlegung einer Vermarktungsstrategie die notwendige Basis darstellen, um die Akquise von Lizenznehmern und die Entwicklung von Lizenzprodukten überhaupt beginnen zu können.

Selbstverständlich ist aber jedes Lizenzthema und jeder Lizenzgeber unterschiedlich und entsprechend sind auch die Voraussetzungen für die möglichst umfangreiche Lizenzierung eines Themas zumindest teilweise speziell, so dass es auch zahlreiche individuelle Ansätze bei der Herangehensweise an die Lizenzvermarktung gibt.

Standardisiert verfolgen Lizenzgeber und -agenturen aber den folgenden Ablaufplan bei der Vermarktung eines neuen Lizenzthemas:

## Vereinfachter Ablauf der Lizenzierung:

1.  **Vorliegen der Rechte eines Lizenzthemas bzw. Erwerb eines Lizenzthemas**
    Entweder ist der Vermarkter selbst der Lizenzgeber oder er beauftragt einen Mittler (Lizenzagentur) hierfür.

2.  **Entwicklung einer Marketing- und Vermarktungsstrategie sowie eines Style Guides**

3.  **Akquise von Lizenznehmern und Abschluss von Lizenzverträgen**

4.  **Entwicklung von Lizenzprodukten und Werbemitteln**
    Vorwiegend Aufgabe des Lizenznehmers.

5.  **Freigabeprozess (Approval) von Lizenzprodukten und Werbemitteln hierfür**
    Eventuell ist beim Freigabeprozess eine Lizenzagentur Mittler zwischen Lizenznehmer und Lizenzgeber.

6.  **gegebenenfalls Markteinführung des Lizenzthemas**
    z.B. Kino- und TV-Serienstart oder Beginn einer durch Lizenzgeber und/oder Lizenzagentur initiierten Kampagne (z.B. Event, Handels-Kooperation)

7.  **Markteinführung des Lizenzproduktes durch den Lizenznehmer**

8.  **Lizenzabrechnung**
    Der Lizenznehmer rechnet an den Lizenzgeber oder die Agentur die meist umsatzabhängigen Lizenzgebühren ab, eventuell erfolgt im Anschluss eine Abrechnung der Lizenzeinnahmen an den Lizenzgeber.

Die Vertragsparteien beim Abschluss eines Lizenzvertrags sind der Lizenzgeber und der Lizenznehmer, wobei teilweise auch eine durch den Lizenzgeber eingesetzte Lizenzagentur im Auftrag eines Lizenzgebers zeichnungsberechtigt sein kann.

## 4.8 Wertschöpfungskette im Licensing

Aus dem oben skizzierten Ablauf der Lizenzierung ergibt sich eine **Wertschöpfungskette** mit den Teilnehmern Lizenzgeber, Lizenzagentur, Lizenznehmer, Produzent, Handel (Groß- und Einzelhandel) und dem Endverbraucher. (**Abbildung 4.3.**)

Abbildung 4.3    Die Wertschöpfungskette im Licensing[89]

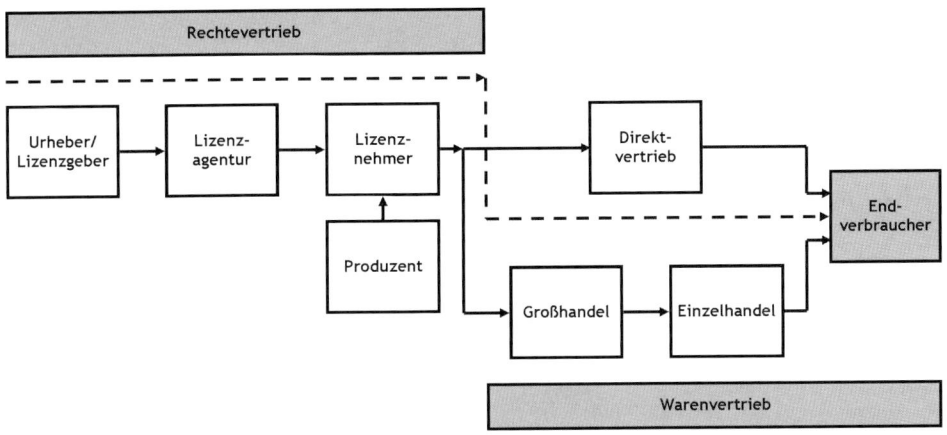

Diese Wertschöpfungskette unterteilt sich wiederum in zwei Bereiche: den **Rechte-** und den **Warenvertrieb.** Ersterer kann durch den Lizenzgeber und/oder dessen Agentur vor allem über die Bestimmungen des gemeinsam unterzeichneten Lizenzvertrags beeinflusst werden; aber auch über das Freigabeprozedere[90] der Lizenzprodukte und Werbemittel wie auch der erlaubten Vertriebskanäle. Der zweite Bereich hingegen liegt vorwiegend in der Verantwortung des Lizenznehmers: Es ist seine Aufgabe, die Lizenzprodukte – konform mit den Regelungen des Lizenzvertrags – in den Handel zu bringen bzw. den Endverbraucher zu deren Kauf zu animieren.

Selbstverständlich kann der Lizenznehmer seine Produkte auch direkt an die Endverbraucher liefern – beispielsweise über einen eigenen Internet-Shop oder unternehmenseigene Geschäfte. Dieser Direktvertrieb ist ebenfalls eine körperliche Lieferung von Waren und gehört zum Warenvertrieb.

---

[89] Quelle: *eigenes Modell*

[90] siehe Kapitel „Freigabeprozess (Approval)", S. 162

## 4.9    Erscheinungsformen von Lizenzthemen

Weder in der Fachliteratur noch in der Praxis gibt es eine einheitliche Handhabung, wie Lizenzthemen einzuteilen sind. Erschwert wird dies, weil Licensing ein stark international geprägtes Geschäft ist, bei dem große nationale Unterschiede auftreten. Da Lizenzgeber und ihre Agenturen außerdem immer neue Produkte und Services finden, für die sie eine Lizenz verkaufen können, wächst die Anzahl der Lizenzthemen ständig, ebenso wie die Anzahl an Produkten, für die Lizenzen erworben werden. Hinzu kommen Trends und wechselnde Endverbraucher-Präferenzen, die das Lizenzgeschäft zusätzlich beeinflussen.

**Abbildung 4.4**    Erscheinungsformen von Lizenzthemen[91]

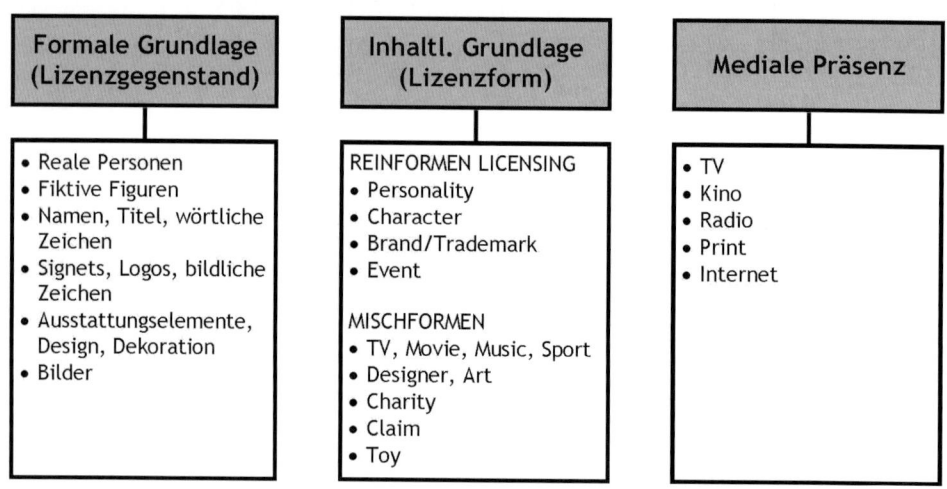

Eine Einteilung von Lizenzthemen nach den einzelnen Erscheinungsformen ist nicht eindeutig möglich, da sich viele Lizenzthemen durchaus mehreren Kategorien zuordnen lassen. Die in **Abbildung 4.4** aufgeführten Rein- und Mischformen können also bei der Einordnung eines Lizenzthemas kombiniert sein: Die Lizenzvermarktung eines Musikers wie *Michael Jackson* hat beispielsweise sowohl Anleihen aus der Personality-, der Event- wie auch der Music-Vermarktung und würde daher in drei der dargestellten Kategorien passen. Eine Figur wie *SpongeBob* hingegen ist einerseits ein „Character", der andererseits dem Medium Fernsehen entstammt, das ihn bekannt gemacht hat. Der beliebte gelbe Schwamm ist also auch der Erscheinungsform „Mischform TV" zuzuordnen.

---

[91] vgl. *Böll* (1999), S. 26 (modifiziert)

Character Licensing, das seinen Ursprung oft in TV-Formaten hat, ist die am häufigsten auftretende Form des Lizenzthemas. Dies zeigt sich daran, dass insbesondere bei Kinderprodukten sehr viel mit Lizenzthemen gearbeitet wird, die aus TV (und Kino) stammen. Oft handelt es sich dabei um Figuren. Überhaupt sind Kinder die größte Zielgruppe von Lizenzprodukten. Sie beeinflussen maßgeblich mit ihrer Nachfrage Eltern, Großeltern und sonstige „Geschenkekäufer". Lizenzen mit Ursprung im Fernsehen sind durch die Penetrierung mit zahlreichen Folgen einer Serie samt Wiederholungen ständig präsent und generieren dadurch Nachfrage nach dazu passenden Lizenzprodukten. Erwachsene mögen ebenfalls treue Zuschauer einer Fernsehserie sein, neigen aber deutlich weniger dazu, Lizenzprodukte zu einem TV-Format zu erwerben.[92]

## Beispiele für Lizenzformen

- **Art Licensing:** z.B. *Keith Haring, Andy Warhol, Fischer-Art*

- **Brand- oder Trademark Licensing:** z.B. *Coca-Cola, Ferrari, Davidoff*

- **Character Licensing aus Büchern und Presse:** z.B. *Die Wilden Kerle, Felix der Hase, Peanuts, Harry Potter*

- **Character Licensing aus TV und Kino:**

    **TV/animiert:**[93] z.B. *Sendung mit der Maus, Ben 10, Yu-Gi-Oh!*
    **TV/Life Action:**[94] z.B. *Hannah Montana, High School Musical, GZSZ*
    **Kino/animiert:** z.B. *Findet Nemo, Cars, Shrek*
    **Kino/Life Action :** z.B. *Harry Potter, Herr der Ringe, Spiderman, Twilight*

- **Charity Licensing:** z.B. *WWF, SOS-Kinderdörfer, UNICEF*

- **Claim Licensing:** z.B. *WE LOVE (ProSieben)*

- **Event Licensing:** z.B. *Cats-Musical, Fußball-WM 2010, Olympische Spiele*

- **Fashion- oder Designer Licensing:** z.B. *Gucci, Benetton, Ed Hardy*

- **Music Licensing:** z.B. *Robbie Williams, Rock im Park, KuschelRock*

- **Personality Licensing:** z.B. *Heidi Klum, Franz Beckenbauer, Michael Schumacher*

- **Sport Licensing:** z.B. *FC Bayern München, David Beckham, National Football League (NFL)*

- **Toy Licensing:** z.B. *Barbie, LEGO, Transformers*

- **TV-Format Licensing:** *DSDS-Deutschland sucht den Superstar, Beverly Hills 90210*

---

[92] vgl. *Raugust* (1995), S. 14

[93] Animation = Filmproduktion auf Basis von Zeichentrick oder Computeranimation (auch CGI = Computer animated Imagery)

[94] Life Action = Filmproduktion mit Schauspielern

Hingewiesen sei darauf, dass in manchen Branchen weitere Formen des Lizenzgeschäftes stattfinden, die in diesem Buch jedoch nicht weiter behandelt werden. Beispiele für solche Lizenzgeschäfte sind die Software-Industrie, wo auch Endverbraucher Lizenzen erwerben müssen, um diese auf ihren Computern installieren zu können, oder auch das Verlagswesen, in dem die Verlage untereinander u.a. mit Lizenzen für ausländische Ausgaben oder Taschenbuch-Versionen ihrer Stoffe handeln oder die Sondereditionen für besondere Vertriebspartner wie z.B. den *Bertelsmann Buchclub* oder *Aldi* lizenzieren. Für die Nutzung von technologischen Entwicklungen für beispielsweise die Herstellung von technischen Produkten, die patentrechtlich geschützt sind, werden ebenfalls Lizenzverträge abgeschlossen.

Gleiches gilt z.B. auch für die Lizenzierung bestimmten Wissens und zur Umsetzung notwendiger Ausrüstung, wie es beispielsweise in der Fast-Food-Industrie üblich ist. Hier können Lizenznehmer von einem Partner – z .B. *Kentucky Fried Chicken* – das Know-how und die Geräte zur Zubereitung von Gerichten inklusive der Ladeneinrichtung lizenzieren. Diese Form des Lizenzgeschäfts wird auch **Franchising** genannt.

# 4.10 Grunderscheinungsformen von Lizenzprodukten

Bei den Erscheinungsformen von Lizenzprodukten gibt es drei Grundformen, die jedoch in unterschiedlicher Ausprägungsintensität am Markt zu finden sind: [95]

- **Gestaltung des gesamten Produktes samt Verpackung und Werbemitteln im Stil des Lizenzthemas**
  **Beispiele:** *Schlag den Raab*-Spiel von *Ravensburger, Christina Aguilera*-Parfum von *Procter & Gamble*

- **Gestaltung nur der Verpackung im Stil des Lizenzthemas**
  Häufig bei zeitlich begrenzten Promotions.
  **Beispiel:** *Star Wars*-Design auf *Tempo*-Taschentücher-Packungen

- **Premiums (On- oder In-Pack)[96]**
  Beigabe von Produktzugaben, so genannten Premiums, zum Produkt des Lizenznehmers. Diese Zugaben können entweder innenliegend (In-Pack) in der Verpackung oder außen auf der Verpackung angebracht sein (On-Pack). Premiums-Lizenzkooperationen sind meist zeitlich begrenzt.
  **Beispiel:** *Nordsee*-Kinder-Angebot *Tolle Tüte* mit *Playmobil*-Figuren

---

[95] vgl. *Schäfer* (2003), S. 38

[96] siehe Kapitel „Promotions", S. 240

Allgemeiner formuliert kann man hier auch von Produkt- und Werbelizenzen sprechen. **Produktlizenzen** meint Lizenzprodukte, die entsprechend dem Lizenzthema gestaltet sind (inklusive der Werbemittel und Verpackungen), während **Werbelizenzen** nur die Nutzung eines Lizenzthemas für die Werbung in Form von z.B. Werbespots, Anzeigen, Give-Aways, POS-Material und PR-Maßnahmen gestatten.[97] Nach dieser Einteilung wären die oben genannten Premiums Mischformen aus Produkt- und Werbelizenzen anzusehen. Für Produktlizenzen werden vom Lizenznehmer in der Regel vom Absatz abhängige Lizenzgebühren, meist in Verbindung mit einer Garantiesumme, bezahlt. Für Werbelizenzen und Kooperationen mit Premiums hingegen in der Regel einmalige Flat Fees.[98]

# 4.11    Arten der Lizenzierung

Die Arten, wie Lizenzthemen im Rahmen der Lizenzierung eingesetzt werden können, scheinen zunächst einmal unendlich zu sein. Genauer betrachtet gibt es jedoch nur drei Grundformen der Lizenzierung. Aber auch hier treten Mischformen bzw. nicht ganz klare Abgrenzungen zwischen den drei formalen Erscheinungsformen auf:[99] [100]

■ Klassisches Lizenzprodukt
   Der Lizenznehmer entwickelt ein neues Lizenzprodukt, das die Charakteristika des Lizenzthemas, mit dem er kooperiert, in Produkt- und Verpackungsdesign und unter Umständen sogar in den Produktfunktionen widerspiegelt. Manchmal wird hier auch einfach nur der Name des Lizenzthemas bzw. Prominenten verwendet, und es werden kaum oder gar keine charakteristischen Design-Elemente genutzt.
   **Beispiele:** *Winnie Puuh*-Bettwäsche, *Benjamin Blümchen*-Puzzle, *Harry Potter*-Kalender.

■ Tie-In
   Meist kooperieren hier ein Markenartikler und ein Lizenzthema, in dem letzteres vor allem zur Werbung für das Markenprodukt eingesetzt und das Produkt selbst gar nicht oder nur wenig (z.B. auf der Verpackung) im Rahmen der Zusammenarbeit modifiziert wird. Eventuell werden mit einem Lizenzthema gebrandete Produkte beigelegt. Solche Tie-In-Kooperationen sind meistens auf eine bestimme (kurze) Zeit begrenzt[101].
   **Beispiele:** Hörspiele zu *Shrek 2* als Produktzugaben in *Ariel*-Waschmittelpackungen, *McDonald's Happy Meal*-Promotion zu *Nintendogs*, *UNICEF*-Spendenaktion auf *Pampers*-Windeln.

---

[97] vgl. *Böll* (1999), S. 122

[98] siehe Kapitel „Lizenzgebühren und Garantiesummen", S. 152

[99] vgl. *Schäfer* (2003), S. 31-32

[100] vgl. *Böll* (1996), S. 289-293

[101] siehe Kapitel „Promotions", S. 240

**■ Testimonial**

Diese Form der Lizenzierung wird häufig für Werbung eingesetzt. Dabei wird ein Prominenter oder eine bekannte Figur als Botschafter für ein Produkt oder ein Unternehmen funktionalisiert. Dieser Botschafter steht im Rahmen einer Kooperation als glaubwürdiger Vermittler der positiven Eigenschaften des von ihm beworbenen Produktes. Das Testimonial wird in den Werbemitteln wie auch für öffentlichkeitswirksame Auftritte des zu bewerbenden Produktes eingesetzt.

**Beispiele:** *Franz Beckenbauer* als Testimonial für *Privatbrauerei Erdinger Weißbräu, The Simpsons*-Kampagne zum *Renault Kangoo.*

# 4.12 Lizenzproduktkategorien

Abbildung 4.5    Anteile der Lizenzproduktkategorien in 2009 in Deutschland[102]

| Kategorie | Beschreibung | Anteil in Deutschland |
|---|---|---|
| Apparel | Bekleidung | 20 % |
| Toys & Games | Spielwaren | 19 % |
| Publishing | Bücher, Zeitschriften etc. | 12 % |
| Food & Beverages | Lebensmittel und Getränke | 9 % |
| Software & Video Games | Programme, Computerspiele, Spiele für Konsolen | 8 % |
| Accessories | vorwiegend Mode-Accessoires wie Sonnenbrillen, Gürtel usw. | 6 % |
| Stationery | Schreibwaren, Schulartikel | 5 % |
| Audio & Video | CDs, DVDs, Video on Demand, Downloads usw. | 4 % |
| Gifts & Collectibles | Geschenkartikel und Sammelartikel | 4 % |
| Home Decor | Möbel und Dekoration für das Zuhause | 3 % |
| Footwear | Schuhe | 3 % |
| Promotions |  | 2 % |
| Housewares | Haushaltsartikel wie Küchengeräte usw. | 2 % |
| Sporting Goods | Sportartikel wie Bälle, Sportbekleidung usw. | 1 % |
| Infant Products | Baby- und Kleinkinderprodukte | 1 % |
| Sonstige |  | 1 % |

---

[102] vgl. *Kazachok International Licensing Mag'*(Presse, 2009), Der Lizenzmarkt in Deutschland

Klassisch wird im Licensing – national und international – nach den vorstehenden Produktkategorien (**Abbildung 4.5**), aus denen die jeweiligen Lizenzprodukte stammen, unterschieden. Da das Lizenzgeschäft vom nordamerikanischen Markt stark beeinflusst wird und sehr international ist, werden üblicherweise auch hierzulande die englischen Begriffe für die Kategorien verwendet.

Auch bei den jeweiligen Produktkategorien ist der Übergang zu anderen fließend. Produkte können unter Umständen mehreren „Categories" zugeordnet werden. Meist kümmern sich insbesondere in den Lizenzagenturen spezialisierte **Sales Manager** um die Vermarktung von Lizenzthemen in die einzelnen Produktkategorien hinein.

# 5    Rechtliche Grundlagen des Lizenzgeschäfts

Dr. Ursula Feindor-Schmidt und Stefanie Brandt

## 5.1    Allgemeine rechtliche Begrifflichkeiten im Lizenzgeschäft

Die Kenntnis der wichtigsten rechtlichen Grundlagen ist für jeden, der sich mit Licensing beschäftigt, unerlässlich. Anders als beim Kauf oder Verkauf von Waren geht es im Lizenzgeschäft um den Handel mit Rechten, der auf unterschiedlichen rechtlichen Rahmenbedingungen fußt. Eine Vielzahl von rechtlichen Grundlagen aus Urheber-, Marken- und Geschmacksmusterrecht sowie Rechten am eigenen Bild, Namens- und Persönlichkeitsrechten in Kombination[103] mit allgemeinen vertragsrechtlichen Regelungen bilden die Basis für diesen Handel. Zwar können Lizenzverträge frei verhandelt werden, es gibt jedoch gewisse Branchenstandards, mit denen jeder vertraut sein sollte, der sich mit Licensing beschäftigt.

Das vorliegende Kapitel gibt einen Überblick über die rechtlichen Grundlagen des Lizenzgeschäftes. Die Autorinnen dieses Kapitels weisen ausdrücklich darauf hin, dass es sich beim Abschluss von Lizenzverträgen stets empfiehlt, einen darauf spezialisierten Medienanwalt zu konsultieren. So vielfältig das Lizenzgeschäft an sich ist, so vielfältig sind die Ausgestaltungen von Lizenzverträgen und auch die großen und kleinen Fallstricke, die sich darin verbergen können.

### 5.1.1    Urheber und Werk

Licensing von urheberrechtlich geschützten Themen (z.B. Charaktere, Illustrationen oder eine bestimmte Story) basiert auf dem ausschließlichen Recht eines Urhebers, sein Werk vollständig oder in Teilen zu verwerten.

Die gesetzliche Grundlage dieses Rechtes ist das **Urhebergesetz (UrhG)**. Das ausschließliche Recht des Urhebers zur Verwertung bzw. Vermarktung seines urheberrechtlich geschützten Werkes wird explizit in § 15 UrhG erwähnt.

---

[103] vgl. *Scherz* in: *Böll* (1999), S. 5

Der zentrale Begriff im Zusammenhang mit dem rechtlichen Schutz dessen, was ein Urheber erschaffen hat, ist das **Werk**: Im Sinne des UrhG sind Werke persönliche, **geistige Schöpfungen** z.B. auf den Gebieten der Literatur, der Wissenschaft und der Kunst.[104]

Das UrhG hat zur Aufgabe, die Interessen des **Schöpfers eines Werkes** in dessen geistiger und persönlicher Beziehung zum Werk wie auch bei dessen Nutzung zu schützen.[105] Dabei geht es im Wesentlichen um folgende Bereiche:

- Urheberpersönlichkeitsrechte (gem. §§ 12-14 UrhG)

- Verwertungs- bzw. Nutzungsrechte (gem. §§ 15-44 UrhG)

## 5.1.2    Urheberpersönlichkeitsrechte

Bei den **Urheberpersönlichkeitsrechten** geht es um die ideellen und geistigen Interessen des Urhebers in Zusammenhang mit dem von ihm geschaffenen Werk. Insbesondere sind dies die Werksveröffentlichung, die Anerkennung der Urheberschaft sowie das Verbotsrecht bei einer Entstellung seines Werkes.

Gerade das Verbotsrecht des Urhebers bei Entstellungen ist wichtig, denn der Urheber hat zu den Auswertungsmöglichkeiten seines Werkes und den Grenzen der Entstellung häufig individuelle Vorstellungen. Dies kann es leicht zu Streitigkeiten führen.

## 5.1.3    Verwertungs- und Nutzungsrechte

An seinem Werk besitzt der Urheber die Verwertungsrechte zur Auswertung seines Werkes in verschiedenen Medien, wie z.B. das **Vervielfältigungsrecht**, das **Verbreitungsrecht**, das **Ausstellungsrecht**, das **Recht der öffentlichen Zugänglichmachung** (= das Online-Recht), das **Senderecht** oder das **Recht der Wiedergabe durch Bild- und Tonträger**.[106]

Licensing basiert auf der gesetzlich vorgesehenen Möglichkeit, einem anderen das Recht einzuräumen, das Werk auf einzelne oder alle Nutzungsarten zu verwerten.[107] Da es zu den Rechten des Urhebers gehört, sein Werk kommerziell zu nutzen, steht ihm für die Einräumung von Nutzungsrechten auch eine angemessene Vergütung zu, wenn nicht er selbst, sondern andere die Verwertung durchführen.[108]

---

[104] vgl. §§ 1, 2 UrhG

[105] vgl. §§ 7, 11 UrhG

[106] vgl. §§ 15 – 22 UrhG

[107] vgl. § 31 UrhG

[108] vgl. § 32 UrhG

Entscheidend ist es in diesem Zusammenhang, dass das Urheberrecht selbst im deutschen Rechtssystem nicht auf Dritte übertragen werden kann. Der Urheber bleibt immer der Eigentümer seines Werkes und nur er kann über dessen Nutzung entscheiden.[109] Nach dessen Ableben wird das Urheberrecht an seine Erben übertragen, die diese Rechte bis 70 Jahre nach dem Tod des Urhebers innehaben, bevor das Werk **gemeinfrei** und damit für jeden ohne Einschränkung und kostenfrei nutzbar wird.[110]

Ein Werk kann daher nicht ohne Erlaubnis des Urhebers vermarktet werden. Eine Lizenzagentur muss sich bestimmte Nutzungsrechte des Urhebers einräumen lassen, damit sie dessen Werk (Lizenzthema) überhaupt vermarkten kann.[111] Der Urheber kann somit anderen Personen und Firmen **Nutzungsrechte an einem Verwertungsrecht** einräumen. Auf dieser Grundlage kann ein Lizenznehmer wie beispielsweise ein Verlag das Manuskript eines Autors, das als Werk urheberrechtlich geschützt ist, als Buch drucken und veröffentlichen oder ein Spielzeughersteller passend zu den vom Urheber entworfenen Figuren Plüschtiere herstellen und vertreiben.[112]

Die Einräumung eines **ausschließlichen** oder **exklusiven Nutzungsrechtes** bedeutet, dass bezüglich des bestimmt definierten Lizenzgegenstandes für das bestimmte Produkt und das bestimmte Territorium während der Laufzeit des Lizenzvertrages einzig dem Lizenznehmer das Recht zur Nutzung zusteht. Er kann alle anderen von eben dieser Nutzung ausschließen. Dies heißt jedoch nicht, dass die Auswertung hier völlig einschränkungslos erfolgen muss. Der Lizenzgeber kann sich auch bei einem ausschließlichen Nutzungsrecht z.B. ein Zustimmungsrecht für die Produktfreigabe vorbehalten. Auch zu einer Unterlizenzierung bedarf es der Zustimmung des Lizenzgebers. Dies ist z.B. der Fall, wenn der Lizenznehmer nicht selbst seine Lizenzprodukte herstellt, sondern ein Produzent in seinem Auftrag.

Neben dem ausschließlichen Nutzungsrecht gibt es das so genannte **alleinige Nutzungsrecht**, das dem Lizenznehmer erlaubt, den Vertragsgegenstand alleine neben dem Lizenzgeber zu nutzen, und das **einfache Nutzungsrecht** (auch **nicht ausschließliches** oder **nicht exklusives Nutzungsrecht**), das den Lizenznehmer zur Nutzung des Vertragsgegenstandes neben weiteren Lizenznehmern und dem Lizenzgeber berechtigt.[113] Letzteres betrifft den Großteil aller Lizenzverträge, da die meisten Lizenzthemen gemeinsam von zahlreichen anderen Lizenznehmern und deren Produkten vermarktet werden.[114]

---

[109] vgl. § 29 UrhG

[110] vgl. § 64 UrhG

[111] vgl. *Böll*, Merchandising, S. 36

[112] vgl. *Böll* (1996), S. 36

[113] vgl. *Feindor-Schmidt* (Vortrag, 2009), Rechtliche Grundlagen des Lizenzgeschäfts

[114] vgl. UrhG § 31

Bei der Übertragung von Nutzungsrechten ist es wichtig, per (Lizenz-)Vertrag exakt zu definieren, welche Rechte der Urheber an den Lizenznehmer überträgt. Anders als beispielsweise beim Kauf eines Autos kann man Rechte nicht sehen oder anfassen, so dass die detaillierte Beschreibung der übertragenen Rechte wichtig ist, um Missverständnisse und Ärger zwischen Lizenzgeber und -nehmer zu vermeiden.

## 5.1.4 Rechtliche Absicherung von Lizenzthemen

Voraussetzung für die Vergabe einer Lizenz bzw. die Einräumung von Nutzungsrechten ist, dass überhaupt ein **geschütztes Recht** vorliegt. Der Gesetzgeber stellt mehrere Möglichkeiten des Rechtsschutzes zur Verfügung. Die wichtigsten und bekanntesten sind das Urheberrecht (UrhG) und das Markenrecht (MarkenG). Des Weiteren spielen im deutschen Lizenzgeschäft auch **Titelrechte** (z.B. bei Buch- oder Zeitschriften), **Wettbewerbsrecht** und **Persönlichkeitsrecht** (insbesondere von Prominenten) als wichtige rechtliche Grundlagen eine Rolle.

Daneben gibt es noch internationale Regelungen und Möglichkeiten für den Schutz eines Lizenzthemas, wie z.B. die Registrierung des Copyrights in den USA. Dieses Buch skizziert jedoch nur die wichtigsten Regelungen für den deutschen Markt.

Im UrhG, MarkenG und anderen gesetzlichen Schutzmechanismen sind die Fristen für den Schutz von Rechten und Marken genau definiert. Die Schutzfrist des Urhebers an seinem Werk erlischt, wie bereits erwähnt, in Deutschland erst 70 Jahre nach dessen Tod. Daher sind die Erben des Urhebers unter Umständen zu konsultieren, sollte ein potenzieller Lizenznehmer Interesse an der Nutzung eines Lizenzthemas haben. International gibt es außerdem zum Teil abweichende Schutzfristen, wie z.B. in Kanada, wo die Frist nur für 50 Jahre nach dem Tod des Urhebers gilt. Entsprechend sind gegebenenfalls auch die nationalen Bestimmungen hinsichtlich des Schutzes eines urheberrechtlich geschützten Werkes vor dem Erwerb einer Lizenz zu prüfen.

Eine eindeutige rechtliche Absicherung beim Erwerb eines Lizenzthemas ist wichtig, da nur der Urheber ein Recht einräumen kann. Der Lizenznehmer erwirbt über einen **Lizenzvertrag** ein Recht, das er weder sehen noch anfassen kann und auf dessen rechtmäßige Übertragung er sich verlassen können muss. Eine eindeutige Rechtssituation ist aber auch wichtig für den Schutz gegen Piraterieprodukte, denn Nachahmung, Verwässerung und Ausbeutung des guten Rufes eines Lizenzthemas können schwerwiegende Folgen haben.

Lizenznehmer sollten sich beim Erwerb von Nutzungsrechten eines Lizenzthemas vergewissern, dass sie korrekt rechtlich abgesicherte Ansprüche erwerben. Hier ist die Frage zu klären, ob der Gesprächspartner, also eine Lizenzagentur oder ein Lizenzgeber, die angebotenen Rechte überhaupt veräußern darf. Eine **ungebrochene Rechtekette** ist unabdingbar. In den USA ist es bei Lizenzkooperationen mittlerweile Usus, sich die Rechtekette en détail dokumentieren zu lassen. Grund dafür sind mögliche unerfreuliche Prozesse, hohe Schadensersatzforderungen und einstweilige Verfügungen. Beispiel: Es wird ein Lizenzvertrag für Fanprodukte zu einem Kinofilm z.B. mit einer Lizenzagentur abgeschlossen, die hierfür rein rechtlich gar nicht die notwendigen Nutzungsrechte vermitteln darf.

In Deutschland ist es (noch) nicht üblich, den Nachweis über die Rechtekette vorzulegen. Dennoch ist auch hierzulande die ungebrochene Rechtekette wichtig, weil Rechte nicht gutgläubig erworben werden können. Das ist anders als beim Kauf einer Waschmaschine, bei dem der Käufer durch Übergabe der Ware und deren Bezahlung davon ausgehen kann, dass der Verkäufer auch der bisherige Eigentümer ist. Der Käufer ist hier nicht dazu verpflichtet, abschließend zu klären, ob er von Berechtigten die Ware angeboten bekommen hat. Der Erwerb von Rechten muss aber auch vor dem deutschen Gesetz nachweisbar sein, so dass ein Lizenzgeber nur dann einen Lizenzvertrag unterzeichnen sollte, wenn er dies abgeklärt hat. Ansonsten kann auch er haftbar gemacht werden.

Zur rechtlichen Absicherung gehört auch die Klärung, ob gleiche oder ähnliche Werke und Marken schon geschützt sind. Hierbei reicht die Recherche im Markenregister nicht aus, da möglicherweise auch andere Rechte für die Lizenzauswertung betroffen sein können, die nicht im Markenregister eingetragen sind. Des Weiteren genügt es in einer globalisierten Welt auch nicht, die rechtliche Absicherung nur auf den deutschsprachigen oder europäischen Raum zu beschränken. Es gibt für die umfassende Abklärung von Rechten spezialisierte Unternehmen und Anwaltskanzleien, die hierbei unterstützen können.

Lizenzthemen können sehr unterschiedlichen Schutz genießen. Die jeweiligen Schutzrechte müssen einzeln geklärt und gegebenenfalls eingeholt werden, bevor sie auf Produkten verwendet werden dürfen.

## Beispiele für geschützte Rechte:[115]

■ Natürliche Personen (= geschützt durch das allgemeine Persönlichkeitsrecht)
   **Beispiele:** *Michael Jackson, Joachim Löw, Verona Pooth*

■ Illustrierte Charaktere (= geschützt durch Urheberrecht)
   **Beispiele:** *Mickey Mouse, Asterix, Tigerente*

■ Illustrierte Logos (= geschützt durch Urheberrecht oder evtl. Markenrecht)
   **Beispiele:** *Batman*-Logo, BMW-Logo

■ Namen (= geschützt durch Namensrecht nach § 12 BGB und/oder Markenrecht)
   **Beispiele:** *Boris Becker, Hundertwasser*-Haus, *Lufthansa*

■ Titel (= geschützt durch Titelrecht und/oder Markenrecht)
   **Beispiele:** *The Rolling Stone Magazine, Die drei ???, Galileo*
   Titel sind nur im Zusammenhang mit der Eintragung durch Markenanmeldung beim Markenamt für die eingetragenen Warengruppen geschützt.

■ Slogans (= evtl. schützbar durch Markenrecht oder Wettbewerbsrecht)
   **Beispiele:** *„Geiz ist geil"* des Elektronikmarktes *Saturn*
   Slogans sind in der Regel nicht urheberrechtlich geschützt, da hier die Schöpfungshöhe von den Gerichten nicht als groß genug angesehen wird, Quellen sind bei der Nutzung von Slogans jedoch anzugeben.

---

[115] vgl. *Feindor-Schmidt* (Vortrag, 2009), Rechtliche Grundlagen des Lizenzgeschäfts

- **besonders prägnante Hörmuster (= evtl. schützbar durch Markenrecht)**
  **Beispiele:** *T-Com*-Erkennungsmelodie aus Werbespots
  Hörmuster sind nur im Zusammenhang mit der Eintragung durch Markenanmeldung beim Markenamt für die eingetragenen Warengruppen geschützt.

- **besonders prägnante Farbkombinationen (= evtl. schützbar durch Markenrecht)**
  **Beispiele:** *Milka*-Lila, Farbgestaltung des Corporate Design von *Coca-Cola*
  Schützbar sind eigens entwickelte Farben, aber auch immer gleiche Farbanteile bestimmter Farben im kompletten Corporate Design.

Ob ein Werk gemäß UrhG geschützt ist, hängt insbesondere von der **Schöpfungshöhe** ab: Je origineller bzw. kreativer und einzigartiger etwas ist, desto höher ist die Wahrscheinlichkeit, dass es Schutz genießt.[116]

## 5.1.5 Markenanmeldung

Wenn die Schöpfungshöhe für einen urheberrechtlichen Schutz nicht ausreichend ist, kann alternativ eine **Marke** beim Markenamt angemeldet werden. Bei der Markenanmeldung wählt der Anmelder die Warengruppen aus, für die sein Werk als Marke geschützt werden soll. Aber auch bei der Eintragung einer Marke muss eine gewisse Einzigartigkeit (die so genannte „Unterscheidungskraft") vorliegen:

### § 3 MarkenG:

(1) Als Marke können alle Zeichen, insbesondere Wörter einschließlich Personennamen, Abbildungen, Buchstaben, Zahlen, Hörzeichen, dreidimensionale Gestaltungen einschließlich der Form einer Ware oder ihrer Verpackung sowie sonstige Aufmachungen einschließlich Farben und Farbzusammenstellungen geschützt werden, die geeignet sind, Waren oder Dienstleistungen eines Unternehmens von denjenigen anderer Unternehmen zu unterscheiden.

Nicht als Marke angemeldet werden können Bezeichnungen für Dinge und Begriffe des allgemeinen Sprachgebrauchs. Ein Begriff wie „Kaffee" könnte für die Ware Kaffee beispielsweise nicht durch Markenanmeldung geschützt werden. Die Konsequenz wäre hier, dass alle Kaffeehersteller eine andere Bezeichnung für ihr Produkt verwenden müssten, weil der Markeninhaber die Nutzung des Wortes „Kaffee" verbieten oder für dessen Nutzung Lizenzgebühren erheben könnte. Der *KI.KA*-Character *Bernd das Brot* ist hingegen schützbar, weil es sich zwar um einen Gegenstand des alltäglichen Gebrauchs (Brot) handelt, dieser aber mit einem besonderen Namen (*Bernd das Brot*) bezeichnet wird und die Figur dieses immer mies gelaunten Brotes aus dem Programm des *KI.KA* an sich ein unverwechselbares Design hat.

---

[116] vgl. *Feindor-Schmidt* (Vortrag, 2009), Rechtliche Grundlagen des Lizenzgeschäfts

## 5.2    Ungeschützte Werke

Ist ein Werk weder urheberrechtlich als Marke oder durch sonstige Schutzrechte geschützt, kann es jeder verwenden – auch kommerziell. Dies gilt beispielsweise auch für Werke, deren Schutz bereits abgelaufen ist. Ein Beispiel hierfür sind *Grimms Märchen*: Die Autoren sind seit über 70 Jahren tot. Entsprechend können ihre Märchen heute frei verwendet werden. Allerdings: eine Bearbeitung eines eigentlich bereits gemeinfreien Werks aus neuerer Zeit ist wiederum unter Umständen urheberrechtlich geschützt. Durch die geistige Schöpfung des Bearbeiters ist gewissermaßen ein neues Werk entstanden, das wiederum urheberrechtlichen Schutz genießen könnte und damit nicht frei verwendet werden darf.[117] Die Filme der TV-Spielfilmreihe *ProSieben Märchenstunde* basieren beispielsweise auf gemeinfreien Märchen, die zu Comedy-Verfilmungen bearbeitet wurden und dadurch ein ausreichendes Maß an Schöpfungshöhe erreicht haben, um nun wiederum selbst urheberrechtlich geschützt zu sein.

Verstöße gegen das Urheberrecht wie z.B. die unlizenzierte Nutzung eines urheberrechtlich geschützten Lizenzgegenstandes können vom Urheber geltend gemacht werden. Unter anderem kann dieser hier auf Unterlassung und Schadensersatz klagen. Ebenso ist eine strafrechtliche Ahndung möglich.

## 5.3    Lizenzvertrag

Die Nutzung eines urheberrechtlich geschützten Werkes setzt einen Vertrag voraus, mit dem der Lizenzgeber dem Lizenznehmer die Nutzungsrechte überträgt, die dieser auswerten möchte. Ein solcher Vertrag wird als **Lizenzvertrag** bezeichnet und zwischen Urheber bzw. Lizenzgeber und -nehmer abgeschlossen, die entsprechend auch die Vertragsparteien des Lizenzvertrags sind.

Der Lizenzvertrag unterliegt keiner bestimmten Form und ist von der Vertragsfreiheit geprägt. Er ist ein gegenseitiger Vertrag, der u.a. Elemente des BGB, des HGB und des gewerblichen Rechtsschutzes in sich vereint. In diesem Vertrag wird die Übertragung der Nutzungsrechte vom Lizenzgeber auf den Lizenznehmer inhaltlich, zeitlich und im Rahmen der gesetzlichen Möglichkeiten auch räumlich begrenzt übertragen.

---

[117] siehe § 3 UrhG

**Abbildung 5.1**      Vertragsbeziehungen im Lizenzgeschäft[118]

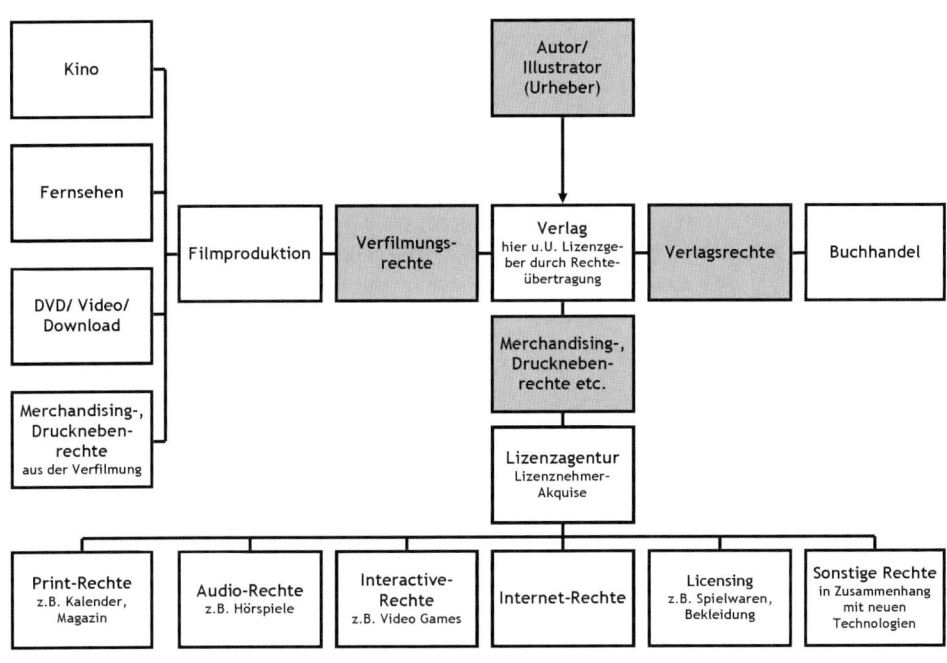

Durch die Verfilmung eines Stoffes bzw. Lizenzthemas entstehen, wie bereits erwähnt, wieder neue Rechte. Diese beziehen sich auf das neue Werk, das durch die **Bearbeitung** in Form einer Verfilmung entstanden ist. Die Rechte an dem durch diese Bearbeitung neu entstandenen urheberrechtlich geschützten Werkes liegen meist beim Filmhersteller (Filmproduktion).[119] Wer die Merchandisingrechte, die aus der Verfilmung generiert werden können, auswerten darf, wird meist im Verfilmungsvertrag zwischen Lizenzgeber und Filmproduktion festgelegt. Häufig wird dann in der Folge mit zwei sehr ähnlichen Lizenzthemen gearbeitet: dem Original-Thema, das auch die Basis für die Verfilmung bildet, sowie der Film-Version des Themas.

Ein prominentes Beispiel für solche „Doppel- oder gar Mehrfach-Lizenzthemen" sind *Die Wilden Kerle*: Hier gibt es die den Original-Büchern sehr nahe Lizenzvermarktung mit eigens dafür entwickeltem Artwork des Buch-Illustrators. Daneben gibt es das Artwork der fünf Kino-Realverfilmungen[120] des Stoffes sowie eine in Vorbereitung befindliche ani-

---

[118] vgl. *Feindor-Schmidt* (Vortag, 2009), Rechtliche Grundlagen des Lizenzgeschäfts

[119] siehe § 89 UrhG

[120] Realverfilmung = Verfilmung mit Schauspielern (engl. Live Action)

mierte TV-Serie. Bei der Lizenzierung von Realverfilmung allgemein sind übrigens zusätzlich auch die Persönlichkeitsrechte der involvierten Schauspieler tangiert, die ebenfalls abgegolten werden müssen. Ein weiteres Beispiel ist der Lizenzklassiker *Janosch*: Hier gibt es das „Classic"-Artwork mit dem unverwechselbaren Aquarell-Stil des Künstlers selbst. Und es gibt daneben das modernere zweidimensionale Film-Artwork aus den bekannten *Janosch*-Kinderserien und so genannten „Zuspielern", die u.a. in der *SWR*-Kindershow *Tigerenten Club* zu sehen sind, und den Kinofilmen neueren Datums.

Oft sind bei solchen „Doppel-Lizenzthemen" Lizenzagenturen involviert. Es kann durchaus sein, dass sich unterschiedliche Agenturen um die jeweilige Vermarktung eines dieser Themen kümmern und auch unterschiedliche Lizenzgeber involviert sind. Dabei können der Film und die entsprechenden Vermarktungsmaßnahmen positiv auf das Original und dessen Lizenzprodukte abstrahlen und diese neu beleben.

Vor dem Abschluss eines Lizenzvertrags steht häufig die Vereinbarung eines **Deal Memos** oder **Letter of Intent (LOI).** In einem LOI werden die wichtigsten Eckdaten wie Vertragslaufzeit, Lizenzprodukt, Lizenzgebühren oder Garantiesumme des späteren Lizenzvertrags in Kurzform festgehalten und von beiden Vertragsseiten unterzeichnet. Auf Basis dieser ersten groben Vereinbarung können die Partner schon mit der Produktentwicklung beginnen, während die Anwälte beider Seiten den detaillierten Lizenzvertrag verhandeln. Dies wiederum kann sich durchaus hinziehen, insbesondere wenn sich große amerikanische Konzerne wie z.B. *Warner Bros.* und *McDonald's* zu einer gemeinsamen Lizenzkooperation entschließen. Entsprechende Verträge können am Ende schnell 50 Seiten und mehr umfassen und werden deshalb manchmal sogar erst nach Durchführung der gemeinsamen Lizenzkooperation final unterzeichnet. Die Anfertigung und Unterzeichnung eines LOI macht Sinn, um in den wichtigsten Punkten eine gemeinsame Basis zu schaffen. Mit zumindest einem LOI einer künftigen Kooperation mit einem attraktiven Partner in der Tasche lassen sich außerdem auch weitere potenzielle Lizenznehmer von einer Zusammenarbeit überzeugen.

Meist haben Lizenzverträge eine Vertragslaufzeit von zwei bis drei Jahren. Die übliche Abverkaufsfrist für noch am Lager befindliche restliche Lizenzprodukte zu einem Lizenzthema nach Ablauf der Vertragslaufzeit beträgt in der Regel sechs Monate.

## Rechteeinräumung im Lizenzvertrag

Die vereinbarte **Rechteeinräumung** ist das Herzstück eines Lizenzvertrages. Der Lizenzvertrag regelt im Übrigen die jeweiligen Rechte und Pflichten von Lizenzgeber und -nehmer. Dabei kann der Lizenzvertrag unter Umständen auch, wie bereits erwähnt, von einer Lizenzagentur unterzeichnet werden. Die Rechteeinräumung sollte im Lizenzvertrag durch die folgenden sieben Punkte definiert werden, die auch als minimale Bestandteile eines Lizenzvertrags zu verstehen sind.

## Grundlegende Eckdaten der Rechteeinräumung in einem Lizenzvertrag:[121]

1. **Exklusive oder nicht exklusive Einräumung der Nutzungsrechte**

2. **Sachliche Beschränkung (Lizenzgegenstand/Lizenzprodukt):**
   Beschränkung auf bestimmte Charaktere, Namen, Titel innerhalb eines Werkes sowie auf die Nutzung für bestimmte Produkte (z.B. Plüsch, Print, Bekleidung, etc.).

3. **Örtliche Beschränkung (Lizenzgebiet):**
   Räumliche Begrenzung der Lizenzauswertung bzw. territoriale Definition des Vertriebsgebietes.

4. **Zeitliche Beschränkung (Vertragslaufzeit):**
   Laufzeit des Vertrags inkl. Abverkaufsfristen nach Vertragsende, Kündigungsmöglichkeiten und Verlängerungsoptionen.

5. **übertragbar/nicht übertragbar (Unterlizenzen):**
   Darf der Lizenznehmer beispielsweise einen Hersteller mit der Produktion der vereinbarten Lizenzprodukte beauftragen? (Eine Unterlizenz erlischt grundsätzlich mit dem Erlöschen der Hauptlizenz.)

6. **Bearbeitungsrecht (nur soweit notwendig):**
   z.B. die Überarbeitung der Figuren einer 2D-Zeichentrick-Serie für 3D-Plüschfiguren.

7. **Rechteübertragung nur unter der Bedingung der (zumindest teilweisen) Bezahlung der Mindestgarantie (Garantiesumme)**

Die allgemeine örtliche Beschränkung auf bestimmte Länder ist übrigens innerhalb der EU rechtlich nicht mehr durchsetzbar, weil hier die Warenverkehrsfreiheit gilt. Zwischenhändler dürfen Lizenzprodukte weiter ins EU-Ausland liefern. Eine vertragsweise Durchsetzung der Beschränkung des Vertriebs auf bestimmte Länder innerhalb der EU verstößt also gegen das EU-Kartellrecht. Dennoch ist es möglich, die Lizenz für die Erstveröffentlichung eines Lizenzproduktes auf bestimmte Länder der EU zu beschränken.

Neben der Einräumung der notwendigen Rechte, die der Lizenznehmer benötigt, um seine Lizenzprodukte herzustellen und zu vertreiben, gehört es auch zu den Pflichten des Lizenzgebers, sein Lizenzthema zu schützen und es entsprechend gegebenenfalls als Marke in der notwendigen Weise schützen zu lassen bzw. den Schutz zu aktualisieren und Verletzer des Rechts rechtlich zu verfolgen.

Wichtig ist ebenfalls, dass der Lizenzgeber dem Lizenznehmer das zur Gestaltung des Lizenzproduktes notwendige Material zur Verfügung stellt, damit dieser seine Lizenzprodukte überhaupt entwickeln kann. Hierzu zählen neben Abbildungen auch Vorgaben für Schriften, Farben u.ä. Üblicherweise werden diese Dinge in einem **Style Guide**[122] zusam-

---

[121] vgl.*Feindor-Schmidt* (Vortrag 2009), Rechtliche Grundlagen des Lizenzgeschäfts

[122] siehe Kapitel „Style Guide", S. 159

mengefasst und dem Lizenzgeber zur Nutzung übergeben. Da er die Basis der Entwicklung des Lizenzproduktes darstellt, ist die Zurverfügungstellung eines Style Guides häufig Teil von Lizenzverträgen.

Die Übertragung der Lizenz bedarf grundsätzlich der Zustimmung des Lizenzgebers, kann aber vertraglich ausgeschlossen werden. Dies kann die Produktion der Lizenzprodukte bei einem externen Hersteller betreffen und sollte unbedingt mit dem Lizenzgeber vor Vertragsabschluss geklärt werden.

# Beteiligte am Lizenzierungsprozess: Der Lizenzgeber

# 6 Lizenzgeber

Lizenzgeber besitzen, wie bereits beschrieben, die Rechte an einem Thema, das per Lizenzierung kommerziell ausgewertet wird. Zum einen möchte der Lizenzgeber durch Lizenzprodukte zusätzliche Aufmerksamkeit auf sein Lizenzthema ziehen. Licensing kann dabei helfen, eine TV-Sendung, einen Kinofilm oder ein sonstiges Lizenzthema bei den Endverbrauchern bekannt zu machen oder diese Bekanntheit zu pflegen und weiter auszubauen. Zum anderen geht es dem Lizenzgeber – natürlich – meistens auch um die Erzielung von zusätzlichen Umsätzen aus der Vermarktung seines Lizenzthemas.

Ein Lizenzthema kann auf- bzw. ausgebaut werden durch dessen Präsenz außerhalb seiner „Herkunft". Dies geschieht z.B. bei Themen aus dem Fernsehen oder Kino durch Produkte im Handel sowie durch Werbe- und PR-Maßnahmen der Lizenznehmer für die Lizenzprodukte in der Fachpresse, mit Produkt-Werbespots oder Abbildung und Listung der Waren in Katalogen und Werbemitteln von Handelspartnern. Die Endverbraucher kommen so zusätzlich zu seinem „Ursprung" mit dem Lizenzthema in Kontakt. Die Anzahl der Konsumenten-Kontakte kann sich mit Hilfe der genannten Aktionen derartig erhöhen, wie es ein Lizenzgeber häufig nicht allein durch seine Marketing- und PR-Maßnahmen erreichen kann. In diesem Zusammenhang spricht man von der **Image-Builder-Funktion** von Lizenzprodukten. Sie dient dazu, die Identität eines Lizenzthemas zu stärken und es in der Lebenswelt der Zielgruppe zu verankern.[123]

Besonders plakativ war diese Image-Builder-Funktion bei der ersten Staffel von *DSDS-Deutschland sucht den Superstar* (2002/ 2003) auf *RTL* erkennbar: Nicht weniger als 4.000 Lizenzprodukte waren damals im Handel. CDs, Magazine und viele weitere Lizenzprodukte verhalfen neben gelungener Kommunikation u.a. in Zusammenarbeit mit der *Bildzeitung* dazu, dass die TV-Show zu einem „Must-See"-Event für eine sehr große Zielgruppe wurde.[124] Ein anderes Beispiel hierfür ist *Miley Cyrus*, der Star der erfolgreichen *Disney*-TV-Serie *Hannah Montana*. Die zahlreichen erhältlichen Life-Style-Produkte unterstreichen ein Lebensgefühl, mit dem sich die Zielgruppe von pubertierenden Mädchen weltweit identifizieren kann. Der Serie und ihrer Hauptdarstellerin verpassen sie ein bestimmtes vom Lizenzgeber gesteuertes Image, das zu hohen Quoten im Fernsehen und ansehnlichen Lizenzprodukt-Umsätzen führt.

Die „Wirkung" eines Lizenzthemas auf ein Produkt ist nicht nur mit dem Kauf eines dazu passenden Lizenzartikels verbunden. Die pure Präsenz der Produkte im Handel steigert bereits die Aufmerksamkeit für ein Lizenzthema. Die Bindung zum Lizenzthema ist jedoch am stärksten, wenn Lizenzprodukte tatsächlich erworben werden.[125]

---

[123] vgl. *Engh* (2006), S. 286

[124] vgl. *Engh* (2006), S. 298

[125] vgl. *Raugust* (1995), S. 2

Es ist nicht verwunderlich, dass Licensing heute ein entscheidender Part des Marketing-Plans ganz besonders von Fernseh- und Kinofilmproduzenten ist. Bei beiden werden die Erfolge an Zuschauerquoten bzw. Kinobesucherzahlen gemessen, die wiederum über eine weitere Ausstrahlung, Einspielen der Kosten und/oder eine Fortsetzung eines Films entscheiden. Umso wichtiger ist es gerade für die Unterhaltungsindustrie, schnell Bekanntheit und Beliebtheit für neue Themen aufzubauen, auszubauen und zu halten. Dabei wird Licensing als zentrales Element des Marketings eingesetzt. Entsprechend wird bereits zu frühen Zeitpunkten der Produktion einer neuen Serie oder eines Films das Gespräch mit möglichen Lizenznehmern, die besonders hohe Reichweite durch großen Warenumschlag und/oder hohe Media-Spendings generieren können, gesucht. So kann bis zum Zeitpunkt der Markteinführung eines neuen Lizenzthemas die maximal mögliche Bekanntheit aufgebaut werden. Die Unterhaltungsindustrie ist hier ein Vorreiter, und sie ist aufgrund der großen Konkurrenz zwischen bestehenden und immer neuen Produktionen im Markt dazu gezwungen, viele Maßnahmen inklusive Licensing zu ergreifen, um ihre Themen zu stützen. In anderen Branchen ist es weniger extrem, aber auch hier werden Lizenzthemen aus den gleichen Überlegungen heraus strategisch aufgebaut – aber unter Umständen mit weniger Zeit- und Erfolgsdruck als in der Unterhaltungsindustrie.

Selbstverständlich geht es beim Licensing aus Sicht eines Lizenzgebers auch immer um die Generierung von zusätzlichen Einnahmen. Hier greift die so genannte **Revenue-Builder-Funktion** von Lizenzprodukten,[126] die dem Lizenzgeber zusätzliche Umsätze durch die Auswertung seines Lizenzthemas beschert.

Auch hier ist die Unterhaltungsindustrie eine Art Wegbereiter, denn hier wird mittlerweile weltweit bei der Kalkulation neuer Projekte von Anfang an mit Einnahmen aus dem Licensing gerechnet. Filmproduktionen sind teuer, so dass die Refinanzierung durch Licensing neben den Einnahmen aus dem Kinoticket-Verkauf und dem TV-Rechtevertrieb einen hohen Stellenwert hat und besonders professionell betrieben wird. Besonders „interessant" sind hier möglichst hohe Garantiesummen, die Lizenznehmer zahlen, denn mit diesen kann am einfachsten gerechnet werden. Sie stellen sichere Einnahmen dar. Ganz abgesehen davon, dass es für jeden Lizenzgeber erfreulich ist, gelingt es ihm, sein Lizenzthema so attraktiv zu machen und zu halten, dass er viele Jahre lang Lizenzeinnahmen aus einer großen Lizenzprodukt-Palette im Handel seinen Lizenznehmern in Rechnung stellen kann. Das Licensing zur Kinofilm-Serie *Star Wars* dürfte den Lizenzgeber *Lucasfilm* beispielsweise in Bezug auf Lizenzeinnahmen sehr zufrieden stellen, ist dieses Thema doch seit über 30 Jahren eines der erfolgreichsten Lizenzthemen überhaupt.[127]

---

[126] vgl. *Engh* (2006), S. 185

[127] siehe Kapitel „PRAXIS: Wie schafft man es, ein Lizenzthema über 30 Jahre frisch zu halten?", S. 199

Wichtig ist, dass Licensing nicht als eigenständige unternehmerische Strategie angesehen wird. Vielmehr ist es, wie bereits erwähnt, eine von vielen Maßnahmen innerhalb des Marketing-Mix[128] eines Unternehmens. Ohne Einbettung in den Marketing-Mix funktioniert Licensing selten.

Realistisch gesehen ist klar, dass es unwahrscheinlich ist, dass ein noch unbekanntes Thema über Nacht zu einem relevanten Lizenzthema wird. Erst mit einem erkennbaren Markenimage und einer gewissen Bekanntheit beim Konsumenten und bei den Einkäufern im Handel wird auch die Lizenzauswertung erfolgreich sein können. Deswegen muss ein Thema in der Regel erst aufgebaut werden, um es über Licensing auswerten zu können.

Um ein Lizenzthema erfolgreich zu machen und alle gesteckten unternehmerischen Ziele sicher zu erreichen, gibt es nicht den einen „glorreichen Weg“. Dazu sind Lizenzthemen und deren individuelle Voraussetzungen zu unterschiedlich. Wie sprichwörtlich viele Wege nach Rom führen, so können viele unterschiedliche Strategien zu einer erfolgreichen Vermarktung eines Lizenzthemas führen – oder eben auch zu einem Flop! Es ist leider nicht von der Hand zu weisen, dass ein Lizenzthema, auch wenn es formal optimale Voraussetzungen mitbringt, nicht zwingend ein Hit werden muss. Die Präferenzen der Konsumenten ändern sich genauso wie äußere Einflüsse. So entscheiden z.B. ein „falscher Sendeplatz“ oder „falscher Sender“ einer neuen TV-Serie, die „falsche Positionierung“ der Lizenzprodukte im Handel oder „falsche erste Produkte“ oder auch schlicht der „falsche Zeitpunkt“ u.a. über Erfolg oder Misserfolg eines Lizenzthemas.

Auf einen kurzen Nenner aus Sicht eines Lizenzgebers gebracht: Beim Licensing geht es um den Auf- und Ausbau von Markenbekanntheit und -loyalität, Diversifikation, Positionierung, die Verbreitung und den Ausbau des Vertriebs – in der Regel natürlich mit dem Ziel, die Kassen des Lizenzgebers zu füllen.[129] [130]

Das Aufsetzen eines Lizenzierungsprogrammes birgt jedoch viele Chancen und Risiken für den Lizenzgeber. Er sollte gut abwägen, welche Voraussetzungen er schaffen muss, um seine unternehmerischen Ziele mit Hilfe der Lizenzierung zu erreichen.

# 6.1   Vorüberlegungen für den Aufbau eines Lizenzprogramms

Vor dem Aufbau eines Lizenzprogramms ist es wichtig, dass sich der Lizenzgeber über seine Ziele und Erwartungen, aber auch die daraus resultierenden Konsequenzen hierfür im Klaren ist.

---

[128] siehe Kapitel „Licensing als Teil des Marketing-Mix“, S. 27

[129] vgl. *Manz* in: *Böll* (2001), S. 37

[130] vgl. *Burmann/Meffert/Blinda* in: *Meffert/Burmann/Koers* (2005), S. 205-206

# 6.1.1    Zusätzliche Erlöse

Es ist nicht verwunderlich, dass viele Lizenzgeber als erstes an zusätzliche Einnahmen [131] denken, wenn sie ein Lizenzprogramm auf den Weg bringen wollen. Daneben geht es Lizenzgebern jedoch in der Regel auch um Marketingziele wie z.B. den Eintritt in neue Produktkategorien oder neue Märkte bzw. die zusätzliche Aufladung des (positiven) Markenimages. Daher muss Licensing für den Lizenzgeber nicht zwingend ein großer zusätzlicher Umsatzbringer werden, es sollte sich aber finanziell zumindest selbst tragen können.

Allerdings kann es viele Jahre dauern, bis sich Lizenzierungsbemühungen für einen Lizenzgeber finanziell wirklich lohnen. Der Aufbau und die Pflege eines Lizenzthemas – auch wenn es dabei um eine eigentlich schon am Markt eingeführte Marke geht – kann viel Zeit in Anspruch nehmen: Eine Lizenzierungsstrategie muss entwickelt und dazu passende Lizenznehmer gefunden werden. Daraufhin folgt die Konzeption von adäquaten Lizenzprodukten, die in den Handel gebracht werden müssen. Begleitet wird dieser Prozess von der Entwicklung und Implementierung flankierender Werbemaßnahmen. All dies muss erst einmal „ins Laufen" kommen – erst dann können Gewinne mit dem Licensing erwirtschaftet werden.

Diese vorbereitenden Aufgaben bei der Lizenzierung bedeuten auf der Seite des Lizenzgebers auch die Investition von Geld. Es muss ein Style Guide entwickelt und die Lizenz kontinuierlich geführt und weiterentwickelt werden. Daneben muss er die personellen Strukturen schaffen für Abnahme von Produkten, Produktdesigns sowie Werbemitteln. Ebenso müssen die Abrechnungen der Lizenznehmer kontrolliert werden. Hier fallen neben Personalkosten in unterschiedlichen Abteilungen des Lizenzgebers – wie beim Style Guide oder bei Marketing und PR – zusätzliche Kosten an, auch weil unter Umständen spezialisierte Agenturen hinzugezogen werden. Ebenso kostet die Implementierung des rechtlichen Schutzes der Lizenz, z.B. durch Markenanmeldung und die Konsultierung eines Medienanwaltes, Geld. Um eine Lizenz erfolgreich aufzubauen und sie erfolgreich zu halten, muss nicht nur zum Start des Lizenzierungsprogramms investiert werden, sondern permanent, um die Lizenz frisch und attraktiv zu halten.

Wie schon erwähnt, ist gerade im Entertainment-Bereich Licensing ein wichtiger Teil der Kalkulation. Gerade Kino-, aber auch TV-Produktionen kosten enorm viel Geld. Ein Grund dafür ist, dass bei Filmen heute fast immer Special Effects zum Einsatz kommen, für die Unsummen für Technik und Computer-Animationen ausgegeben werden. Daher schließen nicht nur die großen Filmstudios in den USA, sondern auch die Produktionsfirmen hierzulande bei der Entwicklung ihrer Projekte die Verwendung des Artworks für Lizenzprodukte mit ein. Oft wird bereits zu einem frühen Stadium der Realisierung eines neuen Films mit wichtigen (internationalen) „Key Partnern" wie *McDonald's*, *Burger King*, *Mattel*, *Hasbro* oder *LEGO*, gesprochen. Ziel: Eine frühe Initiierung einer einnahmenstarken Kooperation. Häufig übrigens auch mit Zugeständnissen für den Lizenznehmer, der bei-

---

[131] siehe Kapitel „Lizenzgebühren und Garantiesummen", S. 152

spielsweise durch Product Placement im späteren Film einen zusätzlichen Vorteil aus der Zusammenarbeit mit dem Studio erhält.

*James Camerons* 3D-Epos *Avatar*, der im Dezember 2009 weltweit in die Kinos kam, ist nicht nur aktuell der erfolgreichste Kinofilm aller Zeiten. Er gilt mit geschätzten Produktionskosten von 300 bis 500 Mio. US-Dollar auch als der teuerste Film, der bisher jemals produziert wurde. Es verwundert bei so hohen Kosten nicht, dass sich die Filmemacher schon frühzeitig Gedanken um die Refinanzierung neben dem Verkauf von Kinotickets, DVDs und Fernsehrechten gemacht haben. Eine weitere Einnahmequelle ist dabei neben Product Placement und Sponsoring auch Licensing. So wurde bei *Avatar* u.a. ein Lizenzdeal mit *Mattel* über *Avatar*-Spielzeuge eingetütet, *Ubisoft* hat ein Computerspiel parallel zur Filmentstehung entwickelt, der Verlag *HarperCollins* veröffentlichte Kinderbücher und mit *McDonald's* wurde eine Gewinnspiel-Aktion in Nordamerika initiiert. Alle diese Kooperationen wurden lange vor Anlaufen des Films in die Wege geleitet. Weitere Lizenzkooperationen folgten und werden noch folgen.[132]

Wenn sich *James Camerons* Produktionsfirma *Lightstorm Entertainment* und der Verleih *20th Century Fox* weiterhin clever bei den Vermarktungsaktivitäten von *Avatar* anstellen, wird es ihnen vielleicht gelingen, mit dem Film ein Dauerbrenner-Lizenzthema – vergleichbar mit *Star Wars* – aufzubauen. Beide Filmproduktionen haben jeweils zu ihrer Zeit neue Maßstäbe bei der filmischen Umsetzung von Stoffen auf der Leinwand gesetzt. Der Handelsumsatz mit Lizenzprodukten zu *Avatar* erreichte im Juni 2010 bereits 153 Mio. US-Dollar.[133] Für den langfristig angelegten Aufbau der Lizenz *Avatar* hat der Lizenzgeber bereits entscheidende Maßnahmen ergriffen: Zwei Monate vor dem Kinostart begann der Verkauf der Lizenzprodukte in den USA. Die definierten 125 Produkte aus vier ausgewählten Key Categories „Video Games", „Spielwaren", „Bekleidung" und „Publishing"[134] hatten das Ziel, die besonders auflagenstarken Produktkategorien zu nutzen und sich dabei auf ein besonders tiefes Sortiment zu stützen, das wiederum den Handelspartnern eine attraktive Platzierung in deren Filialen ermöglichte. Die Auflagen des Lizenzgebers waren richtungsweisend: Die Lizenzprodukte mussten innovativ sein und u.a. den 3D-Effekt des Films, neuartige Materialien oder besondere technische Funktionen bei Spielwaren u.ä. verwenden, um das beeindruckende Kinoerlebnis über die Lizenzprodukte auch nach Hause zu transportieren. Die Produkte sollten so den Image-Aufbau des neuen Lizenzthemas *Avatar* unterstützen. In den nächsten Jahren will *20th Century Fox* die *Avatar*-Product-Range kontinuierlich durch weitere Produkte und Produktkategorien, die das Lizenzthema breiteren Zielgruppen und deren Bedürfnissen näher bringen sollen, erweitern. Das Lizenzthema soll langfristig lebendig gehalten werden: Es ist anzunehmen, dass dies durch ein *Avatar*-Sequel[135] noch unterstützt werden wird.[136]

---

[132] vgl. *Mielke/Schröder* (Web, 2010), Avatar: Goldrausch auf Pandora

[133] vgl. *Szalai* (Web, 2010), ‚Avatar' merchandise strategy going long-term

[134] siehe Kapitel „Lizenzproduktkategorien", S. 50

[135] Sequel = engl. Fortsetzung (weiterer Kinofilm)

Ein anderes Beispiel ist *Iron Man*. Der erste Kinofilm dieses Franchise[137] erschien 2008, ein zweiter Film folgte in 2010. Vor dem Kinostart war *Iron Man* ein Comic-Sammler-Thema mit einer verhältnismäßig kleinen Zielgruppe. Durch die Hollywood-Verfilmungen wurde *Iron Man* schließlich für den Massenmarkt geöffnet und erreichte plötzlich international eine riesige Zielgruppe, die mit entsprechenden Lizenzprodukten „versorgt" werden konnte. Die Lizenzeinnahmen konnten sogar die der *Spiderman*-Serie übertreffen – ein großer Erfolg für den Lizenzgeber *Marvel Entertainment*, der inzwischen zum *Disney*-Konzern gehört.[138]

**Abbildung 6.1**    Exemplarische Verwertungskette bei einem Kinofilm[139]

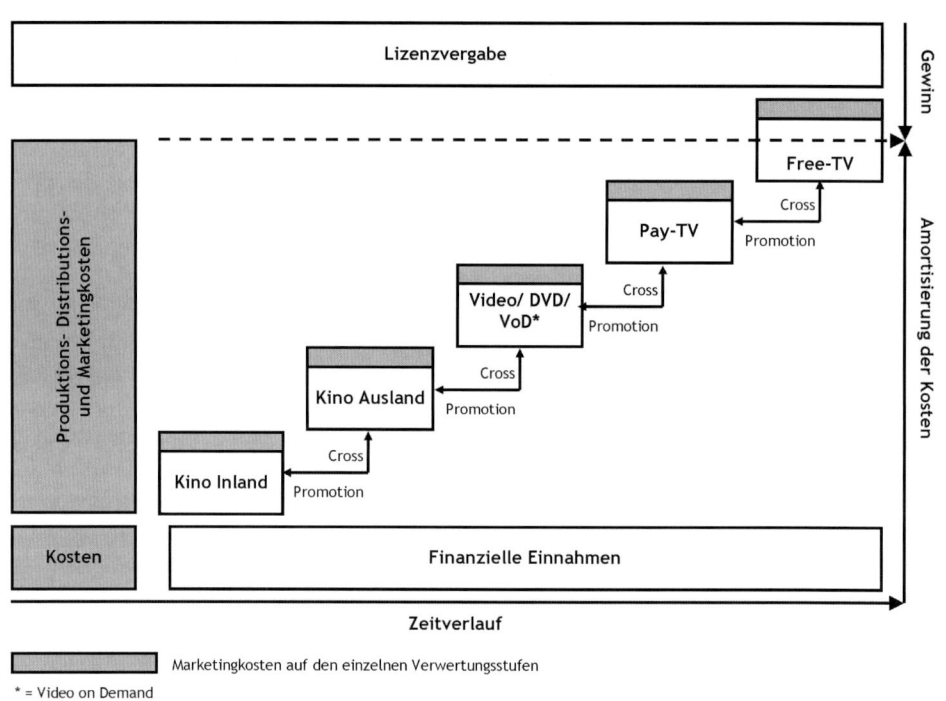

* = Video on Demand

---

[136] vgl. *Casey* (Web, 2010), Avatar raises the Bar

[137] Franchise = engl. für ein i.d.R. langfristig angelegtes Lizenzthema, das oft aus dem Kino- oder Video-Game-Bereich stammt

[138] vgl. *Fritz/Chmielewski* (Web, 2010), After ‚Iron Man', Marvel hopes its other characters follow suit

[139] vgl. *Siegert* (2001), Seite 172 (modifiziert)

Licensing wird bei Kinofilmen auf allen Verwertungsstufen (**Abbildung 6.1**) eingesetzt, um eine maximale Refinanzierung der Ausgaben oder idealerweise sogar maximale Gewinne aus der Lizenzverwertung zu erzielen. Dabei werden die unterschiedlichen Verwertungsstufen auch durch Cross Promotions[140] mit Partnern aus unterschiedlichen Branchen bestmöglich unterstützt. Ziel ist es, eine größtmögliche Aufmerksamkeit auf den Film sowie dessen nachgelagerte Verwertungsstufen wie Auslandsvermarktung, Video, Pay- und Free-TV wie auch auf die Lizenzprodukte zu lenken. Lizenzprodukte werden bei solchen Cross Promotions gern als Gewinnspielpreise eingesetzt, was zusätzliche Aufmerksamkeit auf diese Produkte lenkt.

Wann sich die Produktions-, Distributions- und Marketingkosten durch die verschiedenen Verwertungsstufen eines Kinofilms allerdings amortisieren, ist unterschiedlich und muss nicht der Darstellung in **Abbildung 6.1** entsprechen – der Zeitpunkt der Refinanzierung kann früher, später aber natürlich auch nie eintreten, wenn ein Film an den Kinokassen floppt oder sich die Erwartungen an seine Auswertung insgesamt nicht erfüllen.

Um die Lizenzerlöse zu maximieren, klammern Lizenzgeber (vorrangig aus der Entertainment- und Spielwarenindustrie) oft bestimmte Produktkategorien aus den Verträgen mit ihren Lizenzagenturen aus und vermarkten diese selbst. So sparen sie sich die Agenturprovision und erwirtschaften einen höheren Erlös durch direkte Kooperationen. Besonders häufig werden neben den Promotion-Rechten auch DVD- und Audiorechte als auch Video Games aus den Verträgen genommen, bei denen es oft um Kooperationen mit den auflagenstarken Lebensmittelgiganten wie *Kellogg*, *Burger King* & Co. bzw. um „Prestige-Kategorien" geht, die inhaltlich sehr nah am Leitmedium sind und daher in der Regel in besonders enger Zusammenarbeit mit dem Lizenzgeber entstehen.

Um das Risiko für den Lizenzgeber, aber auch den Lizenznehmer zu streuen, werden immer häufiger Lizenzvereinbarungen unterzeichnet, die mehrere Themen eines Lizenzgebers für bestimmte Lizenzproduktkategorien an einen Lizenznehmer vergeben. Daran gekoppelt sind oft eine Garantiesummenzahlung wie auch Lizenzgebühren, die vom Lizenznehmer zu zahlen sind. Die Lizenzgebühren können hier häufig querverrechnet werden: Wenn ein Lizenzthema deutlich schlechter am Markt abschneiden sollte als andere im Rahmenvertrag festgehaltene, wird die schlechte Performance so ausgeglichen.

Ein bekanntes Beispiel eines solchen Rahmenvertrags war die zehn Jahre anhaltende internationale Kooperation zwischen *McDonald's* und *Disney* zu dessen Highlights wie z.B. *Toy Story*, *Winnie Puuh*, *Findet Nemo* oder *Cars* im *Happy Meal*. Und auch zu den Kinoblockbustern der Trilogie *Herr der Ringe* gelang es dem Lizenzgeber *New Line Cinema* und seinen Lizenzagenturen eine Reihe von Lizenznehmern für Verträge über alle drei Filme zu akquirieren. Neben dem Fast-Food-Bereich sind solche Verträge vor allem auch im Spielwaren- und Computerspiele-Bereich zu finden, wo es lange Vorlaufzeiten für die Entwicklung und Produktion gibt. Für den Lizenzgeber bedeutet eine solche Vereinbarung eine

---

[140] siehe Kapitel „Promotions", S. 240

sichere Einnahme und eine garantierte Anzahl von Lizenzprodukten im Markt, während sich für den Lizenznehmer vorrangig das finanzielle Risiko splittet.[141] Ein weiterer Vorteil für beide Seiten ist, dass sich die Zusammenarbeit bei einer langfristigen Kooperation einspielt und bessere Synergien z.B. bei der Produktentwicklung zu ziehen sind – besonders, wenn diese langwieriger sind.

Eine andere Variante der Generierung hoher Lizenzumsätze für den Lizenzgeber ist der Abschluss von nicht exklusiven Lizenzvereinbarungen, so dass unterschiedliche Lizenznehmer in der gleichen Produktkategorie oder gar bei gleichen oder ähnlichen Produkten einbezogen werden. Dies funktioniert aus Lizenzgebersicht vor allem bei schon sehr erfolgreichen Themen, bei denen die Nachfrage auch von Lizenznehmerseite hoch genug ist, so dass diese auch für nicht exklusive Lizenzkooperationen offen sind. Allerdings besteht dann auch immer die Gefahr, dass sich die vergleichbaren Produkte unterschiedlicher Hersteller gegenseitig kannibalisieren. Weniger erfolgreiche oder neue Lizenzen können über eine solche Handhabung jedoch Lizenznehmer vergraulen, da diese keine Exklusivität erhalten. Außerdem können zu viele Produkte zu einer Lizenz durch Überpräsenz eines Themas im Markt durchaus mehr Schaden als Nutzen bringen.

Überlegungen zu den finanziellen Aspekten des Licensing werden ebenso bei TV-Serienproduzenten, Markenartiklern, Agenturen von Prominenten und vielen anderen Leitmedien angestellt, für die Lizenzprogramme entwickelt werden sollen. Licensing wird oftmals besonders interessant, wenn andere Einnahmequellen geringer werden oder bereits sind, wie es beispielsweise bei den Werbeeinnahmen der Fernsehsender zu beobachten ist. Dies dürfte der Grund sein, weshalb auch die öffentlich-rechtlichen Sendeanstalten in Deutschland eigene Vermarktungstöchter betreiben, die u.a. Bücher, Kalender, CDs, DVDs und Musiken aus ihren Produktionen verlizenzieren. Dazu kommen komplette Lizenzprodukt-Ranges, wie beispielsweise die *WDR mediagroup licensing GmbH*[142] es mit der *Shaun das Schaf* oder *Käpt'n Blaubär* für den *WDR* tut.

Natürlich ist auch für andere Arten von Lizenzgebern das Licensing eine interessante Einnahmequelle. Erfolgreiche Beispiele sind die Musikindustrie, die mit dem Verkauf von T-Shirts und anderen Fan-Artikeln auf Konzerten viel Geld verdient, oder Institutionen und Museen wie z.B. das weltbekannte Washingtoner Museum *Smithsonian Institution*, das in seinen Museen viele Lizenzartikel zu seinen Ausstellungen und mit seinem Logo vertreibt. Ebenso profitieren gemeinnützige Einrichtungen wie der *WWF – World Wildlife Fund* vom Licensing: Zwischen 2002 und 2008[143] führte dieser die bekannte Lizenz-Promotion zur Rettung des Regenwaldes gemeinsam mit der Brauerei *Krombacher* durch.

---

[141] vgl. *Raugust* (2008), S. 148-149

[142] siehe Kapitel „PRAXIS: Licensing für eine öffentlich-rechtliche Sendeanstalt der ARD", S. 131

[143] vgl. *www.wwf.de* (Web, 2008), Krombacher Regenwald-Projekt 2008 erfolgreich abgeschlossen

## 6.1.2 Umsatzeinschätzung (Forecast) für ein Lizenzthema

Um herauszufinden, ob es sich überhaupt lohnt, ein Lizenzprogramm zu initiieren, sollte ein Lizenzgeber in jedem Fall eine Umsatzprognose für sein Lizenzthema erstellen. Eine solche Prognose hilft auch, die Lizenzierungsstrategie für ein Thema zu optimieren.

Bei der Umsatzprognose ist es klug, sowohl ein **Best-Case-Szenario** wie auch ein **Worst-Case-Szenario** zu entwerfen. Zu hohe Erwartungen sind in der Regel genauso schädlich wie auch zu pessimistische Prognosen, da sich ein Unternehmen entsprechend dieser auf das kommende Geschäftsjahr einstellt und z.B. Kapazitäten in Form von Mitarbeitern oder Produktionsmöglichkeiten auf- oder abbaut. Ebenso orientieren sich Partner wie Handel und Lizenznehmer an den Prognosen des Lizenzgebers. Völlig unrealistische Voraussagen können hier eine künftige Zusammenarbeit stören und sogar durch den daraus resultierenden Vertrauensverlust unmöglich machen.

In jedem Fall kann eine vernünftige und realitätsnahe Finanzplanung für ein Lizenzthema nur erstellt werden, wenn auch die Marketingplanung hierfür einbezogen wird, da gerade das Marketing rund um ein Lizenzthema dessen Erfolg am Markt und damit auch Lizenzzahlungen durch Lizenznehmer maßgeblich mit beeinflusst.

Die Einschätzung der Umsätze, die mit einem Lizenzthema erwirtschaftet werden können, ist nicht einfach, da unterschiedliche Komponenten den Ab- und damit den Umsatz beeinflussen können.

### Einflussnehmende Faktoren auf die Umsatzentwicklung bei einem Lizenzthema sind u.a.:

▥ Größe und Affinität der Zielgruppe des eigenen Lizenzthemas zu Lizenzprodukten

▥ Bei einem bereits eingeführten eigenen Lizenzthema: Seit wann sind Lizenzprodukte im Markt und wie viele Produkte in welchen Auflagen sind es?

▥ Bei einem neu einzuführenden Lizenzthema: Wie schnell können Lizenzprodukte in welchen Auflagen im Markt eingeführt werden?

▥ Seit wann sind Lizenzprodukte zu Konkurrenzthemen im Markt?

▥ Wie viele unterschiedliche Lizenzprodukte gibt es zu Konkurrenzlizenzthemen?

▥ Wie bekannt ist das eigene Lizenzthema bereits?

▥ Welche Maßnahmen sind geplant, um die Bekanntheit des eigenen Lizenzthemas zu steigern und zu halten?

▥ In welchem Stadium des Lebenszyklus der eigenen Lizenz befindet man sich aktuell?

▥ In welchem Lebenszyklus-Stadium befinden sich Konkurrenzthemen?

Alle diese Faktoren haben Einfluss auf die finanziellen Werte eines Lizenzthemas. Für ein eingeführtes und seit Jahren erfolgreiches Thema können in der Regel höhere Garantiesummen aufgerufen werden als für ein neues Thema. Ebenso ist die Hochrechnung der zu erwartenden Einnahmen aus Lizenzgebühren hier einfacher, weil vergangene Geschäftsjahre als Basis für die Prognose des kommenden Geschäftsjahres genutzt werden können.

Einschätzungen auf Basis der oben genannten Punkte reichen bei der Prognose von Umsatzzahlen für ein neues Lizenzthema natürlich nicht aus. Um realistische Umsatzerwartungen zu formulieren, sind die Analyse und der Vergleich mit ähnlichen Lizenzthemen empfehlenswert. Selbstredend, dass die Konkurrenz nicht oft mit exakten Zahlen, Daten und Fakten freimütig um sich wirft. Mit Hilfe von Artikeln in der Branchenpresse und im Web können aber zum einen allgemeine Marktdaten von vergangenen Jahren recherchiert und zum anderen auch Informationen über Konkurrenzlizenzthemen bzw. Konkurrenzlizenzgeber gefunden werden, in denen Anhaltspunkte über denen Umsatzvolumen zu finden sind, die bei der eigenen Erstellung einer Umsatzprognose helfen können.

Des Weiteren kann man anhand von Endverbraucherpreisen der Lizenzprodukte vergleichbarer Lizenzen, die sich im Internet und/oder über so genannte „Store Checks" im Handel recherchieren lassen, und der geplanten Anzahl der eigenen Lizenzprodukte sowie ungefähren Verkaufsmengen schnell einen ersten Eindruck bekommen, mit welchen Umsätzen zu rechnen ist. Dabei kann damit kalkuliert werden, dass der halbe Netto-Endverbraucherpreis ungefähr dem Einkaufspreis des Handels entspricht, der wiederum in der Regel die Basis für die Berechnung der Lizenzgebühren ist. Auch wenn die Handelsabgabepreise (HAP) für die unterschiedlichen Handelspartner variieren, ist es sinnvoll, mit einem durchschnittlichen Netto-Handelsabgabepreis von 50 Prozent vom Endverbraucherpreis zu rechnen. Wenn natürlich genauere Informationen über die Einkaufskonditionen und Anzahlen der Vertriebspartner vorliegen, sollte man die Umsatzprognose selbstverständlich mit exakten Margen kalkulieren.

In die Umsatzprognose muss eventuell zusätzlich die Agenturprovision[144] für eine eventuell eingeschaltete Lizenzagentur eingerechnet werden. Auch Miturheber und -entwickler eines Lizenzthemas müssen möglicherweise bei der Prognose der Lizenzumsätze berücksichtigt werden, da der Lizenzgeber diese unter Umständen an den Einnahmen aus der Lizenzierung beteiligen muss. Dies können beispielsweise Designer, Autoren, Filmproduktion oder ähnliche Personen und Firmen sein.

## Eckdaten des Forecasts aus Lizenzgeber-Sicht:[145]

▓ **Referenz-Verkaufszahlen vergleichbarer Lizenzthemen**
Beispielsweise aus der Fachpresse und dem Internet; dabei ist darauf zu achten, auf welcher Basis die Verkaufszahlen angegeben sind (z.B. Handelsabgabe- oder Endverbraucherpreise).

---

[144] siehe Kapitel „Agenturprovision", S. 197

[145] vgl. *Raugust* (2008), S. 105

- **Festlegung des Auswertungszeitraumes und Prognose der Lizenzumsätze des Lizenzthemas**
  Auch hier ist es sinnvoll, vergleichbare Lizenzthemen als Benchmark zu verwenden.

- **Festlegung einer angemessenen Wachstumsrate im Zeitverkauf**
  Auf Grundlage der unter Punkt 2 festgelegten Parameter.

- **Für jede der für die Lizenzauswertung angestrebten Produktkategorien realistische Umsatzziele festlegen**
  Am einfachsten geht dies, indem vom avisierten Netto-Endverbraucherpreis 50 Prozent abgezogen werden. Multipliziert man den so ermittelten Handelsabgabepreis (HAP) mit den angestrebten Absatzmengen, lässt sich der ungefähr zu erwartende Umsatz mit den Lizenzprodukten errechnen.

- **Anhand des Handelsabgabepreises errechnen sich in der Regel die Lizenzgebühren**
  Im Schnitt betragen die Lizenzgebühren zehn Prozent des Handelsabgabepreises, sie können jedoch von Produktkategorie zu Produktkategorie etwas variieren.

- **Hinzurechnen der Garantiesummen-Einnahmen[146]**
  Die Garantiesummen werden häufig zu unterschiedlichen Zeitpunkten während der Laufzeit eines Lizenzvertrags fällig und müssen daher gegebenenfalls unterschiedlichen Jahren zugeordnet und hier in die Lizenzeinnahmen eingerechnet werden. Meist sind Garantiesummen mit den Lizenzgebühren verrechenbar, so dass auch dies in der Kalkulation zu berücksichtigen ist.

- **Zusammenfassung der Einnahmen aus Lizenzgebühren und Garantiesummen pro Auswertungsjahr**

- **Gegebenenfalls Abzug der Agenturprovision für die Lizenzagentur**

- **= Lizenzeinnahmen-Forecast**

## 6.1.3    Analyse und Positionierung eines Lizenzthemas

Vor Beginn der Auswertung einer Lizenz sollte das Lizenzthema eindeutig positioniert sein. Die Positionierung des Themas überträgt der Konsument auf das Lizenzprodukt. Sie hilft ihm bei der Orientierung und macht Produkte mit vergleichbaren Eigenschaften unterscheidbar und gibt ihnen so einen USP[147]. Da der Endverbraucher in der Regel Produkte mit klarer Positionierung vorzieht,[148] ist dies ein Wettbewerbsvorteil für das jeweilige Lizenzprodukt im Handel.

---

[146] siehe Kapitel „Lizenzgebühren und Garantiesummen", S. 152

[147] USP = Unique Selling Proposition, engl. für Alleinstellungsmerkmal

[148] vgl. *Esch* (2006), S. 235 ff.

Eine erfolgreiche Lizenz ist in sich schlüssig, und sämtliche Elemente ihres Wirkens ver-
stärken sich gegenseitig. Ein gut positioniertes Lizenzthema vermittelt des Weiteren gegenüber Endverbrauchern, Mitarbeitern des Lizenzgeber- und Lizenznehmerunternehmens, aber auch den Handelspartnern dieselben Emotionen und bildet eine harmonische
Einheit,[149] die in alle Aspekte seiner Verwendung übertragen werden muss. Idealerweise
erklärt sich das Lizenzthema dadurch von selbst, so dass die Werte, für die das Thema
steht, sofort erfasst werden können und vor allem der Endverbraucher diesen vertraut.[150]
Diese Werte können auf Lizenzprodukte übertragen werden und diesen unter Umständen
dann weitere Werte hinzufügen und deren Positionierung erweitern.

Bevor ein Unternehmen ein Lizenzierungsprogramm aufsetzt, sollte es also sicher stellen,
dass es die Charakteristika seines Lizenzthemas analysiert und präzise festgelegt hat. Nur
wenn Werte und Positionierung eindeutig sind, kann man sich darauf einstellen und die
optimalen Maßnahmen zum Erreichen der gesteckten Ziele ergreifen.

### Analyse des Lizenzthemas:[151] [152] [153]

▥ **Wofür steht das Lizenzthema?**
Was ist die Kernkompetenz der Lizenz? Ist es lustig, luxuriös, sportlich, musikalisch,
gesund, lehrreich, von Hand illustriert usw.? Welches Image hat das Lizenzthema?

▥ **Was ist das Besondere an dem Lizenzthema?**
Welche Eigenschaft hebt die Lizenz von anderen ab? Was ist ihr USP?

▥ **Wie stehen Handelspartner zu dem Lizenzthema?**
Würden (ausgewählte) Handelspartner Produkte mit dem Lizenzthema einkaufen?
Welche Erwartungen haben diese an die Qualität und das Design der Lizenzprodukte?

▥ **Was denkt die Zielgruppe über das Lizenzthema?**
Manchmal ist es sinnvoll, eine Marktforschung in Auftrag zu geben, die die Positionierung des Lizenzthemas bei der Zielgruppe untermauert. Repräsentative Daten über
Beliebtheit und Bekanntheit eines Lizenzthemas sind zusätzlich hilfreiche Verkaufsar-
gumente bei der späteren Lizenznehmerakquise. Aber auch ein so genannter „Haus-
frauentest" im beruflichen und privaten Umfeld kann hier hilfreiche Informationen liefern.

▥ **Wie groß ist der Markt? Wer sind die Zielgruppen?**
Liegen allgemeine demografische Marktdaten (z.B. des *Statistischen Bundesamts*) und
spezifische Informationen über die Zielgruppe in Form von Marktforschungsergebnis-

---

[149] vgl. *Olins* (2004), S.155

[150] vgl. *Olins* (2004), S. 183

[151] vgl. *Raugust* (2008), S. 93

[152] vgl. *Krause* in: *Böll* (2001), S. 415

[153] vgl. *Engert* in: *Heinrichs/Schäfer* (1999), S. 86-87

sen (z.B. vom Marktforschungsinstitut *iconkids & youth* über Kinder- und Jugendliche) vor? Dabei ist zu beachten, dass es eventuell einen Unterschied zwischen Primär- und Sekundärzielgruppen für das Lizenzthema gibt.

- **Wie sehen „Look & Feel" des Lizenzthemas aus?**
  Gibt es schon ein Logo, Abbildungen der Figuren, einen Style Guide und Turn-Arounds[154] der Figuren? Wenn nicht, bis wann wird ein Style Guide vorliegen?

- **Wie sieht das Konkurrenzumfeld aus?**
  Welche vergleichbaren oder ähnlichen Lizenzthemen für die angestrebte Zielgruppe sind schon am Markt? Was sind die Charakteristika dieser konkurrierenden Lizenzthemen? Wo liegen die Unterschiede zum eigenen Lizenzthema?

- **Welche zeitliche Positionierung hat das Lizenzthema?**
  Ist das Thema an ein bestimmtes Ereignis wie z.B. einen Kinofilm oder eine Veranstaltung gebunden? Oder ist es längerfristig positioniert und kann daher auch über einen längeren Zeitraum ausgewertet werden? Wie viel Zeit steht für die Lizenzauswertung besten- und schlechtenstenfalls zur Verfügung?

- **Wie ist die preisliche und vertriebliche Positionierung des Lizenzthemas?**
  In welchem Preisgefüge sind die eigenen (Kern-)Produkte (falls vorhanden) angesiedelt? In welchem Preissegment sollen die Lizenzprodukte liegen? Welche Vertriebskanäle kommen hierfür in Frage? Was kosten vergleichbare Produkte im Handel?

- **Welche Maßnahmen sollten in Marketing und PR für das Lizenzthema ergriffen werden?**
  Welche Werbekampagnen, Promotionsmaßnahmen und Werbemittel sind geplant, die die Positionierung des Themas festigen und weiter ausbauen? Sind strategische Medienpartnerschaften geplant, um das Lizenzthema zu stützen? Eventuell wird in diesem Zusammenhang auch die Schaffung eines Marketing-Pools festgelegt, über den sich die Lizenznehmer an Aktionen für das Lizenzthema finanziell einbringen.

- **Ist das Lizenzthema rechtlich ausreichend geschützt?**
  In diesem Zusammenhang ist auch gegebenenfalls an den internationalen Schutz der Lizenz zu denken.

Die Positionierung eines Lizenzthemas sollte auch dem Konsumenten wichtige Fragen beantworten, die seine Kaufentscheidung bestimmen. Sie entscheiden über sein Involvement und Commitment[155] für das Lizenzthema. Wenn es einem Lizenzgeber gelingt, für seine Lizenz die nachfolgend (**Abbildung 6.2**) skizzierten Konsumentenfragen zu beantworten und damit eine klare Position des Themas im Markt zu definieren, entscheidet dies über dessen Wert aus Sicht des Endverbrauchers und den Wunsch, ein damit gebrandetes Produkt zu erwerben. Dabei gilt, dass das Lizenzthema umso stärker ist, je

---

[154] Turn-Around = 360°-Darstellung einer Figur, ist z.B. notwendig für die Plüschtierherstellung

[155] siehe Kapitel „Imagetransfer", S. 40

eindeutiger es diese Fragen „beantworten" kann. Das Design des Themas ist das Symbol dessen, für was eine Lizenz steht.

Die Werte einer Lizenz oder Marke dienen dazu, dass sie eingeordnet werden kann. Diese Bewertung durch den potenziellen Käufer eines Lizenzproduktes ist die Entscheidungsgrundlage für oder gegen den Kauf: Entweder die Werte stimmen mit denen des Käufers überein bzw. werden von ihm geschätzt oder eben nicht. Im ersten Fall wird gekauft, im zweiten nicht.[156]

Nur wenn die „inneren Werte" untereinander und mit den „äußeren Werten" einer Lizenz stimmig sind sowie die in **Abbildung 6.2** genannten Fragen des Endverbrauchers zufriedenstellend beantworten werden können, wird sie dauerhaft Bestand haben.[157] Halbherzige oder gar falsche Versprechungen eines Lizenzthemas werden früher oder später entlarvt. In der Folge würde ein solches Lizenzthema sehr schnell in der Konsumentengunst sinken.

**Abbildung 6.2**     Lizenzthemen-Positionierung aus Sicht des Konsumenten[158]

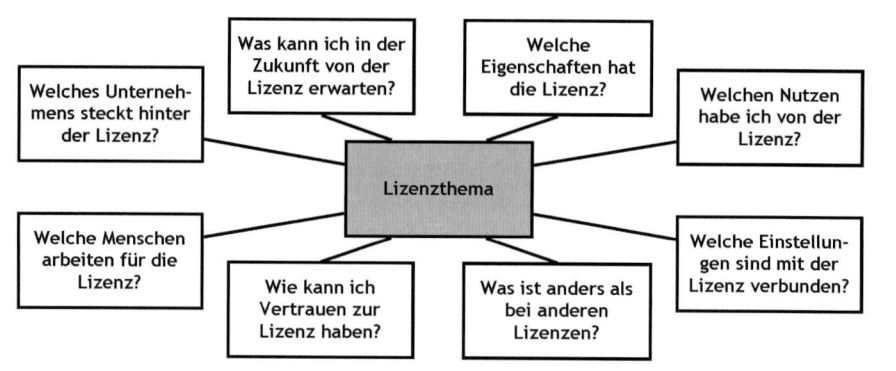

Die Positionierung sollte nicht einfach nur konstruiert und auf ihre Wirkung ausgelegt sein. Sie benötigt Authentizität und muss gelebt werden, um den Konsumenten zu überzeugen. Das pure Erfinden eines Lizenzthemas und die kalkulierte Definition der Positionierung am Reißbrett wirken oft auch auf die Konsumenten künstlich und nicht überzeugend. Eine Lizenz verfügt neben bestimmten Eigenschaften über Werte, die wiederum die Identifikation des Konsumenten mit ihr ermöglichen, da sie ein Image aufbauen. Das Schlüsselwort in diesem Zusammenhang ist: Vertrauen des Endverbrauchers zur Lizenz – ohne dies ist der Misserfolg vorprogrammiert.[159]

---

[156] vgl. *Halek* (2009), S. 76-77
[157] vgl. *Halek* (2009), S. 28-29
[158] vgl. *Halek* (2009), S. 27 (modifiziert)
[159] vgl. *Halek* (2009), S. 31-39

Bei den demografischen Marktdaten ist zu beachten, dass sich Zielgruppen im Zeitverlauf durchaus ändern können. Die Spielzeugpuppe *Barbie* zielte beispielsweise ursprünglich auf deutlich ältere Mädchen ab, als es heute der Fall ist. Des Weiteren sind heute die Zielgruppen immer stärker fragmentiert. Bei Kindern wird heute z.B. nicht mehr nur zwischen Mädchen und Jungen unterschieden, und man fasst auch nicht mehr alle Kinder in der Altersgruppe zwischen 6 und 12 Jahren zusammen. Stattdessen wird diese ehemals recht allgemein definierte Zielgruppe heute in **Pre-School-Kids** (3 bis 5 Jahre), **Grundschulkinder** (6 bis 10 Jahre) und **Tweens** (8 bis 12 Jahre) segmentiert. Auch innerhalb dieser Altersgruppen ist die individuelle Einteilung unter Umständen nicht eindeutig möglich, denn die Kinder-Zielgruppen überscheiden sich u.a. bei der Alterseinteilung, weil Kinder sich unterschiedlich schnell entwickeln und aus diesem Grund durchaus auch bereits einer „älteren Zielgruppe" zugeordnet werden können, obwohl sie auf dem Papier dazu noch zu jung sind. Außerdem kann es sein, dass unterschiedliche Aspekte einer Lizenz unterschiedlichen Kinder-Zielgruppen ansprechen: Was eigentlich hauptsächlich Tweens erreichen sollte, gefällt nämlich häufig auch kleineren Kindern. *High School Musical* ist ein Beispiel hierfür, denn die Fangemeinde beginnt hier bereits bei Grundschulkindern. Mit dem Unterschied, dass die jüngere Zielgruppe vorrangig das Tanzen und die Musik bei *High School Musical* toll findet, während für die meist weiblichen Tweens der Hauptdarsteller *Zack Efron* den Reiz ausmacht.

Ebenfalls zu beachten ist, dass die Zuschauerzielgruppe eines Films oder einer Serie nicht zwingend identisch mit der Käuferzielgruppe (Sekundärzielgruppe) bzw. der Nutzerzielgruppe (Primärzielgruppe) von Lizenzprodukten zum selben Thema ist. Ein Beispiel hierfür ist der erfolgreiche Dauerbrenner im Licensing *Star Wars*: Die Kinofilme sind keine Kinderfilme, die (Kinder-)Spielwaren verkaufen sich jedoch seit Jahrzehnten hervorragend, wie z.B. die *LEGO StarWars*-Range. Dieser Abstrahlungseffekt funktioniert in der Regel nur von älteren zur jüngeren Zielgruppe, nicht aber umgekehrt. Eine Ausnahme ist hier die Figur *Bernd das Brot* des *KI.KA*, die durch ihren Einsatz als „bewegtes Testbild" außerhalb der regulären Sendezeit des Kinderkanals von *ARD* und *ZDF* zwischen 21 und 6 Uhr plötzlich deutlich ältere Fans gefunden hatte. Hier traf der Charakter der Figur passgenau die allgemeine Stimmung in der Bevölkerung. Insofern ist dies auch als Zeitgeistphänomen zu betrachten, der so seinen Siegeszug bei sehr unterschiedlichen Zielgruppen begonnen.

Interessanterweise gibt es Ausnahmen, die aller Marketingstrategie und Positionierung zu trotzen scheinen und dennoch schon sehr lange international erfolgreich sind. Ein Beispiel ist der japanische Lizenzgeber *Sanrio*, dessen Lizenzportfolio in 109 Ländern vermarktet wird mit mehr als 1.700 Lizenznehmern und über 50.000 Lizenzprodukten. Sein hierzulande bekanntestes Lizenzthema ist *Hello Kitty*, das 2009 seinen 35. Geburtstag feierte. *Hello Kitty* ist nach wie vor eines der beliebtesten Lizenzthemen weltweit, das nahezu alle weiblichen Zielgruppen erreicht. Bemerkenswert ist, dass *Hello Kitty*-Produkte sowohl in hochwertigen als auch günstigen Qualitäten und in allen erdenklichen Vertriebskanälen, inklusive Massenmarkt, vertreten sind und viele Produkte non-exklusiv an Lizenznehmer vergeben werden. Die Konsumentinnen scheinen alles, was mit *Hello Kitty* gebrandet ist, zu kaufen. *Sanrio* selbst begründet den langjährigen Erfolg damit, dass *Hello Kitty* einfach keines der üblichen Entertainment-Lizenzthemen ist.[160] Es ist anzunehmen, dass u.a. auch gut gemachte PR-Aktionen wie z.B. durch Kooperationen mit Prominenten wie *Lady Gaga*, ständig neue Designs und eine ausgeklügelte Distributionspolitik *Sanrio* geholfen haben, mit *Hello Kitty* ein globales Zeitgeist-Thema zu erschaffen, das das japanische Unternehmen mit klug gewählten Aktionen weiter ausbaut und am Leben erhält.

## 6.1.4    Allgemeines zum Aufbau eines Lizenzthemas

Die Auslizenzierung eines Themas kann, wie bereits erwähnt, dabei helfen, dessen Bekanntheit aufzubauen, auszuweiten und sogar dessen Positionierung zu ändern. Da Produkte im Handel Kontakt zum Endverbraucher haben, ist es nachvollziehbar, dass sich lizenzierte Produkte hervorragend als Botschafter für ein Thema eignen, das ein Lizenzgeber weiter ausbauen möchte. Viele Lizenzprodukte in großer Vertriebsmenge können viele Menschen erreichen. Leitmedien, wie z.B. eine TV-Sendung oder eine Modemarke, und Lizenzprodukte stützen sich dabei beim Aufbau der Markenbekanntheit gegenseitig. Sie treten an unterschiedlichen Orten wie z.B. dem Fernsehen (Leitmedium) und dem Supermarkt (lizenzierter Joghurt) in Kontakt mit dem Konsumenten.

Bevor sich ein Lizenzgeber auf Einnahmen, Imagezuwachs und vielleicht auch neue Zielgruppen und Vertriebskanäle für sein Lizenzthema durch ein erfolgreiches Lizenzprogramm freuen kann, muss auch er einiges dazu beitragen, dass sein Lizenzthema erfolgreich wird und es dann auch bleibt. Ein wichtiger Schritt ist dessen eindeutige Definition.

### Eindeutige Definition eines Lizenzthemas:[161] [162]

▥ Eindeutige Zielgruppendefinition des Lizenzthemas

▥ Klare Differenzierung zu den Konkurrenzthemen

▥ Klare Lizenzthemenführung unter Integration sämtlicher Marketing- und Kommunikationsmaßnahmen für die Lizenz inklusive grafischer Elemente

▥ Klares Image sowie Kontinuität und Konstanz bei der Führung der Lizenz

Diese Grundparameter können meist nur funktionieren, wenn sie langfristiger angelegt sind, da sich ein Lizenzthema genauso wie eine klassische Marke nicht über Nacht schaffen lässt. Schon gar nicht dringt es kurzfristig in das Bewusstsein der Konsumenten derart tief ein, dass diese auch Lizenzprodukte kaufen würden. Der Lizenzgeber (manchmal auch dessen Lizenzagentur in Abstimmung mit dem Lizenzgeber) bestimmt die Strategie für die Lizenz, so dass es auch in seiner Verantwortung liegt, die strategischen Ziele dafür durch geeignete Maßnahmen zu erreichen. Dennoch bleibt es nicht aus, dass gerade bei langfris-

---

[160] vgl. *Lisanti* (Presse, 2010), Sanrio keeps on smiling

[161] vgl. *Morschett (2002)*, S. 44-47

[162] siehe Kapitel „Analyse und Positionierung eines Lizenzthemas", S. 75

tigen Lizenzthemen die Positionierung hin und wieder angeglichen werden muss, um deren jeweiligem Status ihres Lizenz-Lebenszyklus Rechnung zu tragen, aber auch der Nachfrage und aktuellen Trends. So wird es zum einen attraktiv für Lizenznehmer und zum anderen natürlich auch für die Endverbraucher, die über Erfolg oder Misserfolg eines Lizenzthemas durch Kauf oder Nichtkauf von Lizenzprodukten entscheiden.

Ein Lizenzthema muss aufgebaut werden. Dies gilt für Klassiker, wie *Mickey Mouse*, die seit Ende der 20er Jahre bekannt ist, ebenso wie die *Peanuts*, die es seit ihrem ersten Auftritt 1950 auf über 1.200 Lizenznehmer gebracht haben und allein in 2009 einen Umsatz mit Lizenzprodukten in Höhe von 2,1 Milliarden US-Dollar erwirtschaftet haben.[163] Auch ein Kinofilm, der vielleicht in einem Jahr in die Kinos kommen und dann voraussichtlich auch nur wenige Wochen ein „heißes" Thema bleiben wird, bedarf einer Aufbauphase. Neben einer Vermarktungsstrategie, der Auswahl und Ansprache passender Lizenznehmer muss auch der schon mehrfach erwähnte Style Guide[164] erstellt werden, anhand dessen die Lizenznehmer ihre lizenzierten Produkte entwickeln können. Ebenfalls müssen die Aktivitäten der Lizenznehmer von Produktentwicklung über Werbung und PR koordiniert und überwacht werden.

Für den Erfolg eines Lizenzthemas ist die Positionierung des Leitmediums von großer Bedeutung. Eine TV-Serie auf einem schlechten, die Zielgruppe nicht erreichenden Sendeplatz wird weder mit Zuschauerzahlen überzeugen, noch mit Erfolgen beim Verkauf von Lizenzprodukten glänzen können. Wenn das Thema seinen Ursprung in einem Buch hat, sollte es möglichst in einem Verlag erscheinen, der bundesweit bei den großen Buchhändlern gelistet und auf den Buchmessen vertreten ist. Marken sollten im Handel gut und prominent platziert sowie Kinofilme mit einer möglichst hohen Anzahl an Kopien in den deutschen Kinos zu sehen sein. Wenn das Leitmedium bereits kaum Aufmerksamkeit erzeugt, dann werden es davon abgeleitete Lizenzprodukte aller Voraussicht nach sehr schwer haben, ein Verkaufsschlager zu werden.

Um ein Lizenzthema „frisch" und attraktiv zu halten, ist ein konsequentes und kontinuierliches **Brand Management** beim Lizenzgeber notwendig. Oft wird diese Aufgabe von eigens hierfür zuständigem Personal übernommen. Zu den Pflichten des Lizenzgebers gehören u.a. Maßnahmen wie Marketing, PR und Werbung für ein Thema, bei TV-Sendungen die Akquise eines möglichst attraktiven Sendeplatzes bei einem Fernsehsender, der die angestrebte Zielgruppe gut erreicht, aber auch ein Style Guide, der unter Umständen auch regelmäßig durch neue Designs ergänzt wird.

Es geht stets darum, zum einen die Aufmerksamkeit der Konsumenten auf das Thema zu lenken und diese andererseits aber auch dort zu halten. Entsprechend sind Werbung, Aktionen und PR rund um das Thema sehr wichtig. Um die Endverbraucher nicht zu langweilen, müssen dem Thema regelmäßig neue Aspekte hinzugefügt oder bestehende betont

---

[163] vgl. *www.licensemag.com* (Web, 2010), Iconix acquires United Media Licensing, Peanuts

[164] siehe Kapitel „Style Guide", S. 159

werden. Maßnahmen sind hier beispielsweise Sonderprogrammierungen im Fernsehen wie ein *The Simpsons*-Tag, an dem besonders viele Folgen dieser Serie gezeigt werden. Des Weiteren zählen auch Mitmachaktionen für die Zielgruppen oder Events wie Road Shows oder Autogrammstunden dazu.

Aus demselben Grund gibt es zu zahlreichen Lizenzthemen auch saisonale Artworks wie zu Weihnachten, Ostern, zum Schulbeginn oder zu speziellen Jubiläen des Lizenzthemas wie z.B. „25 Jahre im Handel" oder „100. Folge on Air". Andere Maßnahmen sind beispielsweise Kinofilme, die eine erfolgreiche TV-Serie ergänzen, wie es 2009 der Movie zu *Disneys* internationalem Quoten-Hit *Hannah Montana* tat. Umgekehrt passierte dies beim Filmklassiker *Star Wars*, der mit der animierten TV-Serie *Clone Wars* durch eine TV-Serie ergänzt wurde. Und auch der italienische Spielwarenhersteller *Giochi Preziosi* brachte gemeinsam mit der französischen TV-Produktionsfirma *Marathon* die Spielwarenrange *Gormiti* erfolgreich mit einer eigenen Serie international ins Fernsehen, um sein Thema weiter auszubauen.

Hin und wieder können auch besondere Lizenzprodukte einem Thema neue Dimensionen geben. Im Kinder-TV-Bereich geschieht dies manchmal in Form von Musicals, bei denen die beliebten Stars aus dem Fernsehen als tanzende und singende Walking Acts für die kleinen Zuschauer greifbar und erlebbar werden. Beispiele: Die *Bibi Blocksberg Super-Show*, die 2010 zum 30. Jubiläum der kleinen Hexe durch Deutschland tourte oder das *Sandmännchen*-Musical zum 50. Geburtstag der beliebten Figur. Andere Beispiele sind DVD-Produktionen zu einem Spielzeugthema wie die von *Disney* zur *Bionicles*-Range von *LEGO*, oder TV-Serien wie zu *Hasbros Transformers*-Figuren. Ein herausragendes Lizenzprodukt, das auch ein hervorragender Botschafter für ein Lizenzthema war, war 1996 auch *Stefan Raabs* Song zum 25. Geburtstag der *Sendung mit der Maus* „Hier kommt die Maus". Lizenzgeber sind häufig auf der Suche nach besonderen Lizenzierungsmöglichkeiten, da diese natürlich einerseits Einnahmen generieren, andererseits auch ein Marketing- und PR-Tool für ein Lizenzthema sein können. Auch Lizenzthemen für Erwachsene nutzen klug gewählte Lizenzprodukte, um interessant zu bleiben, weil diesen dadurch neue Aspekte über Brand Extension hinzugefügt werden. Ein Beispiel hierfür ist das 2010 in Dubai eröffnete erste *Armani*-Hotel weltweit, dem weitere folgen sollen. Die italienische Modemarke wird u.a. auch durch Möbel, Parfums und Pralinen, die mit dem Namen *Armani* gebrandet sind, erweitert.[165]

Die eindeutige Positionierung eines Lizenzthemas sowie deren Erhalt und weiterer Ausbau ist der Kern für eine erfolgreiche Auslizenzierung – dies gilt aber genauso für den Erfolg eines Unternehmens und seiner Produkte am Markt grundsätzlich. Sie bringt für den Konsumenten hinsichtlich des Produktes Klarheit, Sicherheit, Bestätigung, Kontinuität, Status und Zugehörigkeitsgefühl,[166] worüber sich die Endverbraucher einerseits gewissermaßen definieren und andererseits zum Kauf bewegt werden. Daher ist es wichtig, dass

---

[165] vgl. *Janotta* (Web, 2010), Armani eröffnet erstes Hotel unter seiner Marke

[166] vgl. *Olins* (2004), S. 28

ein Lizenzgeber ein strenges Auge auf die Gestaltung der Lizenzprodukte hat. Diese sollten im Sinne einer stringenten Markenführung mit dem Leitmedium konform gehen.

Die Strahlkraft eines Lizenzthemas geht sogar über die Nutzung bzw. den Kauf von lizenzierten Produkten hinaus. Denn ein Lizenzthema oder eine Marke wird auch von Menschen gewissermaßen „konsumiert", die indirekt damit in Kontakt treten: Das Anschauen
von *Hello Kitty*-Produkten im Geschäft reicht bereits aus, um gewisse Werte und Assoziationen mit dem Lizenzthema zu verbinden. Dafür muss das Produkt nicht einmal erworben werden. Eine Freundin, die eine andere beim Shopping begleitet, nimmt das Interesse
ihrer Begleitung an den Lizenzprodukten zur Kenntnis und bringt diese wiederum mit ihr
in Verbindung.[167]

## 6.1.5    Selbst produzieren, einkaufen oder lizenzieren?

Die Grundsatzentscheidung eines jeden Lizenzgebers ist, ob er entweder selbst weitere,
sein Kernsortiment ergänzende Produkte (**Line Extension**) neben seinen Kernprodukten
auf den Markt bringen soll oder ob er sich hierfür auf die entsprechenden Märkte und
Produkte spezialisierte Partner-Unternehmen sucht. Insbesondere, wenn es um Artikel
geht, die außerhalb der Kernkompetenzen des Lizenzgebers liegen, ist dies eine wichtige
Entscheidung.

Mit der eigenen Produktion gehen unter Umständen hohe Kosten für Produktentwicklung, die Produktion selbst und gegebenenfalls den Aufbau neuer Vertriebswege hierfür
einher. Dazu muss stets auch der Zeitaufwand für die volle Kontrolle über alle Entwick-
lungsschritte und Entscheidungen, die hierfür zu treffen sind, einberechnet werden. Für
neuartige Produkte außerhalb des eigenen bisherigen Sortiments, aber auch die Internationalisierung des Vertriebs müssen oft erst neue Vertriebsstrukturen aufgebaut werden. Der
Aufbau all dieser Ressourcen ist kosten- und personalintensiv. Es kann Jahre dauern, bis
die hierfür notwendigen Kompetenzen und Strukturen einsatzbereit sind und dann auch
noch Einnahmen erwirtschaften.

Der Einkauf von Produkten bei anderen Herstellern bedeutet einerseits, genauso wie bei
der eigenen Herstellung, die volle Kontrolle über das Sortiment und dessen Ausgestaltung; andererseits aber auch das volle Risiko bezüglich des Vertriebs, der für neuartige
Produkte wenigstens teilweise neu aufzubauen ist, da hier die bestehenden Vertriebskanäle möglicherweise nicht ausreichen oder nicht kompatibel sind.

Die Ausgliederung der Produktion und des Vertriebs auf Lizenznehmer bedeutet, dass auf
schon vorhandenes Know-how von Partnern, die bereits in einem bestimmten Marktsegment mit bestimmten Produkten aktiv sind, gebaut werden kann. Hier gibt es die Möglichkeiten, entweder von anderen Herstellern die Produkte einzukaufen und diese selbst
zu vertreiben oder mit Lizenznehmern zu kooperieren, die Herstellung und Vertrieb über-

---

[167] vgl. *Halek* (2009), S. 78

nehmen. Die Lizenzierung von Produkten an einen externen Lizenznehmer kann auch als **Outsourcing** bezeichnet werden, bei dem das wirtschaftliche Risiko dadurch beim Lizenznehmer liegt. Der Lizenzgeber hingegen kann sich so auf seine eigenen Kernkompetenzen konzentrieren und außerdem an der Führung seines Lizenzthemas arbeiten, um möglichst lange sowohl mit den eigenen Produkten als auch mit Lizenzerlösen rechnen zu können.[168]

Grundsätzlich kann ein aktiver, marktteilnehmender Lizenznehmer durch seinen schon existierenden organisatorischen Aufbau besser den Markt „bearbeiten" als ein Unternehmen, das sich Wissen, Fertigkeiten, Kontakte und gegebenenfalls auch Kapazitäten hierfür erst neu aufbauen muss. Über die Zusammenarbeit mit Lizenznehmern wird in der Regel eine höhere Produktverfügbarkeit am POS erreicht, die mit mehr Präsenz der Lizenz durch zusätzliche Produkte einhergeht. So kann es dem Lizenzgeber gelingen, ein sinnvolles Vollsortiment zu seinem Lizenzthema anzubieten, das er durch einige Instrumente wie den Lizenzvertrag, das Freigabeprozedere und den Style Guide beim Lizenznehmer trotzdem kontrollieren und beeinflussen kann. Außerdem kann er mit recht sicheren finanziellen Einnahmen in Form von Garantiesummen und Lizenzgebühren rechnen, für die er im Verhältnis wenig Eigenleistung erbringen muss.

Es gibt auch zahlreiche Beispiele von Lizenzgebern, die ihre Strategie – egal ob sie selbst produzieren und vertreiben oder mit Lizenznehmern arbeiten – im Laufe der Zeit gewechselt haben oder eine Mischung aus beiden favorisieren. Eine weitere Möglichkeit kann übrigens ein **Joint Venture** mit einem Partnerunternehmen sein, das auf die gewünschten Produkte spezialisiert ist. Die so entstehende neue Gesellschaft gehört beiden Partnern anteilig und kann vom Know-how beider profitieren. Außerdem behält der Lizenzgeber größtmögliche Kontrolle über Aktivitäten.

Bei der Entscheidung für eine Strategie gibt es allerdings kein „richtig" oder „falsch". Letztlich ist es den individuellen Bedürfnissen und Zielen eines Lizenzgebers geschuldet, welchen Weg er als den optimalen und effektivsten betrachtet.

## 6.1.6    Rechtlicher Schutz des Lizenzthemas

Zu den wichtigsten Aufgaben des Lizenzgebers gehört es, wie bereits erwähnt, seine Lizenzthemen frühzeitig und im ausreichenden Rahmen rechtlich zu schützen, um gegen deren nicht autorisierte Nutzung vorgehen zu können.[169]

Plagiate und sehr ähnliche Lizenzthemen können zu einem Problem werden, denn sie machen ein unverwechselbares Lizenzthema zu einem austauschbaren, so dass es unattraktiv für Lizenznehmer und auch Endverbraucher wird. Daher ist es unabdingbar, dass Lizenzgeber gegen illegale Nutzung ihrer Lizenzthemen vorgehen. In einer immer

---

[168] vgl. *Binder* in: *Esch* (2005), S. 527-528

[169] siehe Kapitel „Rechtliche Absicherung von Lizenzthemen", S. 55

internationaler werdenden Welt ist es dabei fahrlässig, nur an den eigenen nationalen Markt zu denken. Stattdessen sollte auch der internationale Markt beobachtet und dort gegen Markenpiraten eingeschritten werden. Daneben sind Plagiate häufig auch in einer deutlich schlechteren Qualität gefertigt und verursachen so zusätzliche Imageschäden für das Lizenzthema.

Bei rechtlichen Fragen und insbesondere beim Schutz von Lizenzthemen empfiehlt es sich, eng mit einem Medienanwalt zusammen zu arbeiten.[170]

## 6.1.7 Kontrolle über das Lizenzthema

Für einen Lizenzgeber ist es ratsam, die Kontrolle über sein Lizenzthema nie völlig aus der Hand zu geben, um dessen Führung und Entwicklung selbst steuern zu können. Die finale Entscheidung sollte im Idealfall immer bei ihm liegen. So behält er die Hoheit darüber, was mit seinem Lizenzthema passiert. Lizenznehmer sollten deshalb mit Bedacht ausgewählt werden und der Lizenzgeber sollte die Regeln für die Zusammenarbeit wie Vertriebskanäle, Sicherheits- und Produktionsansprüche bei der Herstellung der Lizenzprodukte für die künftige Lizenzierung im Vertrag eindeutig verankern und Verstöße dagegen ebenso wie solche, die mit Urheberschutz, Markenschutz, Copyright- und Trademark-Eintragung zu tun haben, verfolgen. Gleiches gilt für die Lizenzprodukte selbst als auch die Werbemittel hierfür, die er vor der Auslieferung an den Handel freigeben sollte.

Lizenzprodukte werden in der Regel als Produkt des Lizenzgebers wahrgenommen. Der Konsument achtet nicht darauf, dass das gerade gekaufte *Mickey Mouse*-T-Shirt gar nicht von *Disney* selbst hergestellt wurde, sondern von einem Lizenznehmer. Aufgrund dieser engen Verknüpfung zwischen Lizenz und Produkt sollte der Lizenzgeber großen Wert auf die gewissenhafte Auswahl von Lizenznehmern und -produkten und deren Qualität legen. Lizenzprodukte im Markt haben einen großen Einfluss auf die Wahrnehmung seines Lizenzthemas – ungeachtet dessen, ob der Lizenzgeber die Produkte selbst herstellt und vertreibt oder nicht.

## 6.1.8 Zeitliche Vorläufe

Nicht nur das Aufsetzen eines Lizenzprogrammes im Hause des Lizenzgebers und/oder von dessen Agentur nimmt einen gewissen zeitlichen Vorlauf in Anspruch, da u.a. Abläufe implementiert, Kalkulationen und andere administrative Prozesse und Personal hierfür bereitgestellt werden müssen. Zwischen Lizenzvertragsabschluss, der Auslieferung von Produkten an den Handel und der ersten Lizenzabrechnung können ein halbes bis einenhalb Jahre oder gar mehr vergehen.

---

[170] siehe Kapitel „Rechtliche Grundlagen des Lizenzgeschäfts", S. 52

Allein bei einem Partner wie *McDonald's* werden mindestens 18 Monate Vorlauf veranschlagt. Neben der Produktentwicklung, dem Freigabeprozess und der Sicherheitsüberprüfung der Produkte müssen hier Spielzeuge in Millionenauflage hergestellt und per Schiff von Asien nach Europa gebracht und dann weiter an die einzelnen Filialen verteilt werden. Hierfür ist ein gewisser zeitlicher Vorlauf notwendig.

Wichtig sind für viele Lizenzgeber Garantiezahlungen, die die Lizenznehmer meist bei Vertragsabschluss zumindest anteilig zahlen. Da diese unabhängig vom Produktionsbeginn und Vertrieb der Lizenzprodukte zu entrichten sind, sind sie für den Lizenzgeber verhältnismäßig kurz-fristig verfügbar.[171]

## 6.2    Lizenzierungsstrategie des Lizenzgebers

Bevor die ersten Lizenznehmer akquiriert werden können, muss sich ein Unternehmen zum einen über seine Ziele in Bezug auf die Lizenzierung klar sein, zum anderen über die Strategie, mit der es diese Ziele erreichen will. Das allgemeine Ziel, das über allem steht – und dies letztlich sowohl auf Lizenzgeber- wie auch Lizenznehmerseite sowie für Handelsunternehmen – ist die Verbesserung der Wettbewerbssituation.

Vielfach geht es bei der Entscheidung für ein Lizenzierungsprogramm bei Lizenzgebern um die Erweiterung von Marktanteilen. Je beliebter und bekannter ein Lizenzthema, desto größer die Wahrscheinlichkeit, dass sich dies auch im Absatz der Waren, die mit diesem Thema gebrandet sind, manifestiert. Idealerweise profitieren hiervon das Leitmedium, wie z.B. eine Spielzeugmarke, wie auch die von ihm abgeleiteten Lizenzprodukte wie Bettwäsche, Kinderbekleidung u.ä., indem sie erhöhte Abverkäufe verzeichnen. Je bedeutender ein Lizenzthema bei der Zielgruppe ist, desto wertvoller ist es für den Lizenzgeber.[172]

Allen Strategien zum Trotz entscheidet am Ende der Endverbraucher, ob er eine Lizenz mag oder nicht. Daher kann ein langfristig angelegtes Lizenzthema plötzlich sinkende Umsätze verzeichnen oder eine vermeintlich kurzfristige Lizenz wird unerwartet zu einem Dauerbrenner. Der Lizenzgeber sollte in diesen Situationen eventuell seine Strategie anpassen können und den Wünschen der Konsumenten zumindest insoweit nachgeben, dass er für einen gewissen Zeitraum nur noch nachgefragte Produkte anbietet. So ist er auf dem Markt präsent, aber übersättigt diesen nicht. Wenn sich die Nachfrage wieder konsolidiert hat, ist es dann wieder möglich, auf eine langfristige Strategie umzusteigen, um so ein Thema dauerhaft im Markt zu halten.

Viele Lizenznehmer tendieren dazu, eher langfristig angelegte Lizenzthemen zu erwerben, da hier die Auswertungszeiträume größer sind und das Risiko eines Flops geringer ist. Über den Zeitverlauf können sich die Abverkäufe, die eventuell nicht immer gleich gut

---

[171] siehe Kapitel „Lizenzgebühren und Garantiesummen", S. 152

[172] vgl. *Saldsieder* (2008), S. 74-75

sind, und die Entwicklungs- und Herstellungskosten besser amortisieren. Außerdem ist es bei kurzfristig angelegten Themen schwer vorauszusagen, ob die Konsumenten das Lizenzthema und dessen Produkte annehmen werden oder nicht.

## 6.2.1 Definition der Tätigkeitsfelder bei der Vermarktung eines Lizenzthemas[173]

Aus der Positionierung des Lizenzthemas ergibt sich die Definition der gewünschten und unerwünschten Lizenzprodukte, die unbedingt Teil der Führung einer Lizenz sein sollte:

▨ **Musts:**
Produkte, Leistungen und Tätigkeitsfelder, die auf jeden Fall erschlossen werden sollten. Im Licensing sind dies oft Produkte, die große Zielgruppen erreichen, imagebildend und besonders emotionalisierend sind wie z.B. Magazine, Bücher oder Spielwaren.

▨ **Nices:**
Dies sind Produkte, Leistungen und Tätigkeitsfelder, die ein Lizenzthema erweitern können, da sie neue Produktbereiche und/oder Zielgruppen erschließen und so dem Lizenzthema neue Facetten hinzufügen. Über Bettwäsche wird beispielsweise die Lizenz *Transformers* noch stärker in das Umfeld von Kindern integriert, denn die beschäftigen sich durch die ständige Präsenz in ihrem Kinderzimmer kontinuierlich mit dem Thema. Um ein Lizenzthema aufzubauen, ist eine Lizenz für dieses Tätigkeitsfeld aber nicht zwingend notwendig.

▨ **Don'ts:**
Dies sind Produkte, Leistungen und Tätigkeitsfelder, die einer Lizenz schaden, da sie einem Thema Werte hinzufügen, die unerwünscht sind. Ein Beispiel hierfür ist die Lizenzierung eines Kinderthemas für alkoholische Getränke.

## 6.2.2 Distribution

Die Charakteristika eines Lizenzthemas definieren den Vertrieb seiner Lizenzprodukte. Ein eher hochwertiges und auf lange Auswertung ausgerichtetes Thema wie *Prinzessin Lillifee*, das aus dem Buchhandel stammt, findet sich eher in Kaufhäusern und Fachgeschäften. Während eine kurzfristig angelegte Lizenz wie *Niko – Ein Rentier hebt ab* anders vertrieblich positioniert ist: Dieser europäische Zeichentrickfilm kam im November 2009 in die deutschen Kinos und war nicht nur ein neu einzuführendes Thema, sondern zusätzlich im Vertrieb von Lizenzprodukten durch seine weihnachtliche Story limitiert. Der Lizenzgeber ging u.a. eine Lizenzkooperation mit einem Süßwarenhersteller ein, der auch Discounter beliefert. Dies wäre sicher nicht zu Beginn der Auslizenzierung des Themas denkbar gewesen, wenn *Niko* eine langfristige Lizenz gewesen wäre.

---

[173] vgl. *Halek* (2009), S. 157

Je hochwertiger ein Thema positioniert wird, desto stärker reglementieren die Lizenzgeber – zumindest zu Beginn der Lizenzauswertung – in der Regel die Distribution. Häufig beginnt daher die Vermarktungsstrategie erst einmal mit dem Fachhandel und vergleichbaren Vertriebskanälen wie Kauf- und Warenhäusern. Erst im weiteren Verlauf der Lizenzierung werden die Themen dann auch für andere Vertriebskanäle geöffnet, um größere Zielgruppen zu erreichen. Der Massenmarkt, der vor allem über die Discounter erreicht wird, wird meist erst im späten Verlauf des Lebenszyklus einer Lizenz freigegeben.

Die Ausnahmen bei der Beschränkung von Vertriebskanälen bilden vor allem Lizenzthemen, die voraussichtlich nur kurze Zeit am Markt sein werden (z.B. Kinofilme). Hier grenzen Lizenzgeber den Vertrieb, wie oben erwähnt, meist weniger ein, weil zum einen nur ein kurzer Auswertungszeitraum für die Lizenzprodukte zur Verfügung steht und über die Massenvertriebskanäle, durch den schnellen Warenabverkauf dort, viele Kontakte den Konsumenten generiert werden, was wiederum Bekanntheit und Beliebtheit des Themas auf- und ausbauen kann. Dies kann positiven Einfluss auf den Erfolg des Leitmediums in Form von in diesem Fall vielen Kinobesuchern haben.

Die Discounter wie *Aldi*, *Lidl* oder *Netto* sind im deutschen Raum besondere Handelspartner. Bei ihnen werden in Aktionen innerhalb weniger Tage sehr große Mengen abgesetzt, was ein Lizenzthema pushen kann, ohne es auszuverkaufen, weil die Aktionen nur eine Woche dauern. Abgesehen davon erreicht eine Discounter-Aktion nicht nur viele Kunden durch ihre breite Klientenstruktur, sondern spült auch zusätzliche Gelder in die Taschen von Lizenzgeber und -nehmer, denn meist werden solche Aktionen mit einem gesonderten Lizenzvertrag vereinbart. Häufig werden die Discounter jedoch am Anfang einer Auslizenzierung eines Themas als Vertriebskanal ausgeschlossen, da eine zu frühe Massenmarktauswertung eines Themas dieses unter Umständen „verbrennt" und eine langfristige Auswertung dann nicht mehr möglich ist. Die generelle Öffnung für den Vertriebskanal Discounter dagegen wird meist erst im späteren Verlauf des Lebenszyklus eines Lizenzthemas gestattet. Für kurz laufende Aktionen bei den Discountern sind aber auch Lizenzgeber hochwertiger Lizenzen meist dennoch wegen der oben genannten Gründe durchaus aufgeschlossen.

Eine weitere Distributionsmöglichkeit kann sein, dass sich ein Lizenzgeber entscheidet, bei bestimmten Handelspartnern **Shop-in-Shop-Systeme** zu seinem Lizenzthema zu installieren. Bei solchen Shop-Systemen wird entweder Verkaufsfläche bei einem Handelsunternehmen angemietet oder sie wird an den Handelspartner lizenziert. Die Anmietung kann entweder der Lizenzgeber selbst übernehmen oder wiederum ein Lizenznehmer, der diesen Shop genauso wie ein lizenzierendes Handelsunternehmen selbst betreibt und Lizenzgebühren von den im Geschäft getätigten Umsätzen an den Lizenzgeber abführt. Ein Shop-in-Shop trägt in aller Regel das Design des Lizenzthemas und führt ein umfangreiches Sortiment an, inklusive – wenn vorhanden – Kernprodukten des Lizenzthemas. In der Modeindustrie, in der insbesondere Accessoires wie Parfums, Gürtel oder Sonnenbrillen oft vom Lizenzgeber an andere Partner lizenziert werden, sind Shop-in-Shop-Systeme ganz besonders häufig zu sehen. Bei einer Entscheidung für Shop-in-Shops müssen natürlich auch die hierfür erlaubten Handelspartner zu den festgelegten Distributionskanälen passen.

Eine Alternative oder ergänzend zu den Shop-in-Shop-Systemen sind komplette vom Lizenzgeber oder von Lizenzpartnern betriebene reale Ladengeschäfte, in denen ebenfalls ein umfangreiches Sortiment zur Lizenz angeboten werden kann. Die italienische Modemarke *Benetton* lizenziert zum Beispiel seit langem international über Franchising viele ihrer Shops und auch viele Produkte wie Sonnenbrillen, Koffer, Uhren oder Bettwäsche.[174]

Die Entscheidung über die erlaubten Absatzkanäle beeinflusst die Preise, zu denen die Lizenzprodukte angeboten werden. In einer Einzelhandelskette mit wenigen Outlets und eher hochwertig-teuren Produkten besteht ein anderes Preisgefüge für die geführten Produkte als beispielsweise bei der Supermarktkette *Tengelmann*. Aus diesem Grund bestimmen auch die Absatzkanäle mit, zu welchen Preisen die Produkte eines Lizenzthemas angeboten werden. Außerdem werden in den verschiedenen Vertriebskanälen Waren unterschiedlich attraktiv präsentiert. Es ist daher sinnvoll, dass ein Lizenzgeber rechtzeitig Regeln aufstellt, in welchen Vertriebskanälen seine Produkte vertrieben werden dürfen.

## 6.2.3    Internationalisierung über Licensing

Je nachdem, in welchen Ländern ein Lizenzgeber bereits aktiv ist oder aktiv sein möchte, ist es für ihn von Interesse, dass seine eigenen Produkte wie auch Lizenzprodukte dort vertrieben werden. Aber nicht jeder Lizenznehmer kann alle Lizenzterritorien bedienen. Des Weiteren gibt es in anderen Ländern vielleicht besser geeignete Lizenznehmer als diejenigen, mit denen man bereits im eigenen Land oder anderen Ländern arbeitet.

Dies ist der Grund, weshalb Biermarken wie *Löwenbräu* oder *Hofbräu* im Ausland nicht selbst herstellen und vertreiben, sondern dies Lizenznehmer tun lassen. Im Ausland wird in Lizenz sogar weitaus mehr Bier dieser Marken hergestellt als in deren Stammhäusern in München. Eine Alternative dazu kann die eigene Produktion sein mit der Übertragung einer Lizenz für Vertrieb und Markenkommunikation an ausländische Lizenzpartner.[175]

Für die Vermarktung eines Lizenzthemas im Ausland ist es entscheidend, dass das Lizenzthema vor Ort den Geschmack der Konsumenten trifft. Daher kann es für einen Lizenzgeber sinnvoll sein, von Beginn an international zu denken und seine Lizenz so aufzubauen, dass sie länderübergreifend dem Endverbraucher-Geschmack entspricht. Das hat u.a. den Vorteil, dass beispielsweise Werbung und Kommunikation (wenigstens teilweise) international standardisiert werden können, was wiederum Kosten spart. Außerdem kann der Aufbau einer internationalen Lizenz dazu verhelfen, dass diese durch Erfolge auch im eigenen Land an Wert und Bedeutung gewinnt. Dieses kommt wiederum auch dem Wert des Lizenzgeberunternehmens zugute und kann den Nachfragedruck der Endverbraucher beim nationalen Handel nach damit markierten Produkten steigern.[176]

---

[174] vgl. *Molaro* (Web, 2004), United Colors of Benetton makes a splash with its North American licensing program

[175] vgl. *Binder* in: *Esch* (2005), S. 537

[176] vgl. *Voeth/Wagemann* in: *Ahlert/Olbricht/Schröder* (2004), S. 192

Internationalisierung bedeutet aber auch, dass sich ein Lizenzgeber vergegenwärtigen muss, dass sich der Endverbraucher-Geschmack im Ausland möglicherweise sehr von dem im eigenen Land unterscheidet und daher unter Umständen völlig andere Produkte nachgefragt werden, die auch anderen Qualitätsansprüchen genügen können. Dies kann die Lizenzierungsstrategie insbesondere bei Premium-Lizenzthemen für internationale Märkte stark beeinflussen. Besonders plakativ wird dies beim Vorstoß in die asiatischen Märkte. Dort spielen bei Produkten Plastik und Kitsch eine große Rolle – das geht mit der Wertigkeit von Produkten aus europäischer Sicht nicht immer konform. Ebenso kann es aber sein, dass ein national erfolgreiches Produkt in seiner Ursprungsform auch im Ausland nachgefragt wird, aber lokale Modifikationen wie z.B. Geschmacksrichtungen oder Farbgebung eingeplant werden müssen.

Es ist stets zu überlegen, ob die Positionierung einer Lizenz dem örtlichen Markt angepasst werden kann und soll, oder ob in allen internationalen Märkten mit der gleichen Positionierungsstrategie gearbeitet werden kann. Das heißt unter Umständen, dass man nicht auf lokale Besonderheiten eingehen möchte, was die Erfolgschancen in dem spezifischen Land (negativ) beeinflussen kann. Möglicherweise ist die Abgrenzung zur Konkurrenz dann aber zu gering oder lukrative Marktsegmente können nicht bearbeitet werden.[177]

Internationalisierung bedeutet, dass der Lizenzgeber die Zielländer analysieren sollte – egal ob er in dem Land ansässig wird oder ob er Lizenznehmer hinzuzieht. Es reicht nicht aus, nur die Entscheidung zu treffen, ob man selbst oder ein Lizenznehmer den Markteintritt im Ausland durchführt. Es ist wichtig, die Situation vor Ort genau zu kennen, um mögliche ökonomische wie auch Imageschäden vom Lizenzthema und damit auch vom Lizenzgeber fernzuhalten.

### Einflüsse auf eine Internationalisierungsstrategie sind z.B.:[178]

▓ Politische Situation im Land

▓ Ökonomische Situation der Bevölkerung

▓ Größe des Markes (des Landes) allgemein

▓ Handels- und Produktionsbeschränkungen vor Ort

▓ Konkurrenzsituation vor Ort (ähnliche Produkte und Lizenzthemen)

▓ Infrastruktur – Produktion, Handel, Verkehrsmittel, Internet etc.

▓ Kulturelle Eigenheiten, die bestimmte Lizenzen und Produkte gegebenenfalls ausschließen

▓ Medienlandschaft, unter Umständen wichtig für Bewerbung und Marketing der Produkte

---

[177] vgl. *Voeth/Wagemann* in: *Ahlert/Olbricht/Schröder* (2004), S.193-195

[178] vgl. *Raugust* (2008), S. 201-205

■ Urheber- und Markenrecht sowie andere rechtliche Gegebenheiten, die dem Lizenzthema und dem Unternehmen des Lizenzgebers schaden bzw. sie nicht ausreichend
   schützen

■ Feiertage und Ferien, diese können ungünstig liegen, so dass wichtige Termine zum
   Verkauf von Produkten entfallen, da die Geschäfte geschlossen sind

Nicht nur im Lizenzvertrag muss das Vertriebsgebiet zwischen Lizenzgeber und -nehmer
fixiert werden. Auch in der Strategie des Lizenzgebers sollte festgelegt sein, welche Länder
zu welchem Zeitpunkt bei der Auslizenzierung einbezogen werden sollen: Wenn eine TV-
Serie nicht in einem bestimmten Land im Fernsehen zu sehen sein wird, macht es keinen
Sinn, die Lizenzierung in diesem Land voranzutreiben.

Wie bereits erwähnt, ist die Beschränkung des Vertriebs von Lizenzprodukten auf bestimmte EU-Länder nicht möglich.[179]

## 6.2.4    Art und Qualität der Lizenzprodukte

Die Spezifika einer Lizenz können die Möglichkeiten der Lizenzierung bei denkbaren
Lizenzprodukten beschränken. Manche Einschränkungen liegen dabei auf der Hand: All-
gemein sind z.B. für Kinderlizenzthemen natürlich andere Produkte zu lizenzieren als bei
Themen, die sich vorwiegend an Erwachsene richten.

Die Positionierung und Zielgruppenansprache eines Lizenzthemas definiert eine Reihe
von Restriktionen bei den möglichen Lizenzprodukten. Bei einem eher hochwertig angelegten Lizenzthema wie der Schreibgerätemarke *Montblanc* täte sich der Lizenzgeber keinen Gefallen, sprächen seine Lizenzprodukte eher den Massenmarkt an und würden deswegen eine deutlich geringere Qualität aufweisen als die eigenen Kernprodukte. Genauso
wenig würde es bei einer derartigen Marke sinnvoll sein, Produkte zu lizenzieren, die eine
völlig andere Zielgruppe ansprechen als die bestehenden Kernprodukte. *Davidoff*-
Haarspangen für kleine Mädchen – wer sollte diese kaufen wollen?

Ein erfolgreicher Vertrieb basiert demnach auf einem stimmigen Imagetransfer vom Lizenzthema zum Lizenzprodukt. Die inhaltlich zum Lizenzthema passenden Lizenzprodukte sollten über Vertriebskanäle vertrieben werden, die dem Kernprodukt bzw. der
Kernmarke nicht schaden; ebenso sollten auch die Produkteigenschaften zum Lizenzthema
passen. Dies gilt u.a. in Bezug auf Produktqualität, -design und -funktionen. Ein für gesunden Lebensstil stehendes Kinder-TV-Thema wie das von dem ehemaligen isländischen
Sportler *Magnus Scheving* entwickelte *Lazytown*, das u.a. von der *Spanish Association against
Cancer* genutzt wird, um gesundes Essen und den richtigen Schutz vor Sonnenstrahlen bei
Kindern zu promoten,[180] würde bei einer Lizenzkooperation mit stark zuckerhaltigen Sü-

---

[179] siehe Kapitel „Lizenzvertrag", S. 58

[180] vgl. *Total Licensing* (Presse, 2010), Raft of Deals from Lazytown

ßigkeiten unglaubwürdig sein, da ein solches Lizenzprodukt nicht zum Markenkern des Lizenzthemas passt. Eine Lizenzierung von nicht zum Lizenzthema passenden Produkten kann diesem also schaden.

Hin und wieder sind bei der Definition der erlaubten Produkte auch Grundsatzentscheidungen des Lizenzgebers gefragt, da sie das Selbstverständnis eines Lizenzthemas betreffen. Das Eingehen einer Zusammenarbeit mit einem Toilettenpapier- oder Windelhersteller ist ein solcher Fall. Ist es okay, wenn mein Lizenzthema nach Benutzung in der Toilette oder im Müll landet?[181]

Mittlerweile nehmen Restriktionen bei bestimmten Produkten bei einigen Lizenzgebern fast politische Züge an: Insbesondere amerikanische Großkonzerne wie *Disney* nehmen verstärkt Abstand von Kooperationen mit Lebensmittelartikeln, die als ungesund gelten, viel Zucker und/oder Fett enthalten und sich vor allem an Kinder richten. Die Konsequenz daraus war beispielsweise, dass *Disney* die lange bestehende Kooperation mit dem Fastfood-Riesen *McDonald's* 2006 beendete.[182] Aber nicht nur amerikanische Unternehmen stellen die Zusammenarbeit mit als ungesund eingestuften Lebensmitteln in Frage, auch der europäische Spielzeughersteller *LEGO* lehnt seit einiger Zeit derartige Kooperationen mit Hinblick auf die zunehmende Anzahl übergewichtiger Kinder in den Industriestaaten ab.

Um die gesteckten Ziele des Lizenzgebers zu erfüllen, ist es nicht unbedingt notwendig, dass die Lizenzprodukte dem Lizenzthema inhaltlich sehr nahe sein müssen. Die amerikanische Firma *Caterpillar* macht dies seit den 90er Jahren international vor: Die *Caterpillar*-Kernprodukte sind schwere Baumaschinen. Die Lizenzprodukte, die insbesondere in Europa sehr erfolgreich sind, verkörpern hingegen vorrangig einen robusten Outdoor-Lifestyle mit entsprechenden Bekleidungsstücken, Zubehör und Geschenkartikeln. Die Lizenzprodukte ergänzen und erweitern damit die Marke und das Image von *Caterpillar* und machen sie gegenüber der Konkurrenz unverwechselbar und schwer kopierbar.[183]

## 6.2.5    Anzahl der Lizenzprodukte

Neben der Auswahl der Lizenzprodukte an sich muss der Lizenzgeber auch die Frage nach der Anzahl der lizenzierten Produkte im Markt klären. Für eine eher kurzfristig angelegte Lizenz wie einen Kinofilm mag es sinnvoll sein, so viele Produkte wie möglich in allen erreichbaren Vertriebskanälen – auch Massenmarkt – zu lizenzieren. Der wahrscheinliche Auswertungszeitraum ist hier vergleichsweise kurz, so dass innerhalb dieses zeitlichen Rahmens so viele Lizenzeinnahmen wie möglich erwirtschaftet und zusätzlich die Bekanntheit der Lizenzmarke gesteigert werden sollen. Im Gegensatz dazu empfiehlt es sich meist beim Aufbau von langfristig angelegten neuen Lizenzen, schrittweise vorzuge-

---

[181] siehe Kapitel „Definition der Tätigkeitsfelder bei der Vermarktung eines Lizenzthemas", S. 87

[182] vgl. *www.spiegel.de* (Web, 2006): McDonald's und Disney stoppen Kooperation

[183] vgl. *Olins* (2004), S. 84-87

hen und die Anzahl der Produkte nur langsam zu erhöhen und gegebenenfalls hierbei außerdem auslaufende Lizenzverträge durch solche mit anderen Produkten zu ersetzen, um über die Produktauswahl zu einem Lizenzthema dieses attraktiv zu halten. Hierbei muss besonders auf die Passgenauigkeit (Imagetransfer) zum Lizenzthema geachtet werden, um die Nachfrage der Endverbraucher vorsichtig zu steigern und zu verhindern, dass durch „falsche" und zu viele Lizenzprodukte dem Thema durch nicht gewollte Etablierung eines bestimmten Images und Übersättigung des Marktes geschadet wird.

Selbst namhafte Lizenzgeber wie *Disney* haben sich nach Jahren der starken Auswertung ihrer Lizenzthemen dazu entschlossen, die Anzahl ihrer Lizenzprodukte und Lizenznehmer zu reduzieren, um eine Marktübersättigung zu vermeiden und die Kontrolle über die im Markt befindlichen Lizenzprodukte besser steuern zu können. Eine geringere Anzahl von Lizenzprodukten, eine damit einhergehende bessere Auswahl von Lizenznehmern und größere Kontrolle über die Lizenzprodukte führte bei *Disney* dazu, dass es weniger schlecht performende Lizenzprodukte gab und das Erscheinungsbild der Lizenzprodukte einheitlicher wurde. Dies förderte das positive Image der *Disney*-Themen. Für die international einheitliche Lizenzierungsstrategie wurde beim weltweit größten Lizenzgeber 1995 sogar eigens eine Task Force gebildet, die die Strategie und Implementierungsansätze hierfür erarbeitete.[184] [185]

Andere Lizenzthemen wie z.B. *Janosch* wurden in der Vergangenheit sehr stark auslizenziert – wenngleich in diesem Fall immer mit dem Fokus auf Lizenznehmern mit hochwertigen Produkten und Vertrieb. *Janosch*-Produkte gab es Anfang des neuen Jahrtausends in fast allen erdenklichen Produktkategorien – sogar bis hin zu Kinderrollstühlen im gelbschwarzen *Tigerenten*-Design oder hochwertigen Möbeln. Die Überpräsenz der *Tigerente* und ihrer Freunde führte wohl dazu, dass das Thema zwar heute immer noch am Markt präsent ist, aber schon lange nicht mehr zu den Top-Themen Deutschlands gehört, weil die Endverbraucher-Nachfrage aufgrund der Übersättigung gesunken ist. Dies ist u.a. damit zu begründen, dass der Lizenzgeber sein Thema nicht der Zeit angepasst und es weiter entwickelt hat, um es „frisch" zu halten – z.B. über gezielte Marketingaktionen.

Aktuell ist der Trend zu beobachten, dass Lizenzgeber inzwischen nicht nur die Anzahl der Lizenzprodukte limitieren, sondern zum Teil auch die Anzahl von Lizenznehmern. Häufig werden strategische Vereinbarungen mit Schlüsselpartnern wie Spielwarenherstellern oder Lebensmittelpartnern geschlossen, die sich auf mehrere Lizenzthemen eines Lizenzgebers beziehen und über mehrere Jahre erstrecken.

---

[184] vgl. *Raugust* (2008), S. 98

[185] vgl. *Aumüller* in: *Heinrichs/Schäfer* (1999), S. 151-152

## 6.2.6    Produktdesign

Damit Produkt und Lizenz eine Einheit bilden, ist nicht nur der Imagetransfer wichtig, auch das Design spielt eine entscheidende Rolle. Die Gestaltung eines Lizenzproduktes ist auch schon ohne die Verwendung einer Lizenz wichtig, denn sie ist ein zentrales Argument bei der Entscheidung des Endverbrauchers für oder gegen den Kauf eines Produktes. Ebenso ist ein ansprechendes Produktdesign ausschlaggebend für eine Handelslistung.

So genanntes „Bapperl-Merchandising" – das simple Aufbringen des Logos eines Lizenzthemas auf ein ansonsten schon fertiges Produkt – funktioniert nur selten im Markt. Für den Endverbraucher gibt es kaum Gründe, es zu kaufen, da es womöglich wegen der Lizenz auch noch teurer ist als ein anderes Produkt ohne eine Lizenz. Des Weiteren können zu billig produzierte Produkte einem Lizenzthema schaden, da die schlechten Produkteigenschaften per Imagetransfer auf das Lizenzthema übertragen und damit im Kopf des Konsumenten negativ damit verbunden werden.

Eigene Produktfunktionen, die auf die Lizenz zugeschnitten sind, machen ein Lizenzprodukt hingegen zusätzlich interessant für den Käufer (added Value). Der Haushaltswarenhersteller *Cloer* brachte Anfang der 2000er Jahre beispielsweise erfolgreich Waffeleisen zur Lizenz *Sendung mit der Maus* auf den Markt, die Waffeln in Form der *Maus* und ihrer Freunde backen konnten. Fazit: Das Marktpotenzial steigt, je größer die Einheit von Lizenz, Produkt und Produktfunktionen ist. Das Lizenzprodukt wird einzigartig im Vergleich zum Standardprodukt ohne Lizenz und legitimiert in der Regel damit auch einen höheren Endverbraucherpreis.

Häufig übernehmen die Designer des Lizenzgebers die Entwicklung des Designs eines neuen Lizenzprodukts oder unterstützen zumindest die Lizenzgeber mit Entwürfen und Ideen, um es so attraktiv wie möglich zu gestalten und Einheit von Lizenzthema und -produkt zu gewährleisten. Übrigens ist es nicht nur wichtig, dass das Produkt an sich das Design des Lizenzthemas gut interpretiert und nutzt, genauso wichtig ist die Verpackung, denn sie ist der erste Kontakt zum Endverbraucher.

Nicht nur das allgemeine Design eines Lizenzthemas und seiner Lizenzprodukte muss stimmig sein. Auch sollte der Lizenzgeber darauf achten, dass seine Designs attraktiv bleiben. Ein Lizenzthema wird sich nicht dauerhaft behaupten können, wenn es über Jahre mit den immer gleichen Artworks auf unterschiedlichen Produkten im Handel vertreten ist. Lizenzgeber sollten ihre Themen weiterentwickeln und spezielle Designs für bestimmte Produktkategorien entwerfen. Häufig sind auch saisonale Designs z.B. für Weihnachten oder Ostern gute Maßnahmen, um ein Thema „heiß" zu halten. Denkbar sind auch Artworks für unterschiedliche Zielgruppen und Trends – insbesondere im Bereich der Mode sollte Letzteres bedacht werden. „Uncoole" Schuhe oder andere nicht modische Bekleidungsstücke können aus einem eigentlich sehr erfolgreichen Lizenzthema Ladenhüter machen, da sie nicht den aktuellen Trends entsprechen.

Das Design des Lizenzthemas sollte sich im Eigeninteresse des Lizenznehmers aber auch natürlich im Interesse des Lizenzgebers auf den Werbemitteln, in der PR und sämtlichen

Promotion-Maßnahmen sowie bei der Präsenz im Handel und auf Messen widerspiegeln, um auch hier den positiven Imagetransfer zu gewährleisten, der sich dann in guten Umsätzen mit dem Lizenzprodukt niederschlägt.[186]

## 6.2.7    Bekanntheit des Lizenzthemen aufbauen und pflegen

Damit eine Lizenz dauerhaft erfolgreich sein kann, müssen der Lizenzgeber und/oder seine Agentur, wie beschrieben, die Bekanntheit für dieses Lizenzthema mit geeigneten Maßnahmen aufbauen und pflegen. Ältere Lizenzthemen wie eine TV-Serie aus den 80er Jahren erreichen und binden eher eingefleischte Fans über Lizenzprodukte mit sammelbaren Fanartikeln wie Kaffetassen, T-Shirts oder Figuren, während Lizenzprodukte zu neuen Themen die Chance auf das Erreichen neuer Zielgruppen außerhalb der Kernzielgruppe des Themas bieten.

Oftmals ist der erste Schritt der Lizenzierung die Akquise von Medien-Lizenzprodukten. Gerade bei Kinderlizenzthemen, die häufig mit einer neuen TV-Serie oder einem Kinofilm starten, sind die „üblichen" ersten Lizenzprodukte Bücher, DVDs und Hörspiele – wobei Hörspiele eine eher deutsche „Spezialität" sind, die im Ausland nicht so üblich sind wie hierzulande. Diese so genannten „Story-Telling-Produkte" können schnell Bekanntheit aufbauen. Außerdem sind diese Medien Standard in deutschen Kinderzimmern und verhelfen dazu, dass sich die Kids intensiv mit dem Lizenzthema auseinandersetzen. In der Folge werden spätere Lizenzprodukte mit hoher Emotionalität nachgefragt, sobald sie im Handel entdeckt werden. Und da gerade in Deutschland Bücher als hochwertig und pädagogisch wertvoll angesehen werden, ist es auch ein psychologischer Pluspunkt bei den Eltern, wenn Bücher den Launch eines neuen Kinderlizenzthemas unterstützen.

Hin und wieder verschwimmen gerade bei Kinder-TV-Themen die Grenzen zwischen Fernsehprogramm und Licensing, was Medienpädagogen durchaus kritisch sehen. Von ihnen werden die Folgen hinterfragt, wenn Kinder im Kinderzimmer bereits fast rund um die Uhr mit Lizenzthemen aus dem Fernsehen umgeben sind und dazu die Produkte im TV umfangreich beworben werden – zumal Werbungtreibende und Lizenznehmer durchaus auch hier Einfluss auf Sendeinhalte nehmen könn(t)en, um die Zielgruppe noch weiter zu beeinflussen. Es ist allerdings bereits heute gang und gäbe, dass im Umfeld von Kindersendungen zu Gewinnspielen aufgerufen wird, bei denen es Lizenzprodukte zu gewinnen gibt, womit also sehr bewusst Begehrlichkeiten von Kindern für diese Produkte weiter geschürt werden.[187]

Seit 1993 ist beispielsweise die TV-Life-Action-Serie *Power Rangers,* die anfangs in Deutschland auf *RTL* und später auf *SUPER RTL* im Free-TV und bei *Jetix* und dessen Nachfolger-Sender *Disney XD* im Pay-TV zu sehen war bzw. ist, ein weltweiter TV-Quotenhit gewor-

---

[186] vgl. *Manz* in: *Böll* (2001), S. 43

[187] vgl. *zu Salm* in: *Böll* (2001), S. 154-158

den. Die Rechte lagen zunächst beim israelisch-amerikanischen Medienunternehmer *Haim Saban*, der diese 2001 an *Disney* veräußerte und 2010 wieder zurückkaufte. Mittlerweile gibt es 17 Staffeln[188] der Serie und die Beliebtheit der *Power Rangers* ist ungebrochen. Ab 2011 werden neue *Power Rangers*-Folgen für den Kindersender *NICKELODEON* produziert werden. Die Lizenzprodukte verkaufen sich nach wie vor gut. Einer der wichtigsten Lizenznehmer für die *Power Rangers*-Spielwarenlinie ist von Anfang an der asiatische Spielwarenhersteller *Bandai*. Dieser investiert international in TV-Werbung, während in den einzelnen Folgen die Funktionen und Einsatzmöglichkeiten der Figuren der Serie beschrieben werden, die es bei *Bandai* als Actionfiguren zu kaufen gibt. TV-Format und Lizenzprodukte verschmelzen hier und potenzieren so die Begehrlichkeit der *Power Rangers*-Lizenzprodukte umso mehr für die Fans der Serie.[189] [190]

Eine ähnliche Strategie verfolgt der US-Spielzeughersteller *Hasbro* mit seinen Actionspielfiguren *Transformers*, zu denen es seit Mitte der 80er Jahre mehrere animierte TV-Serien, Comics und drei Life-Action-Kinofilme (der erste kam 2007 in die internationalen Kinos, der dritte wird voraussichtlich im Sommer 2011 in die Kinos kommen) sowie ein großes Portfolio an Lizenzprodukten gibt. Die unterschiedlichen Medien und Produkte sprechen unterschiedliche Zielgruppen an und erweitern so die Gesamtzielgruppe für *Transformers*: Die animierten Zeichentrickserien sprechen Jungen bis acht Jahre an, während die neueren Life-Action-Filme mit den Stars *Shia LaBeouf* und *Megan Fox* durch ihre deutsche FSK12-Freigabe[191] und die starke Betonung der Actionelemente für männliche Teenager und junge Erwachsene interessant sind.

Meist aufbauend auf den ersten Medienprodukten wird in den Lizenzagenturen oder bei den Lizenzgebern ein Portfolio an weiteren, zum Lizenzthema passenden Produkten entwickelt. Es ist naheliegend, dass im nächsten Schritt bei Kinderthemen Spielwaren-Produkte lizenziert werden sollten. Diese helfen dabei, das Erlebnis mit dem Lizenzthema (ins Kinderzimmer) zu verlängern und emotionalisieren besonders. Hat das Thema eine gewisse Bekanntheit erreicht, steht häufig ein Magazin sehr weit oben auf der Wunschliste der Lizenzgeber. Dieses dient nicht nur dazu, die Bekanntheit und Beliebtheit eines Themas weiter auszubauen, sondern auch um dazu passende Lizenzprodukte vorzustellen – über redaktionelle Beiträge, Gewinnspiele und Anzeigen.

Im späteren Lizenz-Lebenszyklus werden mittlerweile auch in Deutschland besonders im Kinderbereich weitere Entertainment-„Produkte" initiiert. Dies können TV-Movies, Kinofilme, Sonderprogrammierungen im Fernsehen wie ein *SpongeBob*-Tag sein, an dem auf allen *VIACOM*-Sendern (*NICKELODEON*, *MTV* und *VIVA*) den ganzen Tag über *SpongeBob*-Folgen und -Trailer gezeigt werden oder Musicals und Familien-Events wie die

---

[188] vgl. *www.wikipedia.de* (Web, 2010), Power Rangers

[189] vgl. *Zacherl* in: *Böll* (2001), S. 205-231

[190] vgl. *Spielzeug International* (Presse, 2010), Lizenz Power Rangers zurückgekauft

[191] FSK = Freiwillige Selbstkontrolle der Filmwirtschaft

seit 2006 jährlich in Deutschland stattfindende *Looney Tunes Sportparty*-Tour von *Warner Bros. Consumer Products*, die gemeinsam mit namhafte Partnern wie *Nestlé*, *Adidas* oder *Tchibo* Kinder zu Sport und gesundem Lebensstil animiert.[192] Andere Beispiele sind Mitmach-Gewinnspiele wie die von *SUPER RTL* in 2008 durchgeführte *Bob der Baumeister*-Sonnenblumen-Kampagne in Kindergärten, Vorführungen von einzelnen Folgen einer Serie wie *Ben 10* in ausgesuchten Kinos[193] oder Themenreisen wie das *Was ist Was*-*Rittercamp* oder das *Toggo Sommercamp* des Lizenznehmers *RUF Jugendreisen*. Auch Fan-Clubs oder Social Communities im Internet oder publikumswirksame Charity-Aktionen gehören zu solchen Maßnahmen. Manche dieser Aktionen sind Lizenzprodukte, andere sind imagefördernde und zielgruppenbindende Maßnahmen des Lizenzgebers selbst.

Kinofilme werden durch ähnliche erste Produkte am Anfang ihres Lebenszyklus gepusht. Allerdings ist gerade bei Kinofilmen, die nicht Teil einer (möglichst bereits erfolgreichen) Reihe sind, deutlich schwieriger, schnell Bekanntheit aufzubauen. Wenn Filme von Anfang an als Serie geplant werden und so vermarktet werden bzw. nach einem erfolgreichen ersten Kinofilm doch noch ein oder mehrere Nachfolgefilme in die Kinos kommen, ist es leichter, ein Thema längerfristig als Lizenzthema erfolgreich zu positionieren, da mehr Zeit für den Aufbau und die Pflege des Themas zur Verfügung steht und man in der Regel auf erfolgreiche Vorgängerfilme aufbauen kann. Sehr erfolgreiche Beispiele hierfür sind die *Twilight*-Movies, *Spiderman*, *Harry Potter*, *Shrek* oder auch Disneys *Toy Story*-Reihe, deren erster Film 1995 als erster vollständig animierter Kinofilm Premiere hatte und deren vorerst letzter Teil *Toy Story 3* im Sommer 2010 in die Kinos kam und die Erwartungen bei der Lizenzauswertung übertraf. Disney plant für *Toy Story 3* für 2010 mit einem Lizenzumsatz in Höhe von 2,4 Milliarden US-Dollar, die zu den bisherigen Umsätzen dieses Franchise in Höhe von 9 Milliarden US-Dollar hinzukommen sollen. Die bessere Chance auf höhere Lizenzerlöse aufgrund eingeführter Figuren und Story, die das Interesse der Endverbraucher bereits haben und somit auch das Risiko für Lizenznehmer reduzieren, sind wohl auch die wichtigsten Gründe dafür, warum *Disneys* Animationsstudio *Pixar* in den kommenden Jahren vorwiegend auf Sequels weiterer erfolgreicher Filme setzt wie etwa auf Fortsetzungen von *Cars* und *Monster AG*. [194]

Auch im Erwachsenenbereich werden Lizenzthemen über spezielle Aktivitäten des Lizenzgebers interessant gehalten. Das All-Age-Lizenzthema *Hello Kitty* wird beispielsweise über Presseaktionen mit Prominenten, die *Hello Kitty*-Accessoires tragen, in der Presse „gehypt". *Mattel* unterstützte *Barbie* zu ihrem 50. Geburtstag (2009) mit Kooperationen mit Marken wie *H&M* oder der pressewirksamen Zusammenarbeit mit namhaften Designern und Mode-Labels wie *Dior*, *Benetton* oder *Armani*.[195]

---

[192] vgl. *Spielzeug International* (Presse, 2010), Looney Tunes wieder auf Tour

[193] vgl. *Brandora Lizenzbranche* (Web, 2010), Galaktisches Finale von Ben 10: Alien Force am 10.10.10! Start der Ben 10-Kino-Tour und deutsche TV-Premiere bei Cartoon Network

[194] vgl. *Eller/Chmielewski* (Web, 2010), Pixar, with 'Toy Story', shows increasing reliance on sequels

[195] vgl. *www.vogue.co.uk* (Web, 2009), The Designer's Dolls

Häufig werden auch Jubiläen wie „10 Jahre on Air" oder Firmengründungsjahre genutzt, um ein Thema medienwirksam zu platzieren. Andere Daten für die Initiierung eines neuerlichen Hypes unter Einbindung der Medien sind die Veröffentlichung der DVD zu einem Kinofilm oder die nächste Tour eines Popstars, der lizenziert werden kann.

Insbesondere im Bereich der Vermarktung von Kunst und Künstlern verhelfen Lifestyle orientierte Lizenzprodukte wie Wohnaccessoires (Küchenprodukte, Bettwäsche, Schreibwaren usw.) manchmal erst dazu, dass diese einer größeren Zielgruppe bekannt und so verstärkt von Endverbrauchern nachgefragt werden. Gleiches gilt für andere an erwachsene Zielgruppen gerichtete Themen. Licensing ist hier also eine Art Selbstzweck für den Aufbau neuer (Kunst-) Lizenzthemen. Der New Yorker Künstler *James Rizzi* wurde beispielsweise erst richtig bekannt, als Lizenzprodukte wie Espressotassen, Postkarten und Notizhefte mit seinen Designs in den Handel kamen. Der Künstler schaffte über die erschwinglichen Preise seiner Produkte den Weg nach Hause zu den „Otto-Normal-Verbrauchern", die sich dadurch immer mehr für seine Kunst zu interessieren begannen. In diesem Zusammenhang wurde Anfang der 90er Jahre auch eine Lizenz-Promotion mit dem Kosmetikhersteller *Wella* mit *James Rizzi* initiiert, die dessen Bekanntheit und die Nachfrage nach seinen Kunstwerken weiter steigerte, was zur Folge hatte, dass diese zu höheren Preisen verkauft werden konnten.[196]

Neben klassischen PR- und Marketingmaßnahmen, die natürlich auch ergriffen werden sollten, initiieren Lizenzgeber bzw. Lizenzagenturen auch gezielte Promotions[197] mit Handelspartnern, Herstellern von „Fast Moving Consumer Goods" (FMCG) und anderen auflagenstarken Partnern oder Aktionen mit Medienpartnern, die z.B. auf Barter-Basis abgeschlossen werden. Besonders für kurzlebige Lizenzthemen, wie es in der Regel Kinofilme sind, werden Promotions angestrebt. Diese haben zum Ziel, Lizenzthemen ins Gespräch zu bringen und eine große Zielgruppe durch gezielte Aktionen anzusprechen und diese zu erweitern. Auch diese Aktionen emotionalisieren und machen aus einem Thema ein Lizenzthema „zum Anfassen", was zur Konsumentenbindung beiträgt und potenzielle neue Kunden neugierig macht. Partner für solche Aktionen können gemeinnützige Organisationen sein, die medienwirksam am Verkauf der Produkte beteiligt werden oder auch große Food-Partner (z.B. *Nestlé* oder *Burger King*), die über hohen Warenumschlag bzw. große Restaurantbesucherzahlen und hohe Media-Spendings riesige Zielgruppen erreichen.

Im deutschsprachigen Raum hat der Familienfernsehsender *SUPER RTL* so etwas wie eine Vorreiterfunktion übernommen. Für Lizenzthemen, die von der hauseigenen Lizenzagentur des Senders vertreten werden, werden wie bei *Bob der Baumeister* u.a. Kindergarten-Aktionen und Aktionsflächen bei ausgewählten Handelspartnern initiiert. Diese wiederum werden im laufenden TV-Programm und im Online-Angebot des Senders angekündigt, und es wird zum Mitmachen an den Aktionen aufgerufen. Ebenso werden Mailings versandt und im *Bob der Baumeister*-Magazin und in anderen Zeitschriften Ankündigungen zu den Lizenzthemen des Senders gedruckt.

---

[196] vgl. *Schäfer* (2003), S. 39
[197] siehe Kapitel „Promotions", S. 240

Es gehört klar zu den Aufgaben des Lizenzgebers, die geeigneten Maßnahmen für den Aufbau und Erhalt der Attraktivität eines Lizenzthemas zu übernehmen. Selbstverständlich ist es sinnvoll, bestehende Lizenznehmer als Partner mit ins Boot zu holen und in die Aktionen zu integrieren, da sie ja letztlich die Umsätze mit dem Lizenzprodukt generieren. Es wäre kontraproduktiv, hätten sie aufgrund von Unkenntnis einer solchen Aktion womöglich nicht genug Ware an Lager, wenn eine großangelegte Aktion für ein Lizenzprodukt startet. Solche Maßnahmen müssen seitens des Lizenzgebers unbedingt geplant und ausreichend projektiert werden, damit sie tatsächlich zum Erfolg führen. Sinnvoll ist die Erstellung eines jährlichen **Aktionskalenders** für das jeweilige Lizenzthema, in dem die Aktivitäten für dieses – Werbemaßnahmen, Handelsaktionen, Product Launches von Neuheiten und herausragenden Produkten etc.– eingetragen und strategisch sinnvoll über das Jahr verteilt werden, damit das Lizenzthema in den Köpfen der Konsumenten bleibt bzw. zu bestimmten Anlässen wie dem Start einer neuen TV-Staffel besonders hervorgehoben wird. Dabei muss der Aufbau des Themas das Ziel sein, bzw. dessen Bekanntheit und Beliebtheit zu steigern oder zu halten, ohne es zu übertreiben, damit der Endverbraucher sich aufgrund von „Over Exposure"[198] nicht genervt von der Lizenz abwendet. Es ist stattdessen ratsam, alle Arten von Werbung, PR und Promotion für ein Lizenzthema, die große Außenwirkung haben sollen, in der strategischen Führung eines Lizenzthemas zu verankern.

## 6.2.8 Restriktionen bei der Produktion von Lizenzprodukten

In einer stark globalisierten Welt werden viele Produkte des Alltags im Ausland produziert. Genauso wie man heute wie selbstverständlich in asiatischen Ländern, wo auch ein Großteil der bei uns erhältlichen Lizenzprodukte hergestellt wird, produzieren lässt, werden dort europäische und amerikanische Standards bei der Herstellung vorausgesetzt. Dies geschieht aus einem Selbstverständnis der Unternehmen heraus, die für „sauber" produzierte Waren stehen wollen, andererseits wird dies von den Konsumenten immer mehr erwartet.

Eine fragwürdige Produktion z.B. mit gesundheitsschädlichen Inhaltsstoffen oder auf Basis von Kinderarbeit kann das Image eines Lizenzthemas und seines Lizenzgebers empfindlich schädigen – auch wenn er nicht selbst der Hersteller der Lizenzprodukte ist, sondern ein Lizenznehmer. Beispielsweise gingen 2007 die bleihaltigen Spielzeuge zu *Disney/Pixars* Kinohit *Cars* wochenlang durch die internationale Presse und haben dem Lizenzgeber wie auch dem Lizenznehmer *Mattel* damit einen schweren Imageschaden zugefügt.[199]

Viele Unternehmen achten aber nicht erst seit dem *Cars*-Skandal auf sichere Herstellung und saubere Inhaltsstoffe ihrer Produkte. Viele der großen Konzerne haben detaillierte

---

[198] Over Exposure = in diesem Zusammenhang engl. für Überpräsenz, Übertreibung

[199] vgl. *www.mattel.de* (Web, 2007), Mattel kündigt Rückruf an

Zertifizierungen für die Hersteller ihrer Produkte aufgestellt. Diese schreiben neben der Produktion an sich auch umfangreiche Sicherheitstests für die Produkte sowie die Hygiene- und Arbeitsstandards der Mitarbeiter vor. Solchen Regeln wird im Lizenzvertrag zugestimmt. Sie werden auch unangekündigt vor Ort überprüft. Vor allem die Spielzeug- und Kindermedien-Konzerne wie *Ravensburger*, *Hasbro* oder *Warner* achten mit Argusaugen darauf, dass ihre Hersteller gemäß ihrer hohen gesetzten Standards, die häufig über den in Europa und Amerika üblichen gesetzlichen Vorschriften liegen, produzieren.

**Häufige Produktions-Restriktionen in Lizenzverträgen:**

- **Keine Kinderarbeit**

- **Standards für die Arbeiter vor Ort** (z.B. Pausen, maximale Arbeitszeit am Stück)

- **Verbot von bestimmten Inhaltsstoffen**, z.B. Blei oder Weichmacher

- **Verpflichtende Produktsicherheitstest** (nach Vorgabe des Lizenzgebers)

- **Sicherheit in den Fabriken** (z.B. Fluchtwege, Ausstoß von Dämpfen, Aufstellen von Feuerlöschern)

- **Umwelt- bzw. Nachhaltigkeitsrestriktionen in der Herstellung**

Diese Liste ist natürlich beliebig und nach Gusto der einzelnen Kooperationspartner zu ergänzen und zu modifizieren.

## 6.2.9    Timing bei der Markteinführung

Der richtige Zeitpunkt, um ein Produkt im Markt einzuführen, entscheidet vielfach über dessen Erfolg. Es liegt auf der Hand, dass beispielsweise ein weihnachtliches Produkt in der Osterzeit keine Chance am Markt haben würde.

So ist es bei Kinofilmen wichtig, dass die dazu passenden Lizenzprodukte rechtzeitig vor Filmstart – meist vier bis sechs Wochen vor dem Premierentag – in den Geschäften erhältlich sind. Wegen des in der Regel kurzen Auswertungszeitraumes von Kinofilmen ist es hier essentiell, dass die Produkte pünktlich im Handel sind und die Promotion des Kinoverleihers für den Film auf vollen Touren läuft. So wird das Interesse an dem Film geweckt und der Verkauf der Lizenzprodukte unterstützt.

Bei Lizenzprodukten zu Marken kann es sinnvoll sein, ein Event wie z.B. ein Markenjubiläum als Termin für den Launch von Lizenzprodukten zu wählen, um so die Medienaufmerksamkeit im Zusammenhang mit dem Jubiläum für die Lizenzprodukte zu nutzen.

Es kann ebenso positive Effekte haben, wenn eine größere Anzahl von Lizenzprodukten zeitgleich am Markt eingeführt wird. So besteht die Chance auf eine Sonderplatzierung im Handel, die die Aufmerksamkeit der Endverbraucher steigen lässt. Andererseits kann eine größere Anzahl von gleichzeitig zu einem Lizenzthema erhältlichen Produkten auch die Nachfrage nach kurzfristigen Trendthemen besser decken. Oft werden Themen aus dem

Kinder-Entertainment-Bereich so ausgewertet, da TV-Sendungen auch wieder schnell verschwinden und sich nur wenige davon dauerhaft am Markt halten können. Inzwischen ist es üblich, dass Lizenzgeber bzw. Lizenzagenturen engen Kontakt zu wichtigen Handelspartnern pflegen,[200] um gemeinsame Aktionen unter Einbeziehung verschiedener Lizenzpartner anzuschieben.

Die „Choreographie" der Markteinführung der einzelnen Produkte zu einem Lizenzthema ist ebenfalls oft ausschlaggebend für den Erfolg eines Lizenzthemas. Bei Kinderlizenzthemen sind meist eine größere Range an Spielwaren eines Lizenznehmers, Bücher und/oder ein Magazin sowie Hörspiele die wichtigsten ersten Produkte, um ein Thema im Lizenzmarkt zu etablieren. Handelt es sich um eine TV-Serie, ist auch die DVD zur Serie ein wichtiges Produkt der Artikel der „ersten Stunde". Mit all diesen Produkten wird erreicht, dass sich Kinder mit dem Lizenzthema intensiv beschäftigen – z.B. auch durch Rollenspiele zu Hause – und die Nachfrage darauf basierend angekurbelt wird.

Dennoch ist es auch wichtig, nicht zu viele Produkte am Anfang im Markt zu haben, sondern die Nachfrage langsam aufzubauen, damit nicht zu schnell eine Saturierung bezüglich des Themas einsetzt – zumal der Handel rigoros ist und schnell Produkte aus der Listung wirft, wenn sie nicht den Verkaufserwartungen entsprechen.

## 6.2.10 Timing beim Lizenzthemen-Verkauf

Lizenzgeber fangen in der Regel sehr früh an, ihre Themen potenziellen Lizenzgebern vorzustellen. Da Großkonzerne wie *Unilever*, *Nestlé*, *Kellogg* oder *Procter & Gamble* zum einen attraktive Partner sind, weil ihre Produkte in kurzer Zeit in sehr großen Mengen über den Ladentisch gehen, und so besonders wegen möglicher Lizenzkooperationen umworben werden, haben sie zum anderen lange Vorlaufzeiten bei Planung und Umsetzung ihrer Kooperationen, so dass diese Partner meist in einem sehr frühen Stadium kontaktiert werden. Ein Beispiel hierfür ist die Computerspiele-Industrie, bei der das Programmieren viel Zeit verschlingt.

Viele der großen und meist global operierenden Unternehmen haben **Licensing Manager**, die im Lizenzmarkt zu Hause sind und Marktdaten unterschiedlicher Märkte kennen und interpretieren können. Bei den über eineinhalb Jahren Vorlauf, der für eine große Promotion im Food-Bereich mindestens veranschlagt wird, ist es oft noch gar nicht möglich, fertige Filme, Style Guides oder Vermarktungsmaterial zu präsentieren, da der Lizenzgeber selbst noch daran arbeitet. Entsprechend wird mit Skizzen, Storylines und ersten Designs gearbeitet, die hoffentlich die Lizenzeinkäufer überzeugen. Hin und wieder werden diesen Schlüsselpartnern auch erste fertige oder nur teilweise fertige Ausschnitte eines Films oder einer Serie in besonderen Vorführungen gezeigt, um sie frühzeitig mit ins Boot zu holen.

---

[200] siehe Kapitel „Handel", S. 206

Bei Fernsehserien warten Lizenznehmer häufig erst die Performance der ersten Folgen oder gar der ersten Staffel ab, bevor sie sich dafür entscheiden. Erfolgsmeldungen aus dem Ausland, wo die Serie unter Umständen bereits erfolgreich läuft, sind unterstützende Argumente für den Einkauf eines Lizenzthemas. Es muss in diesem Zusammenhang jedoch festgehalten werden, dass ein Erfolg eines Lizenzthemas im Ausland keine Garantie für einen ebenso großen Erfolg in Deutschland ist, da Märke und Konsumentenpräferenzen sich von Land zu Land zum Teil sehr unterscheiden.

Lizenzverkäufer sollten stets auch die wichtigen Messen der potenziellen Lizenznehmer im Blick haben.[201] Auf diesen werden dem Handel die Neuheiten meist mit fertigen Produkten oder Prototypen präsentiert, die dann später in den Geschäften zu finden sind. Entsprechend rechtzeitig müssen der Lizenzvertrag unterzeichnet, die Produkte entwickelt und freigegeben sein, damit sie zur jeweiligen Messe vorgestellt werden können. Dies sollte bei der Planung der Markteinführung von Lizenzprodukten bedacht werden, da die Messen den Erfolg von (Lizenz-) Produkten im Handel maßgeblich beeinflussen können.

Kalender beispielsweise werden dem Handel in Deutschland im Januar auf der Frankfurter Messe *Paper World* für die jeweils nächste Kalender-Saison angeboten. Ist zu einem Kinostart auch ein Kalender geplant, muss, damit dieser auch im Jahr des Kinostarts im Handel erhältlich ist, entsprechend früh mit Kalenderverlagen verhandelt werden. Bei Kalendern sollte man außerdem nicht vergessen, dass diese ab Spätsommer für das nächste Jahr im Handel sind. Für einen neuen Kinofilm eignet sich das Anstreben eines Kalenders als Lizenzprodukt daher vor allem dann, wenn der Film im Herbst vor dem entsprechenden Kalenderjahr des Kalenders in die Kinos kommt. Ein Frühlingsfilm ist möglicherweise im Spätsommer wieder vergessen und eignet sich daher nicht immer für einen Kalender.

Viele Lizenznehmer wollen beim Einkauf von neuen Themen keine Risiken eingehen und betreiben Marktforschung in Eigenregie, bevor sie ein Thema auswählen. Diese kann sich zum einen mit der Zielgruppe der Produkte beschäftigen, die über verschiedenste Methoden (z.B. Einbindung eines Marktforschungsinstituts, Verbraucher-Fokusgruppen und Internetbefragungen) erreichbar sind, aber auch mit wichtigen Handelspartnern des Unternehmens. Wenn ein potenzieller Lizenznehmer eine Marktforschung für die Entscheidung bezüglich eines Lizenzthemas durchführt, so bedeutet dies natürlich zusätzlich das Einkalkulieren von Zeit bei der Planung der Markteinführung. Üblicherweise sprechen Lizenznehmer zumindest mit einem ihrer Handelspartner, um das Potenzial eines Lizenzthemas abzuwägen, bevor sie sich für dessen Einkauf entscheiden.

---

[201] siehe Kapitel „Wichtige Fachmessen für den Lizenzthemenhandel in Deutschland", S. 250

# 6.3    Verwaltung eines Lizenzprogrammes (Lizenzgeber)

Abbildung 6.3    Kontrollbereiche in der Prozesskette des Licensing beim Lizenzgeber[202]

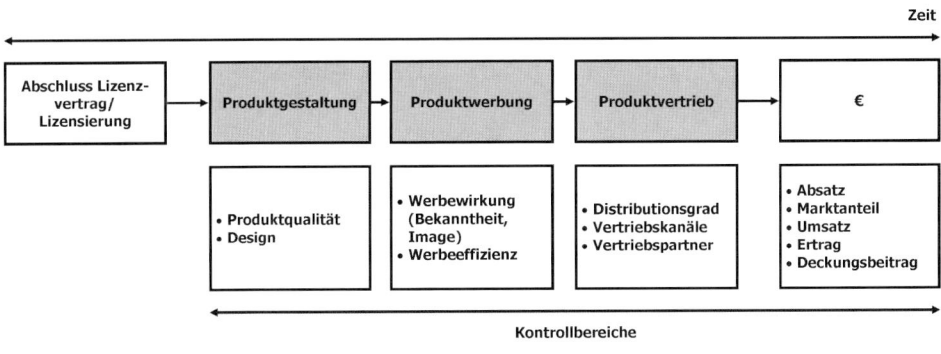

Hinter einem Lizenzthema sollte immer eine funktionierende Verwaltung (**Abbildung 6.3**) stehen. Der Lizenzgeber sollte Personal bereitstellen, das die Aufgaben rund um das Lizenzprogramm begleitet.

Bei vielen Lizenzgebern als auch -nehmern wird Licensing „nur" als Teil der Marketingabteilung angesehen. Daher werden oft keine Mitarbeiter komplett abgestellt, sondern sie übernehmen die Aufgaben rund um das Lizenzierungsprogramm zusätzlich. Die genaue Ausgestaltung der Positionen in den Unternehmen, die sich mit Licensing beschäftigen, ist sehr unterschiedlich. Genauso wie die Frage, ob diese Mitarbeiter direkt an die Geschäfts- oder Marketingleitung bzw. die Leitung des Produktmanagements oder der Grafikabteilung berichten sollen.

Viele der Aufgaben rund um die Lizenzierung, insbesondere bei einem erfolgreichen Thema oder gar mehreren Themen, fallen täglich oder zumindest regelmäßig an.

## Wiederkehrende Aufgaben in der Verwaltung eines Lizenzthemas:

▓ **Freigaben (Approvals)** von Lizenzprodukten und von allen Werbemitteln, ebenso meist auch PR-Maßnahmen der Lizenzgeber. Sie sollten sich nicht nur auf die korrekte Verwendung des Style Guides beziehen, sondern auch auf adäquate Produktqualität.

---

[202] vgl. *Saldsieder* (2008), S. 203 (modifziert)

▦ **Einholung- und Kontrolle der Lizenzabrechnungen**, die meist viertel- oder halb-jährlich von den Lizenznehmern zur Verfügung gestellt werden müssen (gem. Lizenz-vertrag)

▦ **Überwachung des Zahlungseinganges** von den Lizenznehmern (Garantiesummen, Lizenzgebühren)

▦ **Kommunikation von Neuigkeiten** rund um das Lizenzthema an die Lizenznehmer wie z.B. neue Folgen einer TV-Serie oder ein neuer Kinostarttermin, Aktionen rund um das Lizenzthema, neue Designs etc.

▦ **Ansprechpartner für alle Belange rund um das Lizenzthema** wie z.B. auch Koordina-tion von gemeinsamen Aktionen mehrerer Lizenznehmer bei einem Handelspartner

Gerade die Kommunikation zwischen Lizenzgeber und -nehmern ist bedeutend. Je besser diese eingespielt ist, desto größer ist die Chance auf Erfolg der Lizenzprodukte, da die bestmögliche Abstimmung schon wegen des optimalen Imagetransfers im Interesse beider Seiten sein sollte. E-Mails allein können nicht den direkten und persönlichen Kontakt er-setzen. Meetings zwischen Lizenzgeber und -nehmer sollten im Sinne einer erfolgreichen Zusammenarbeit regelmäßig stattfinden. Auch hat es sich erwiesen, dass die Erreichung der gesteckten Ziele überwacht und gegebenenfalls nachjustiert werden sollte.

Viele Lizenzgeber und -agenturen organisieren **Lizenznehmer-Treffen**, zu denen sie ihre bestehenden, aber zum Teil auch potenzielle Lizenznehmer sowie Handelspartner einla-den. Bei diesen Treffen werden die schon bekannten und neue Lizenzthemen vorgestellt, sowie geplante Aktivitäten dazu. Ein weiteres Ziel dieser Treffen ist es, Synergien zu schaf-fen und die Entwicklung gemeinsamer Aktionen verschiedener Lizenznehmer zu initiie-ren.[203]

# 6.4    Lizenznehmerakquise

Das Treffen der strategischen Entscheidungen bei der Vermarktung eines Lizenzthemas ist die Grundvoraussetzung, um Lizenznehmer für die Lizenzierung eines Themas anzu-sprechen. Schließlich sollten die Lizenznehmer und deren Produkte zum Lizenzthema und dessen Vermarktungsstrategie passen.

Die Eckdaten einer Lizenz werden zum Zwecke der Lizenzvermarktung in der Regel in **Lizenzthemen-Präsentationen** zusammengefasst. Diese werden dem potenziellen Lizenz-nehmer ausgehändigt und eventuell im Rahmen einer persönlichen Präsentation erläutert. Sie sollte die Vermarktungsstrategie für das Lizenzthema deutlich machen.

---

[203] vgl. *Raugust* (2008), S. 112-118

## Übliche Inhalte einer Lizenzthemen-Präsentation:

- Positionierung des Lizenzthemas

- Größe und Definition der Zielgruppe des Lizenzthemas

- USP des Lizenzthemas

- Hauptfiguren des Lizenzthemas (nicht relevant bei einer Marke)

- Storyline, Hintergrundinformationen wie z.B. Markengeschichte des Lizenzthemas

- TV-Quoten, Kinobesucherzahlen oder ähnliche Daten, die die Relevanz eines Themas belegen, gegebenenfalls auch aus dem Ausland (wenn die Lizenz noch nicht im eigenen Land bekannt ist)

- Auszug aus dem Style Guide mit idealerweise einigen Ideen und Skizzen, wie Lizenzprodukte mit diesem Artwork aussehen könnten

- Liste bereits akquirierter Lizenznehmer

- Liste bereits bestehender Lizenznehmer im In- und Ausland

- Vorstellung der geplanten Marketing- und PR-Maßnahmen

Ergänzt werden diese Präsentationen im Bereich der Film- oder TV-Lizenzen durch eine Vorführung oder Zurverfügungstellung von Ausschnitten, Trailern, ganzen Filmen oder Folgen. Bei der Vermarktung von Kinofilmen werden oft potenzielle Lizenznehmer zu Vorführungen eingeladen. So können sie exklusiv und lange vor der breiten Öffentlichkeit erste Bilder und Szenen eines neuen Films sehen und sich eine Meinung bilden. Da es natürlich im Sinne des Lizenzgebers ist, zu einem frühen Stadium noch nicht zu viele Informationen über ein neues Kinoprojekt an die Öffentlichkeit gelangen zu lassen, müssen eingeladene, potenzielle Lizenznehmer oftmals bei solchen Vorführungen Geheimhaltungsvereinbarungen unterzeichnen. Bei den Vorführungen selbst müssen dann am Eingang Handys und andere Geräte abgegeben werden, die zu Aufzeichnungszwecken dienen könnten.

Gerade namhafte Lizenzgeber und -agenturen erwarten die Einreichung eines **Proposals** eines potenziellen Lizenznehmers mit den wichtigsten Informationen zum Unternehmen und den geplanten Lizenzprodukten, um über eine Zusammenarbeit zu entscheiden. Hier werden Angaben wie Menge und Art der Produkte, angestrebte Verkaufsauflagen, Vertriebskanäle, Handelsabgabe- und angestrebte Endverbraucherpreise etc. ausgeführt. Basis dieser Aufstellung durch den Lizenznehmer ist es, dass er durch den Lizenzgeber mit ausreichend Information zu dem Lizenzthema versorgt worden ist, denn nur so kann er ein möglichst konkretes Proposal erstellen.

Nicht unwichtig ist es, dass der Lizenzgeber das Geschäft des Lizenznehmers mit seinen Eigenheiten versteht. Solche Eigenheiten sind beispielsweise die Buchpreisbindung im deutschen Verlagswesen, die Marktmacht von bestimmten Handelspartnern, die eigene Konditionen und gar Produktdesigns erhalten, oder überhaupt die Struktur des Vertriebs in bestimmten Branchen inklusive der marktüblichen Margen. Gerade weil Branchen sehr unterschiedlich sein können, arbeiten die meisten Lizenzagenturen mit auf unterschiedliche Branchen spezialisierten **Sales Managern,**[204] die neben den potenziellen Lizenznehmern auch die unterschiedlichen Geschäftsgebaren und Handelsstrukturen kennen und daher die einzelnen möglichen Partner ansprechen und bewerten können.

Einer guten Partnerschaft, von der sowohl Lizenzgeber als auch Lizenznehmer profitieren, sollte eine gewisse Schnittmenge an strategischen Voraussetzungen zugrunde liegen. Ein Lizenzgeber einer Premium-Marke passt beispielsweise aufgrund ganz unterschiedlicher strategischer Gegebenheiten meist nicht mit einem Lizenznehmer zusammen, der ausschließlich über Discounter vertreibt. Hier geht es wieder um den Imagetransfer zwischen Lizenzthema und -produkt. Je besser die Unternehmen des Lizenzgebers und des -nehmers auch strategisch zusammenpassen, desto größer ist die Wahrscheinlichkeit einer erfolgreichen Zusammenarbeit.[205]

Neben den allgemeinen Eckdaten sollten bei Lizenzkooperationen bestimmte Punkte ganz besonders vor dem Eingehen einer Zusammenarbeit überprüft werden.

## 6.4.1    Das Unternehmen des Lizenznehmers

Das Unternehmen des Lizenznehmers sollte einer eingehenden Prüfung standhalten, da man idealerweise natürlich grundsätzlich nur mit einem wirtschaftlich solide dastehenden Unternehmen eine Kooperation eingehen sollte. Entsprechend sollte der Lizenznehmer Auskunft über sein Unternehmen zulassen: Ist das Unternehmen des Lizenznehmers finanziell gesund? Hat der potenzielle Lizenznehmer die finanziellen Möglichkeiten, die geforderte Garantiesumme und später die Lizenzgebühren zu zahlen? Es ist nicht unüblich, dass Lizenzgeber sich Bankauskünfte von potenziellen Lizenznehmern anfordern, um sicherzustellen, dass die Zusammenarbeit auf finanziell gesunden Füßen stehen wird. Solche Auskünfte bzw. Ratings lassen sich über Kreditversicherer recherchieren.

Auch ist die Organisation des potenziellen Lizenznehmerunternehmens zu begutachten. Wie erfolgt die Produktentwicklung? Sind externe Dienstleister involviert? Wie erfolgt die Produktion? Bestenfalls sollte der Lizenznehmer eine motivierte und personell ausreichend aufgestellte Vertriebsmannschaft haben. Zudem sollte die Chemie sowie Kommunikation mit den im Lizenzierungsprozess involvierten Mitarbeitern des Lizenznehmers stimmen. Stellt der Lizenznehmer vielleicht sogar eigenes Personal für die Lizenzkooperation ab – z.B. für Produktmanagement oder Vertrieb?

Wichtig kann es in diesem Kontext auch sein, ob der Lizenznehmer bereits Erfahrung mit Lizenzthemen und -produkten hat. Ein Unternehmen, das schon andere Lizenzkoopera-

---

[204]siehe Kapitel „Lizenzagenturen", S. 191

[205] vgl. *Saldsieder* (2008), S. 148

tionen durchgeführt hat, weiß, worauf es sich einlässt und wie die Abstimmungsprozesse ablaufen. Das wiederum kann Zeit und auch Nerven sparen, so dass die Zusammenarbeit effizienter ablaufen kann als bei einem Partner, der noch nie eine Lizenz erworben hat. Ein „Lizenz-Profi-Unternehmen" weiß außerdem, wie es sich in Marketing, PR und Vertrieb um das Lizenzprodukt kümmern muss, damit bestmögliche Verkäufe generiert werden können.

Sollte der Lizenznehmer bereits andere Lizenzen im Portfolio haben oder gehabt haben, sollte man zusätzlich klären, wie erfolgreich diese Lizenzprodukte am Markt sind oder waren. Kritisch zu beurteilen ist es unter Umständen, wenn der Lizenznehmer konkurrierende Lizenzthemen im Portfolio hat, da im Rahmen einer Lizenzkooperation möglicherweise auch Informationen und Vermarktungsstrategien mit dem Lizenznehmer geteilt werden, die besser nicht an die Konkurrenz gehen sollten. Hat ein potenzieller Lizenznehmer mit vielen Lizenzen überhaupt noch Kapazitäten frei, das neue Thema neben seinen anderen Lizenzen erfolgreich zu vermarkten? Welche Priorität genießt das eigene Lizenzthema innerhalb des Portfolios des potenziellen Lizenznehmers?

Lizenzgeber sollten ebenso den Ruf eines potenziellen Lizenznehmers überprüfen: Was sagen Handelspartner über das Unternehmen? Gilt er als zuverlässiger und fairer Lieferant? Wie wird seine Produktqualität angesehen? Wie wird mit Reklamationen umgegangen?

Letztlich geht es darum, herauszufinden, ob der Partner in spe in der Lage ist, das Lizenzthema in tolle und erfolgversprechende Produkte zu transformieren und optimal zu vermarkten. Sein Ziel sollte immer sein, das Lizenzthema voranzubringen und natürlich Lizenzeinnahmen zu generieren. Die Erarbeitung eines Stärken- und Schwächen-Profils des Lizenznehmerunternehmens ist eine gute Entscheidungshilfe.

## 6.4.2    Produkte des Lizenznehmers

Passen die geplanten Produkte zum Lizenzthema sowie zur Strategie des Lizenzgebers des Themas? Wenn die Zusammenarbeit zwischen Produkt und Lizenzthema zu konstruiert ist, ist es umso schwerer, Konsumenten für den Kauf des Lizenzproduktes zu gewinnen. Je besser der schon viel bemühte Imagetransfer hier ist, desto größer die Erfolgschancen. Dies betrifft nicht nur das Produkt an sich, sondern auch Materialien, das allgemeine Design des Produkts, die Produktqualität und die geplante Nutzung der Lizenz für das Produkt.

Hat der Lizenznehmer bereits das angedachte oder ein ähnliches Produkt hergestellt und vertrieben? Wie ist die Qualität dieser Produkte und passt diese zum Lizenzthema? Wie erfolgreich waren die Referenzprodukte im Markt?

Ein Produkt, das an sich schon einzigartig ist, da es ein besonderes Design oder besondere Funktionen hat, kann (muss aber nicht!) auch ein Zugewinn für ein Lizenzthema sein, da es mit einem innovativen Produkt in Zusammenhang steht.

## 6.4.3    Herstellung und Produktqualität

Stellt der Lizenznehmer selbst die geplanten Lizenzprodukte her oder bindet er einen zusätzlichen Hersteller ein? Wenn ein externer Hersteller involviert ist, ist es sinnvoll und legitim, Informationen auch über diesen einzufordern. Eventuell ist der Lizenzvertrag für die Einbeziehung eines externen Produzenten zu modifizieren, da hier auch dem Produzenten streng genommen Nutzungsrechte am Lizenzthema eingeräumt werden müssen.

Gerade die Produktion in Asien ist – wie bereits erwähnt[206] – etwas heikel, da sie unter Umständen nicht gemäß der in Deutschland oder vergleichbaren Länder üblichen gesetzlichen Regelungen erfolgt. Fragwürdige oder einfach nur andere Herstellungsweise und Qualität des Produkts können das Image eines Lizenzthemas empfindlich beschädigen. Aus Angst vor Endverbraucher-Klagen, aber auch aufgrund ihrer selbst definierten gesellschaftlichen Verpflichtung sind viele große Konzerne wie *Disney* oder *Warner* auf Lizenzgeberseite, aber auch *Mattel* oder *Ravensburger* auf der Lizenznehmerseite darauf bedacht, dass gewisse Regeln bei der Herstellung ihrer (Lizenz-)Produkte eingehalten werden. Aber auch außerhalb Asiens sollte unbedingt ein Blick auf die Material- und Verarbeitungsqualität eines Lizenznehmers bzw. seiner Produktionsstätten geworfen werden – dies gilt insbesondere für Kinderprodukte, bei denen es schon aus Prinzip immer um sichere Materialien und die gute Verarbeitung gehen sollte. Mängel haben einen besonders großen negativen Einfluss auf das Image eines Lizenzthemas.

Die Qualität der Lizenzprodukte kann großen Einfluss auf die Außenwahrnehmung eines Lizenzthemas haben. Gute Verarbeitung, gute Handhabbarkeit des Produktes und eine gewisse Robustheit tragen dazu bei, dass sowohl Lizenzprodukt als auch Lizenzthema positiv wahrgenommen werden. Entsprechend empfiehlt es sich für einen Lizenzgeber immer, Produktmuster und spätere Prototypen sowie Muster aus der laufenden Produktion der Lizenzprodukte genau auf Mängel zu untersuchen, um einen möglichen Schaden am Lizenzthema frühzeitig abwenden zu können.

Gleiches gilt für die Verpackung, deren Erscheinungsbild inklusive der Darstellung des Lizenzthemas und des Lizenzproduktes, denn sie kann die Kaufentscheidung des Endverbrauchers beeinflussen. Über die Verpackung werden Produktqualität und -funktionen sowie das Lizenzthema auf die angestrebte Zielgruppe angepasst „verkauft", weil sie eine wichtige Werbefunktion für die Produkte haben.[207]

Bei der Produktion sollte auch geprüft werden, wie schnell der Lizenznehmer nachproduzieren kann, wenn die Nachfrage plötzlich steigen sollte. Des Weiteren sollten eventuell die Fragen geklärt werden, ob der Lizenznehmer unterschiedliche Kollektionen entwickeln und pünktlich in den Markt bringen kann, um unterschiedliche Lizenzdesigns zu nutzen, um damit ganzjährig neue Akzente mit dem Lizenzthema setzen zu können, und ob er

---

[206] siehe Kapitel „Internationalisierung über Licensing", S. 89

[207] vgl. *Saldsieder* (2008), S. 164

Interesse an der Ausweitung seines Produktportfolios hat, wenn die Zusammenarbeit erfolgreich sein sollte.

## 6.4.4 Vertrieb

Die Vertriebskanäle eines Lizenznehmers müssen zum Lizenzprodukt passen und dessen Positionierung entsprechen. Um ihr Lizenzthema zu schützen, sollten Lizenzgeber deswegen diesbezüglich klare Vorschriften im Lizenzvertrag vorgeben.

Hat der Lizenznehmer ein gut ausgebautes Vertriebsnetz inklusive der dazu notwendigen engen Kontakte zu den wichtigen Marktteilnehmern im Handel? Ein starker Vertrieb sichert die Verfügbarkeit der Lizenzprodukte im Handel und ist damit ein sehr wichtiges Argument für die Auswahl eines Lizenznehmers.

Sind Fälle bekannt, in denen der potenzielle Lizenznehmer die im Lizenzvertrag geschlossenen Vereinbarungen bezüglich der erlaubten Vertriebskanäle und -territorien gebrochen hat? Beispiel: Der im Lizenzvertrag ausgeschlossene Vertrieb über Discounter eines als hochwertig positionierten Lizenzthemas kann beim Verstoß einen großen Imageschaden am Thema nach sich ziehen. Sollte der potenzielle Lizenznehmer hier bereits „auffällig" geworden sein, ist abzuwägen, ob eine Zusammenarbeit wirklich angestrebt werden sollte, da unter Umständen zu erwarten ist, dass sich solche Verstöße wiederholen.

### Checkliste: Vertriebsstärke eines Lizenznehmers[208]

▦ **Vertriebskosten/Handelsspanne**
Ein effizienter Vertrieb kennt die Gepflogenheiten am Markt bei den Absatzmittlern und hat genügend Spielraum, um bei den Verhandlungen auf deren spezifische Konditionen eingehen zu können.

▦ **Distributionsgrad**
Wie gut ist der Lizenznehmer in Bezug auf die Geschäftsbeziehungen zu den Handelsunternehmen eines bestimmten Absatzkanals aufgestellt – wie viele von ihnen beliefert er bereits? Oder muss er den Vertrieb gegebenenfalls erst aufbauen oder ist derzeit dabei?

▦ **Image der Absatzkanäle**
Ist der Lizenznehmer in den adäquaten Vertriebskanälen mit dem passenden Image zum Lizenzthema aktiv? (Die erlaubten bzw. gewünschten Vertriebskanäle sollten im Lizenzvertrag definiert werden.)

▦ **Kooperationsbereitschaft mit Handelspartnern**
Wie gut sind die Beziehungen des Lizenznehmers zu seinen Handelspartnern? Kann er besondere Aktionen mit diesen Partnern (mit Unterstützung des Lizenzgebers) initiieren?

---

[208] vgl. *Meffert/Burmann/Kirchgeorg* (2008), S. 263-264 (modifiziert)

■ **Ausdauer und Flexibilität**

Ist der Lizenznehmer mit seiner Absatzorganisation und seinen Kontakten in der Lage, die Lizenzprodukte kurzfristig in den erlaubten Vertriebskanälen flächendeckend zu platzieren und diesen Distributionsgrad auf Dauer zu halten? Dies ist besonders wichtig, wenn es einen bestimmten Anlass gibt, zu dem die Lizenzprodukte gut im Handel präsent sein sollten, wie beispielsweise zu einem Kinostart.

■ **Beeinflussbarkeit und Kontrolle der Absatzkanäle**

Verfügt der Lizenznehmer über genügend Marktmacht bei wichtigen Handelspartnern, um optimale Platzierungen zu erhalten und auf Basis größtmöglicher Kooperationsbereitschaft beispielsweise Aktionen zum Lizenzthema am POS in Zusammenarbeit zu realisieren?

Selbstverständlich hat auch der direkte Vertrieb von Waren an den Endverbraucher große Bedeutung im Lizenzgeschäft. Auch hier sollte ein Lizenzgeber prüfen, ob und wie stark dieser Vertriebskanal eines Lizenznehmers ausgebaut ist und auch, ob dieser Vertriebskanal im Kontext mit der Positionierung des Lizenzthemas gewünscht ist oder nicht.

Daneben treten Lizenzgeber oft selbst als Absatzmittler mit Lizenzprodukten zu ihrem Lizenzthema auf und betreiben einen eigenen Internetshop oder gar Ladengeschäfte, in denen die Lizenzprodukte erhältlich sind. Der japanische Lizenzgeber *Sanrio* (*Hello Kitty*) betreibt beispielsweise weltweit *Hello Kitty*-Shops und verfügt ebenfalls über Internetshops für eigene und lizenzierte Produkte zu seinen Lizenzen.

## 6.4.5    Marketingplan für das Lizenzthema

In einigen Lizenzthemen-Bereichen wie z.B. bei Modelabels, Marken oder Kunst erwarten Lizenzgeber in der Regel, dass die Lizenznehmer ihre Themen in ihren Märkten mit umfangreichen Marketing- und PR-Maßnahmen unterstützen. Bei Lizenzthemen aus dem Unterhaltungssektor, die auch kurzfristiger angelegt sind, ist dies möglicherweise weniger wichtig für den Lizenzgeber. Dennoch macht es einen Lizenznehmer in jedem Fall attraktiver, wenn er einige Maßnahmen selbst durchführt und so das ihm anvertraute Lizenzthema in seinem Bereich voranbringt. Anzeigen in Fachzeitschriften sind ein Beispiel für derartige Maßnahmen.

Manche Lizenzthemen werden auch über einen **Werbe-** oder **Marketing-Pool** unterstützt, in den die Lizenznehmer eine jeweils fixe Summe oder einen im Lizenzvertrag vereinbarten Anteil ihres Lizenzproduktumsatzes einzahlen. Aus diesem Pool werden dann gemeinsame Marketingmaßnahmen für das Lizenzthema finanziert – geleitet durch den Lizenzgeber und/oder die Lizenzagentur.

Grundsätzlich spricht es für einen Lizenznehmer, wenn er sich nicht nur auf die Aktivitäten des Lizenzgebers verlässt, sondern selbst auch aktiv Marketing und PR für sein eingekauftes Lizenzthema und die dazu lizenzierten Produkte macht.

## 6.4.6    Finanzielles Angebot des Lizenznehmers

Die Verhandlungen über die Lizenzgebühren und die Garantiesumme sollten nicht das einzige Kriterium für die Auswahl eines Lizenznehmers sein. Dennoch kann die Höhe des Angebots natürlich „das Zünglein an der Waage" sein, wenn beispielsweise mehrere potenzielle Lizenznehmer zur Wahl stehen.

Derzeit geht der allgemeine Trend hin zu moderaten Garantiesummen. Sie werden in Relation zu den Marketingleistungen der Lizenznehmer, den Investitionen in die Produktentwicklung, aber auch zum Image des Partners und anderen eher „weichen" Fakten wie vergangene Kooperationen oder ein bestehender Kontakt zu den Mitarbeitern des potenziellen Lizenznehmers gebracht. Am Ende sollte für einen Lizenzgeber das Gesamtpaket, das ein Lizenznehmer zu leisten vermag, ausschlaggebend sein und nicht allein die Umsätze, die eine Lizenzvereinbarung voraussichtlich abwerfen wird.

Bei der Kalkulation der Lizenzgebühren und Garantiesummen sind der prognostizierte Umsatz mit den Lizenzprodukten bzw. die geplanten Absatzmengen von Lizenzprodukten die wichtigste Größe. Passt der geplante Absatz des Lizenznehmers mit den Erwartungen des Lizenzgebers zusammen? Sind die Verkaufsauflagen realistisch geplant? Wie hoch sind die Verkaufsauflagen vergleichbarer Produkte? Gibt es schon Zusagen bzw. Interesse von namhaften Handelspartnern, die diese Planzahlen untermauern?

## 6.5    Checkliste: Lizenznehmerevaluierung

Idealerweise legen Lizenzgeber für sich und ihre Lizenzagentur einen Katalog an, anhand dessen sie mögliche Lizenznehmer bewerten und miteinander vergleichen können. Das Ziel muss sein, den optimalen Lizenznehmer zu finden, der der Lizenzierungsstrategie entspricht. Durch die genaue Begutachtung der potenziellen Lizenznehmer kann das Risiko eines „Fehlgriffs" reduziert werden.

Die folgende Checkliste gibt Anhaltspunkte, wie eine solche Bewertung aussehen kann. Die darin aufgeführten Punkte sind allgemein gehalten und sollten für die individuellen Bedürfnisse der Vermarktungsstrategie modifiziert, gekürzt und ergänzt werden.

Lizenznehmerevaluierung:[209]

■ **Allgemeine Informationen zum Unternehmen des potenziellen Lizenznehmers, u.a.**

- Firmenname, Ansprechpartner, Adresse etc.
- Unternehmensform
- Eventuell Name der Muttergesellschaft

---

[209] vgl. *Raugust* (2008), S. 99-100

- Firmengründungsjahr
- Anzahl der Mitarbeiter
- Wichtigste Marken und Produkte
- Wichtigste Konkurrenzunternehmen

▉ **Aktuellere Firmenhistorie, u.a.**

- Umsätze der letzten drei bis fünf Jahre (z.B. in Euro oder US-Dollar, verkaufte Einheiten, geordnet nach Vertriebskanal)
- Werbebudget der letzten Jahre
- Beschreibung und Historie der Produktionsstätten, Vertriebs- und Lagereinrichtungen und der Vertriebsmannschaft
- Wichtigste Mitbewerber

▉ **Begleitende Informationen und Materialien, u.a.**

- Namen von Werbe-, PR- und Promotionagenturen, mit denen der potenzielle Lizenznehmer regelmäßig zusammenarbeitet
- Namen von Unternehmen, die die Produkte des potenziellen Lizenznehmers unter Umständen in dessen Auftrag herstellen
- Preislisten, Werbemittel und Unterlagen, die die Produkte des potenziellen Lizenznehmers darstellen
- Vorlage von geprüften Bilanzen und Geschäftsberichten des potenziellen Lizenznehmers

▉ **Finanzielle Situation, u.a.**

- *Creditreform*-Auskunft
- Bankreferenzen
- Handelsregisterauszug
- Bilanzen der letzten drei bis fünf Jahre
- Umsatz-Steuer-ID
- Laufende Gerichtsverfahren

▉ **Handelsinformationen, u.a.**

- Wichtigste drei bis fünf Handelspartner
- Prozentuale Aufstellung der Umsätze, aufgeschlüsselt nach Vertriebskanal

▉ **Ergänzende Geschäftsinformationen, u.a.**

- Darlegung des Qualitätssicherungsprozesses (welche Zertifikate liegen vor?)
- Darlegung der Vorgaben für die Arbeitsvorschriften für die Arbeitnehmer (insbesondere bei Produktion außerhalb der EU)
- Darlegung von Produktdesign und -entwicklungsprozess beim potenziellen Lizenznehmer

▓ **Lizenzhistorie des Lizenznehmers, u.a.**

– Liste der aktuell im Bestand befindlichen Lizenzthemen des potenziellen Lizenznehmers
– Liste früherer Lizenzthemen im Bestand des potenziellen Lizenznehmers
– Umsatz mit zu denen des Lizenzgebers vergleichbaren Lizenzthemen und Lizenzprodukten des potenziellen Lizenznehmers

▓ **Planung für das in Verhandlung befindliche Lizenzthema, u.a.**

– Lizenzthema
– Produkte
– Geplantes Vertriebsgebiet
– Voraussichtlicher Handelsabgabe- und Endverbraucherpreis pro Stück
– Vorlage von Qualitätsmuster vergleichbarer Produkte
– Geplante Vertriebskanäle
– Timing: von Entwicklung bis zum Markteintritt
– Geplante Werbe- und PR-Maßnahmen (z.B. Anzeigen, Werbemittel für Handelspartner, Messen, Kataloge)
– Umsatz-Forecast für die geplanten Lizenzprodukte (Umsatz in Euro, verkaufte Einheiten)

▓ **Zusätzliche Informationen, u.a.**

– Alle Informationen, die darlegen, dass der potenzielle Lizenznehmer in der Lage sein wird, die Lizenzprodukte optimal zu vermarkten
– Referenzen und Informationen von eigenen Geschäftspartnern über den potenziellen Lizenznehmer.

# 6.6 Chancen für den Lizenzgeber

## 6.6.1 Generierung zusätzlicher finanzieller Einnahmen

Das primäre Ziel der meisten Lizenzgeber ist die Generierung von zusätzlichen finanziellen Einnahmen durch die Vergabe von Lizenzen an Partner. Ein erfolgreiches Lizenzprogramm kann signifikante zusätzliche Erlöse erwirtschaften – insbesondere, wenn es sich um Lizenzthemen handelt, die viele Lizenznehmer haben, und/oder wenn diese großen Warenmengen verkaufen.

Die Garantiesummen aus dem Licensing sind verhältnismäßig sichere Geldeinnahmen, denn sie fließen selbst dann, wenn eine TV-Serie am Ende doch floppt oder der Endverbraucher die Lizenzprodukte trotz umfangreicher Bemühungen in Marketing, PR und Vertrieb doch nicht annimmt.

Nicht außer Acht gelassen werden sollte jedoch, dass Lizenznehmer natürlich auch aus unterschiedlichen Gründen in Zahlungsschwierigkeiten geraten können, so dass auch Außenstände aus nicht gezahlten Garantiesummen- und Lizenzgebührenzahlungen beim Lizenzgeber entstehen können. Wie bereits ausgeführt kann eine sorgsame Auswahl der Lizenznehmer dieses Risiko stark minimieren.

## 6.6.2    Risikoübertragung auf den Lizenznehmer

Licensing kann das eigene unternehmerische Risiko des Lizenzgebers reduzieren. Produktentwicklung, Werbung und die Einstellung auf die besonderen Spezifika neuer Märkte sind teuer und verschlingen viel Zeit, bevor der Markteintritt überhaupt gelingen kann.

Warum sollte also ein Filmstudio Spielzeuge in Eigenregie entwickeln, produzieren und diese über ein neu aufzubauendes Vertriebsnetz in den Handel bringen, wenn es doch schon ausreichend Spielwarenhersteller mit entsprechendem Know-how gibt? Über die Vergabe von Lizenzen werden bereits vorhandene Kapazitäten und Kompetenzen von Partnerunternehmen genutzt. Ein Lizenzgeber kann über Lizenzgebühren Geld verdienen und sein Lizenzthema durch weitere Produkte im Markt stützen, ohne selbst Herstellungs- und Vertriebsrisiken zu tragen. Insbesondere, wenn interne Vorabkalkulationen belegen, dass die Lizenzeinnahmen höher ausfallen als die Einnahmen durch selbst hergestellte und vertriebene Produkte, sollte Licensing in Betracht gezogen werden.

Lizenzgeber aller Art setzen bewusst Lizenznehmer ein, um ihr eigenes finanzielles Risiko zu minimieren und dennoch neue Produkte auf den Markt zu bringen. Sie verzichten häufig gleichzeitig auch auf klassische Werbung für ihr Lizenzthema, wenngleich sie dennoch dafür sorgen, dass ihr Lizenzthema im Gespräch bleibt, um Nachfrage zu er-zeugen. Der aus dem Teleshopping-Kanal *QVC* bekannte deutsche Modedesigner *Harald Glööckler* mit seiner Modelinie *Pompöös* ist ein Beispiel hierfür: Er taucht hin und wieder in der Presse und in Fernsehsendungen auf und betreibt so PR für seine Modelinie, die über *QVC* in Sendungen vertrieben wird, in denen er selbst auftritt. Die dort angebotenen Produkte haben das originale *Pompöös*-Design, werden aber größtenteils von Lizenznehmern herge-stellt.[210]

In der Modeindustrie ist es, wie bereits ausgeführt, gang und gäbe, dass Lizenznehmer die „Nebenprodukte" einer Modelinie (z.B. Parfums, Schuhe oder Brillen) herstellen und ver-treiben. Wobei diese Produkte natürlich auch in den Geschäften der Modeunternehmen zu finden sind. Diese im Vergleich zur Haute Couture der Mode-Designer oft günstigeren Artikel erreichen zudem neue Zielgruppen, die sich unter Umständen die teuren Klei-dungsstücke der Modelinie gar nicht leisten könnten. So können zusätzliche Umsätze mit Kunden erwirtschaftet werden, die die Modemarke allein vielleicht gar nicht erreicht hätte.

---

[210] vgl. *Eck* (Web, 2010), Harald Glööckler: Nackt durch die Wüste

Aber es gibt auch umgekehrte Tendenzen: *Tommy Hilfiger* und *Ralph Lauren* kauften z.B. einige ihrer Lizenznehmer auf, um wieder mehr Kontrolle über ihre Marken zu haben.[211]

## 6.6.3    Stärkung von Bekanntheit und Kundenbindung

Licensing kann, wie schon mehrfach in diesem Buch ausgeführt, dazu dienen, die Bekanntheit eines Lizenzthemas zu steigern. Durch beispielweise den Kauf von Fanartikeln steigt die emotionale Bindung der Fans zu einem Fußballclub. Die im Handel erhältlichen *FC Bayern München*-Fanartikel regen die Konsumenten durchaus dazu an, auch Stadion-Tickets zu erwerben. *Thomas und seine Freunde*-Artikel im Kaufhausregal binden den Nachwuchs noch mehr an die beliebte animierte Zeichentrickserie, so dass die Fernsehfolgen öfter eingeschaltet werden. Durch mehr Zuschauer vor dem Fernseher wiederum kann der Kindersender *SUPER RTL* seine Werbezeiten teurer verkaufen.

Gerade Werbemittel und Produkte der Lizenznehmer am POS sind attraktiv für Lizenzgeber, weil sie zusätzliche Kontaktflächen des Lizenzthemas mit dem Konsumenten sind. Über sie treten sie mit dem Endverbraucher auch außerhalb ihres „Kernbereichs", wie z.B. dem Fußballstadion oder dem Fernseher, in Kontakt und steigern so die Bekanntheit und Beliebtheit ihres Lizenzthemas. Im Bereich der Kinofilm-Vermarktung sind im Vorfeld von Kinostarts geschlossene Kooperationen mit Partnern aus dem Handel sehr wichtig. Zum einen werden hier Promotions[212] häufig auf Tausch-Geschäftsbasis, aber auch auf Lizenzbasis eingegangen, zum anderen werden gezielt Lizenznehmer für Produkte akquiriert, die die Artikel im Handel möglichst prominent platzieren. Ganz oben auf der Beliebtheitsskala befinden sich Kooperationen mit Partnern aus dem Lebensmittelbereich. Beispiele: Die Zusammenarbeit zwischen *Paramount Pictures* und *Kellogg* zum Filmstart von *Shrek der Dritte* bei Frühstückscerealien oder mit Lizenznehmern aus dem Spielwarenbereich wie z.B. die Partnerschaft zwischen *Disney* und *Mattel* und *Giochi Preziosi* mit unterschiedlichen Spielwaren-Portfolios zum Kinofilm *High School Musical 3*.

Namhafte, mit einem positiven Image belegte Lizenznehmer, können ein Lizenzthema zusätzlich stützen oder gar beflügeln. Die so genannten **Master Toy Lizenznehmer** sind beispielsweise im Bereich der Kinderlizenzthemen wichtig. Ein möglichst bekannter Spielzeughersteller mit einer größeren Auswahl an Lizenzprodukten kann den Erfolg eines Lizenzthemas positiv beeinflussen; genauso wie im deutschsprachigen Bereich die Unterzeichnung eines Lizenznehmers aus dem Hörspiel- und Buchbereich bei Kinderthemen als wichtiger Meilenstein für die Etablierung eines Lizenzthemas gilt.

Licensing kann die Kundenbindung stärken und die Käuferanzahl durch neue Produktkategorien, die vielleicht auch außerhalb des bisherigen Kundenstammes neue Zielgrup-

---

[211] vgl. *Raugust* (2008), S. 10

[212] siehe Kapitel „Promotions", S. 240

pen ansprechen, vergrößern. Es wird vielfach sehr bewusst als Instrument der Aufmerksamkeitssteigerung eingesetzt, um ein Lizenzthema zu etablieren.

## 6.6.4 Ausweitung von Produktlinien und neue Vertriebskanäle

Häufig geht es bei der Entscheidung für Licensing auch um die Ausweitung der Produktlinien und damit verbundene Erschließung neuer Vertriebskanäle. Diese Ziele sind mit sehr viel Aufwand – sowohl personeller wie auch finanzieller Natur – verbunden. Passende Lizenzpartner aus den Zielbranchen der neuen Produkte haben in der Regel mehr Expertise und einen bereits vorhandenen, auf diese Produkte ausgerichteten Vertrieb. Daher ist es sinnvoll, auf Licensing zu setzen, wenn die Product Range für neue Märkte erweitert werden soll. Beispielsweise lizenzieren der Baumaschinen- und Werkzeughersteller *Bosch* und der Hausgerätehersteller *Electrolux* an den Partner *Theo Klein* aus Ramberg – ein Unternehmen, das seit über 50 Jahren im Spielwarenhandel tätig ist – Spielzeugversionen ihrer Produkte. So wird nicht nur eine Produktkategorie außerhalb der Kernkompetenzen von *Bosch* oder *Electrolux* bedient, es wird in diesem Fall zusätzlich eine Bindung zu den Käufern (von morgen) hergestellt.

Viele Lizenzprodukte zu einem Thema bedeuten für den Lizenzgeber auch, dass sein Lizenzthema viele neue Kontaktpunkte an unterschiedlichsten Handelsstandorten mit dem Endverbraucher erhält, die seine eigenen Vertriebskanäle ergänzen. Weiter bedeutet es, dass gemeinsame Aktionen der Lizenznehmer im Handel möglich sind, was wiederum noch mehr Aufmerksamkeit der Konsumenten für das Lizenzthema generiert. Solche Cross Promotions erhöhen nicht nur die Bekanntheit eines Themas, sondern auch die Umsätze mit den Lizenzprodukten. Und auch der Handel profitiert von der Unterstützung solcher Aktionen durch Mehrumsätze an seinen Standorten.

In der Lebensmittelindustrie ist Lizenzierung mittlerweile eine alltägliche Möglichkeit der Kooperation. So werden u.a. Geschmacksrichtungen lizenziert. Durch die Verwendung in einem anderen Produkt wird die Marke bzw. Geschmacksrichtung in einen „neuen Kontext" gebracht. Diese Kooperationen sind Formen des so genannten **Co-Branding**.[213] Ein Beispiel hierfür ist die Kooperation zweier gleichwertiger Partner wie der Spirituosenmarke *Bailey's* und mit der Eiskremmarke *Häagen-Dazs* oder die Kooperation zwischen den Süßwarenherstellern *Haribo* und *Nestlé* für das Produkt *Fruity Smarties*. Markeninhaber nutzen Licensing und Co-Branding ebenfalls, um ihrer eigenen Marke neue positive Eigenschaften zu geben. So geht der Rasierer-Hersteller *Gilette* seit einiger Zeit Kooperationen mit dem erfolgreichen TV-Format *Germany's next Topmodel*[214] für eine Lady-Shaver-Produktlinie ein und setzt Kandidatinnen des Formats als Testimonials ein. So erhalten die neuen Produkte „ein Gesicht" und werden positiv aufgeladen.

---

[213] vgl. *Burmann/Meffert/Blinda* in: *Meffert/Burmann/Koers* (2005), S. 206-208

[214] siehe Kapitel „PRAXIS: Germany's next Topmodel – eine crossmediale Erfolgsgeschichte", S. 234

## 6.6.5    Neupositionierung

Hin und wieder hilft Licensing auch bei der Neupositionierung eines Themas. Die Zielgruppen für die erhältlichen Lizenzprodukte können die Zielgruppe des Lizenzthemas beeinflussen. *SpongeBob* als ursprüngliches Kinderthema wurde auf einmal auch von jungen Männern im Fernsehen gesehen. Der Lizenzgeber *NICKELODEON* lizenzierte daraufhin auch Produkte für diese neue Zielgruppe und entwickelte das Lizenzthema zu einem Thema für eine sehr große Altersspanne.[215]

## 6.6.6    Internationalisierung

Bei strategischen Überlegungen der Internationalisierung einer Marke oder eines Lizenzthemas kann ebenfalls Licensing zum Tragen kommen. Internationale Märkte können sich sehr vom eigenen nationalen Markt unterscheiden, so dass es unter Umständen sinnvoll ist, Partner für neue Märkte einzusetzen, die diesen in Zusammenarbeit mit einem Lizenzgeber bearbeiten, statt selbst die nötige Administration vor Ort aufzubauen und die Produkte für den lokalen Geschmack zu modifizieren. Die Lizenzierung eines lokalen Generalpartners, der sich um das neue Territorium kümmert, ist ein Weg der Internationalisierung.[216]

# 6.7    Risiken für den Lizenzgeber

Neben Chancen bestehen immer auch Risiken. Fällt die Entscheidung des Lizenzgebers für ein Lizenzierungsprogramm für sein Lizenzthema, kann das auch negative Auswirkungen mit sich bringen.

## 6.7.1    Inadäquate Lizenznehmer

Das größte Risiko für einen Lizenzgeber ist wohl die Auswahl von inadäquaten Lizenznehmern. Der „angeschlagene" Ruf eines Lizenznehmers, der vielleicht regelmäßig Engpässe bei der Auslieferung seiner Produkte an den Handel hatte oder nicht immer die bestellten Mengen liefert, kann dazu führen, dass der Handel seine neuen Lizenzprodukte nur verhalten oder gar nicht einkauft. Es kann aber auch sein, dass der Lizenznehmer entgegen seiner Versprechungen in der Verhandlungsphase weder die Herstellungs-, noch die Vertriebskapazitäten besitzt, um die Lizenzprodukte im gewünschten Maße herzustellen und zu vertreiben.

---

[215] vgl. *Raugust* (2008), S. 13

[216] siehe Kapitel „Internationalisierung über Licensing", S. 89

Genauso ist es ärgerlich, wenn ein Lizenznehmer seinen Zahlungsverpflichtungen nicht nachkommt, keine Lizenzabrechnungen schickt oder sich nicht an andere Vereinbarungen aus dem Lizenzvertrag wie z.B. das dort vorgegebene Freigabeprozedere hält.

In solchen Fällen sieht sich ein Lizenzgeber oft mit Rechtsstreitigkeiten konfrontiert oder hat zumindest viel Ärger, um den entstandenen Schaden so gering wie möglich zu halten und um den Lizenznehmer im besten Fall loszuwerden, um Schlimmeres zu verhindern.[217]

## 6.7.2    Imageschäden

Schlechte Umsetzung von Lizenzthemen auf Produkte, unzureichende Produktqualität, keine oder kaum durchgeführte Vertriebs- und PR-Maßnahmen durch Lizenznehmer oder schlicht die falschen und nicht zum Lizenzthema passenden Produkte können einem Lizenzthema dauerhaft schaden. Es liegt auf der Hand, dass beispielsweise schädliche Inhaltstoffe in einem Lizenzprodukt das Thema nachhaltig negativ besetzen würden.

Auch die Positionierung der Lizenzprodukte im falschen, dem Lizenzthema und seinen Kern- sowie anderen Lizenzprodukten nicht entsprechenden Preissegment kann negativen Einfluss auf die Wahrnehmung des Lizenzthemas haben: Zu günstige Preise lassen ein Thema unter Umständen zu „billig" aussehen, während zu teure Produkte, die meist mit dem Lizenzgeber selbst und selten mit dem Lizenznehmer in Verbindung gebracht werden, den Lizenzgeber womöglich als „geldgierig" dastehen lassen. Daher sollte es in beider Interesse sein, dass Lizenzgeber und -nehmer an einem Strang ziehen und einen homogenen Auftritt der Lizenzprodukte sowie aller dazu gehörigen Werbemittel anstreben, damit das Image des Lizenzthemas bestmöglich in den Augen der Konsumenten bleibt.

Häufig wird in Zusammenhang mit Imageschäden, die durch falsche bzw. vom Leitmedium abweichende Positionierung von Lizenzprodukten entstehen, auch von einer „Verwässerung" des Lizenzthemas gesprochen. Allerdings kann der Lizenzgeber bei der Lizenznehmerakquise, im Lizenzvertrag und im Freigabeprozess durchaus „Stellschrauben" anziehen, um dem entgegenzuwirken.

## 6.7.3    „Blockierung" von Lizenzprodukten

Ab und zu kommt es vor, dass Lizenznehmer bestimmte Lizenzthemen nur aus dem Grund erwerben, um sie der Konkurrenz vorzuenthalten. In diesem Fall ist die Priorität des einkaufenden Lizenznehmers häufig nicht sehr groß, die erworbenen Lizenzthemen wirklich auszuwerten. Sie werden stiefmütterlich behandelt und die Produktentwicklung wie auch der Vertrieb der Artikel kommen schleppend oder gar nicht in Gang.

---

[217] siehe Kapitel „Lizenznehmer-Akquise", S. 104

In anderen Fällen wird ein erworbenes Lizenzthema bei einem Lizenznehmer ohne bösen Willen einfach vergessen. Es werden auch hier keine Lizenzprodukte entwickelt und entsprechend auch keine Produkte vertrieben.

Neben den sicheren Einnahmen für den Lizenzgeber ist auch dieses „Blockieren" ein Grund, warum in Lizenzverträgen in der Regel die Zahlung einer Garantiesumme vereinbart wird. Lizenznehmer, die eine Vorauszahlung geleistet haben, sind motivierter, ihr Nutzungsrecht auch wirklich auszuüben und durch den Verkauf ihrer Lizenzprodukte die Garantiesumme zu refinanzieren.

In anderen Fällen fahren Lizenznehmer unter Umständen die Bemühungen um die lizenzierten Produkte herunter, wenn sich nicht schnell nach deren Markteinführung der geplante Erfolg einstellt. Auch hier blockiert der Lizenznehmer das Lizenzthema, da er zwar Lizenzprodukte führt, diese aber nur mit gedrosselter Kraft vertreibt.

## 6.7.4    Marktübersättigung

Ein Lizenzgeber sollte immer darauf achten, dass er die Anzahl der Lizenzprodukte reguliert. Zu viele Produkte im Markt können dazu führen, dass die Endverbraucher eines Themas überdrüssig werden und die Lizenzprodukte nicht mehr kaufen. Eine Marktübersättigung mit Lizenzprodukten kann das Ende eines Themas sein. So geschehen bei der sehr umfangreichen Vermarktung von *Pokémon*. Seit den 90er Jahren bis in die ersten Jahre des neuen Jahrtausends gab es eine riesige Vielfalt an Produkten. Irgendwann konnten die Konsumenten diese nicht mehr sehen und die Produktverkäufe nahmen signifikant ab.

Gerade bei Lizenzthemen, die der Konsument als besonders wertig einstuft, ist es oft ein sehr schmaler Grat, welche Anzahl der Lizenzprodukte im Markt optimal ist. Bei Lizenzthemen, die zu den Luxusmarken gehören, macht eine große Anzahl an Lizenzprodukten keinen Sinn, da so das hochwertige und exklusive Image der Marke leiden würde und sich die Käufer möglicherweise abwenden. Ebenso wie bei einem sehr edukativen Kinderthema, von dem es unzählige Lizenzprodukte im Handel gibt. Hier werden mit Sicherheit viele Konsumentenbedenken laut werden, dass es hier nur um den reinen Kommerz ginge, so dass sich auch hier Käufer gegen die Lizenzprodukte zu diesem Thema entscheiden würden.

Ebenfalls ist es ungünstig, wenn die Nachfrage nach einem Lizenzthema viel größer ist als die Anzahl der Produkte, die sich im Markt befinden. Obwohl gerade in der Anfangsphase der Lizenzierung eines Themas diese (künstliche) Verknappung durchaus Begehrlichkeiten wecken kann, kann dies schnell ins Gegenteil umschlagen und das Interesse an einem Lizenzthema kann kurzfristig abnehmen, wenn die Nachfrage nicht befriedigt werden kann. Auch in diesem Fall sinkt möglicherweise das Ansehen des Lizenzthemas. Hier sollte der Lizenzgeber aktiv werden und schnellstmöglich Lizenznehmer akquirieren – zumal dies bei großer Konsumentennachfrage eine verhältnismäßig einfache Aufgabe sein sollte.

# 7  PRAXIS: Markenführungs- und Wachstumsoptionen durch Brand Licensing

**Florian Wagner**

Streng genommen dürfte es eigentlich keine Unterschiede zwischen dem so genannten Character Licensing und der Lizenzierung von Marken geben. In beiden Fällen vergibt ein Partner seine „Intellectual Property"(IP) an einen Lizenznehmer. In beiden Fällen zahlt der Lizenznehmer an den Lizenzgeber bzw. Markeninhaber Lizenzgebühren.

Warum also dieser Beitrag? Die Wahrheit ist: Die Unterschiede sind erheblich! Beim Character Licensing geht es in erster Linie um die Frage der Beliebtheit einer Figur (Awareness) und ihrer medialen Präsenz (Share of Noise). Ist beides sehr hoch, sind es die Lizenzgebühren für diesen Character in der Regel auch. Sind sie es nicht, entscheidet der Glaube an und das Vertrauen in die Kompetenz des jeweiligen Lizenzgebers bzw. an den jeweiligen Character. Beim Brand Licensing erwirbt der Lizenznehmer mit der Markenlizenz die Glaubwürdigkeit einer Marke, die sie sich im Kernbereich aufgebaut hat, sowie deren Kompetenz und Bekanntheit als auch mittelbar das Standing des lizenzgebenden Unternehmens. Man merkt also gleich, dass bei der Vergabe einer Markenlizenz (insbesondere wenn die Marke noch aktiv ist) der Vertiefungsgrad der Beziehung zwischen Lizenznehmer und Markeninhaber wesentlich intensiver ist. Meist sind Lizenzverträge in diesem Bereich auch weitaus langfristiger angelegt als beim Character Licensing. Nachfolgend möchte ich Ihnen in kurzer Form die Chancen, Planungsrisiken und die Umsetzung einer Markenlizenzierung ein wenig näherbringen.

Wenn Sie sich also entschieden haben, der Frage der Lizenzierung Ihrer Markenrechte einmal nachzugehen, kann ich Sie schon jetzt nur beglückwünschen. Wenn Sie es richtig machen, werden Sie das Kompetenzgebiet Ihrer Marke erheblich erweitern, Sie werden vielleicht neue territoriale Märkte erschließen, der Wert Ihrer Marke wird sich erheblich steigern, Sie werden zusätzliche Cashflows zur Verbesserung Ihres EBITs oder als Reinvestitionsvolumen für Ihre Kernmarke generieren, und Sie bauen sich mit Ihren Lizenznehmern neue Synergiepotenziale für die Zukunft auf.

Natürlich gibt es immer wieder Beispiele, bei denen die Lizenzierung einer Marke scheitert und sogar negative Auswirkungen für die Kernmarke haben kann. Aus unserem Berateralltag können wir fast immer feststellen, dass sich hinter diesen negativen Beispielen eindeutige Planungsfehler verbergen, die hätten vermieden werden können. Wie lizenziert man also richtig und was sind die häufigsten Fehler, die vermieden werden sollten? Im zweiten Teil dieses Beitrages möchte ich Ihnen exemplarisch ein paar wichtige Planungsgrundlagen mit auf den Weg geben, deren Nichtbeachtung gleichzeitig auch die häufigsten Fehlerquellen bei der Lizenzierung von Markenrechten darstellt.

Zunächst einmal möchte ich jedoch noch ein wenig Werbung machen für eine faszinieren-de sowie zukunftsträchtige Option, nämlich der Kapitalisierung von vorhandenen Mar-kenrechten. Es ist heute schon eine Tatsache, dass rund 75 Prozent eines Unternehmens-wertes aus Intellectual Properties basieren. In der *Financial Times Deutschland* bringt es *Christian Köhler*, Hauptgeschäftsführer beim *Markenverband*, richtig auf den Punkt: *„Mar-kenführung erfordert konsequente Investitionen in die Marke und führt meistens erst Jahre später zum gewünschten Nutzen"*. Trotzdem seien solche Ausgaben für viele Firmen existenziell wichtig, glaubt *Köhler, „denn langfristig sind heute die Assets nur in Marken und Mitarbeitern zu sehen".*[218] Dabei ist die Marke als Teil des Intellectual-Property-Kapitals zweifelsohne einer der wichtigsten Vermögenswerte innerhalb von Unternehmen. Starke Marken regeln die Beziehung mit Kunden und halten die Beziehung aufrecht. Starke Marken berühren die Herzen der Konsumenten und bewegen diese zum Kauf.

Wenn Sie sich also entscheiden, Ihr wichtigstes Asset, Ihre Marke, weiterzuentwickeln, können Sie natürlich jederzeit interne Ressourcen aufbauen, um damit weitere Kompe-tenzfelder für Ihre Marke entwickeln zu können. Mit dieser Entscheidung tragen Sie je-doch die unternehmerische Verantwortung gänzlich allein und damit auch sämtliche In-vestitionskosten, die für einen Eintritt in neue Märkte entstehen werden. Eine Alternative ist das Outsourcing dieser Risiken an einen kompetenten Marktplayer. Dies ist nichts an-deres als die Lizenzierung von Markenrechten an einen Lizenznehmer: Sie verlagern das unternehmerische Risiko auf einen Partner, der in dem jeweiligen Markt Spezialist ist. Im Gegenzug verzichten Sie auf ein strukturelles Wachstum Ihres Unternehmens und erhalten nur einen kleinen Teil dieser Wertschöpfung. Auf der anderen Seite: sind zwei bis acht Prozent zusätzliche Erlöse vom Nettoumsatz wenig? Besonders wenn man sich ver-gegenwärtigt, dass den Stücklizenzen auf Seiten eines Lizenzgebers nur administrative und optionale Kosten für Beratungsunternehmen entgegenlaufen, zeigt sich, welche Dy-namik eine Lizenzierung für die Bilanz, die Reinvestitionsoptionen und insbesondere für die Entwicklung Ihres Markenwerts erzielen kann.

Obwohl eine Markenlizenzierung nicht nur aus merkantilen Erwägungen und Zielen her-aus geplant und beurteilt werden sollte, lohnt ein erster Blick auf die betriebswirtschaftli-che Perspektive.

# 7.1    Zusätzliche Cashflows

Es liegt auf der Hand, dass unter kaufmännischen Gesichtspunkten eine Lizenzierungs-strategie insbesondere vor dem Hintergrund der tatsächlichen Lizenzerlöse beurteilt wer-den muss. Dabei spielt es zunächst keine Rolle, ob der Lizenznehmer eine Garantiesumme zahlt oder die Wertschöpfung einzig auf der Basis der tatsächlich erwirtschafteten Lizenz-umsätze basiert. Die Lizenzierung einer Marke ist eine der interessantesten Optionen, den

---

[218] *Kessler/Werner* (Web, 2010), Die Banden-Stars von Südafrika

gesamten Deckungsbeitrag einer Marke mit einem überschaubaren Aufwand für den Lizenzgeber nachhaltig zu erhöhen. Dabei soll Ihnen das folgende Beispiel ein wenig verdeutlichen, welche Hebelwirkung in der Lizenzierung einer Marke stecken kann:

Angenommen, eine Marke, unter der nur ein Produkt angeboten wird, erzielt einen Umsatz in Höhe von 100 Einheiten. Der Deckungsbeitrag II liegt bei 20 Einheiten. Nun wird die Marke in einer weiteren Kategorie lizenziert und erwirtschaftet einen Lizenzumsatz in Höhe von 30 Prozent des Kernproduktes, also (30 Einheiten). Die Marke wurde mit einer Stücklizenz in Höhe von 7 Prozent lizenziert. Somit fließen 2 Einheiten Erlöse an den Markeninhaber. Der Deckungsbeitrag II hat sich damit auf 22 Einheiten erhöht. Um dieses Resultat ausschließlich über das Kerngeschäft realisieren zu können, hätten Sie im besten Fall c.p. den Umsatz um 10 Prozent steigern müssen. Jeder weiß, wie schwierig solche Steigerungsraten zu erzielen sind.

Die Marke realisiert in diesem Beispiel mit der Lizenzierung also nicht mehr nur eine Deckungsbeitrag-II-Rendite von 20 Prozent, sondern nunmehr eine in Höhe von 22 Prozent. Dies bedeutet auch, dass dadurch für das Kerngeschäft zusätzliche Mittel frei werden, die wiederum in Forschung und Entwicklung oder in Kommunikation reinvestiert werden können.

Natürlich ist das gezeigte Beispiel idealtypisch, denn in der Realität führt eine Lizenzierung immer auch zu einem internen, administrativen Mehraufwand oder bei der Vergabe an ein Beratungsunternehmen (z.B. Lizenzagentur) zu vereinbarten Umsatzschmälerungen beim Markeninhaber. Auch steigt der Aufwand im Marketingbereich, wenn Sie als Lizenzgeber ein ganzes Lizenzportfolio zusätzlich steuern müssen (analog schwindet der Umsatz bei der Vergabe dieser Aufgabe an ein Beratungsunternehmen). In Summe betrachtet führt jedoch eine professionelle Lizenzstrategie zu zusätzlichen Cashflows und damit auch zu einer Verbesserung der Rentabilität einer Marke.

Neben den zusätzlichen Cashflows möchte ich Sie noch mit einem weiteren, eher langfristigen Vorteil vertraut machen, der mit der Lizenzierung von Marken verbunden ist.

## 7.2      Steigerung des Markenwertes

Dass Lizenzerlöse zu einem zusätzlichen Cashflow und zu einer Verbesserung der Rentabilität einer Marke führen können, ist ein hinlänglich bekannter Aspekt. Viel langfristiger, aber nicht minder interessant ist die Perspektive der Steigerung des Markenwertes.

Wie oben erwähnt, ist Ihre Marke der wohl wichtigste IP-Wert Ihres Unternehmens, und es ist aus diesem Gedanken heraus nur folgerichtig, diesen Wert strategisch weiter auszubauen. Für den Markenwert ist der bereits beschriebene, zusätzliche Cashflow vor allem langfristig um ein Vielfaches attraktiver, als er für das operative Geschäft Ihres Unternehmens zu sein scheint. Jeder verdiente Euro im Lizenzgeschäft lässt den Markenwert um bis zu 10 Euro steigen. Diese Rechnung hängt unmittelbar mit den Bewertungsmethoden zusammen, wonach der Cashflow unter einer Marke eine wichtige Rolle einnimmt. Bereits nach wenigen Jahren einer erfolgreichen Lizenzierung erfolgt damit in Ihrem Unternehmen ein erheblicher Wertezuwachs.

Um Ihnen diesen Hebel ein wenig zu verdeutlichen, möchte ich das nachfolgende fiktive Beispiel skizzieren, das sich sehr realistisch an einem Szenario aus unserem Beratalltag orientiert: Exemplarisch gehe ich davon aus, dass Sie eine Marke aus dem Bereich Engineering für einen Betrag von 9 Mio. Euro erworben haben. Als weitere Vereinfachung unterstelle ich außerdem, dass Sie als produzierender Unternehmer nicht selbst aktiv werden wollen, sondern das gesamte Geschäft unter dieser neu erworbenen Marke als Lizenzgeschäft umsetzen wollen. Im ersten Jahr erhalten Sie aus dem Kerngeschäft Lizenzeinnahmen in Höhe von 3 Prozent bezogen auf das Stammgeschäft mit einem Umsatz in Höhe von 30 Mio. Euro. Als Markeninhaber generieren Sie damit Lizenzerlöse in Höhe von 0,9 Mio. Euro. In den folgenden fünf Jahren kommen weitere Lizenznehmer hinzu, die zusätzlichen Umsatz generieren, und die Marke erwirtschaftet mittlerweile einen Gesamtumsatz in Höhe von 42 Mio. Euro, was bei gleichbleibenden Stücklizenzen einen Cashflow in Höhe von 1,26 Mio. Euro nach sich ziehen würde. Würden Sie an dieser Stelle den „Exit" planen, also die Marke veräußern, läge der Markenwert jetzt bereits bei rund 13 Mio. Euro. Innerhalb der letzten fünf Jahre hätte demnach Ihre Marke einen zusätzlichen Cashflow von über 0,9 Mio. Euro erwirtschaftet. Wesentlich entscheidender ist jedoch in diesem Zusammenhang die Entwicklung des Markenwertes, der innerhalb von fünf Jahren um 40 Prozent gesteigert werden konnte.

Natürlich ist der Sachverhalt einer Marke, die in einem Unternehmen eingebunden ist, komplexer als das Führen einer gekauften Marke ausschließlich auf der Basis der Lizenzierung. Dennoch sind die Effekte und die damit verbundenen Optionen identisch: In beiden Fällen bedeutet der Wertezuwachs der Marke einen beachtlichen Aufbau von Eigenkapital, deren Fungibilität jedoch bestimmter Strukturen im Unternehmen bedarf. Als Optionen kommen dabei der Verkauf oder die Beleihung von (Teil-)Markenrechten in Frage. Für den Verkauf dieser (Teil-)Markenrechte wäre z.B. eine voraussetzende Struktur die vorherige Gründung einer IP-Holding, die zentral sämtliche Markenrechte hält. Aus der IP-Holding heraus lassen sich auch die Markenrechte veräußern, die entweder bereits an dritte Unternehmen lizenziert wurden oder die zurzeit noch nicht ausgewertet werden. Eine weitere Struktur ist nach unseren Erfahrungen auch eine klare Zuordnung im Unternehmen, welche Stelle etwa für den Schutz der Marken verantwortlich zeichnet.

Um bei einer Veräußerung den Führungsanspruch der Marke nicht zu verlieren, sind hier zentrale Clearinginstanzen üblich, die in der Regel von dem ursprünglichen Markeninhaber geführt werden. Solche Clearinginstanzen regeln die Führung der Gesamtmarke und achten auf die Einhaltung von zuvor definierten Standards wie etwa dem Corporate Design der Marke. Neben den Führungsfragen spielen beim Verkauf von Markenrechten auch steuerliche Aspekte eine wichtige Rolle, die aber aus Gründen der Gewährleistung im Rahmen dieses Beitrags nicht weiter vertieft werden können. Eine weitere Möglichkeit, neben dem Verkauf von Rechten, ist die Beleihung, um dadurch den Wert der Marke zu aktivieren. In diesem Kontext bietet sich das so genannte „Brand Sale and License back" an. Hierbei verkauft der Markeninhaber den (Teil-)Markenwert an ein Drittunternehmen (z.B. einen Investor) und zahlt für die weitere Nutzung der Marke an das Unternehmen Lizenzgebühren. Nach einem zuvor festgelegten Plan hat der ehemalige Markeninhaber die Möglichkeit, das Markenrecht zurückzuerwerben.

Solche Transaktionen sind kompliziert und benötigen Voraussetzungen, deren Realisierung die strategische Unternehmensführung betrifft. Sind diese Grundsatzentscheidungen jedoch einmal getroffen, so ergeben sich auf der Basis einer strategischen Lizenzierungen von Marken ganz neue Optionen im Bereich der Finanzierung.

Die Auswirkungen und Optionen auf und für die Markenführung sind und bleiben aber eine zentrale Fragestellung für die Entscheidung für oder gegen eine Lizenzierung der eigenen Marke. Im Nachfolgenden möchte ich daher im Schwerpunkt auf die Möglichkeiten wie auch Gefahren eingehen, die mittel- und unmittelbar mit der Markenführung zusammenhängen.

# 7.3      Lizenzierung als Teil der Markenführung

Grundlage für mein Verständnis von Markenführung ist die Summe aller Maßnahmen für die Betreuung und die Entwicklung einer Marke mit dem Ziel, sie von den Marken der Konkurrenz abzuheben. Was so einfach klingt, zeigt sich in der Praxis als ein unendlicher Kosmos an unterschiedlichsten Instrumenten, Fokussierungen und organisatorischen Verankerungen, deren abschließende Würdigung den Rahmen dieses Beitrages sprengen würde. Unabhängig davon erscheint es mir sinnvoll, die Aufmerksamkeit im Zusammenhang mit der Lizenzierung von Marken auf folgende, originäre Bestandteile der Markenführung zu lenken:

Eine wichtige, quantitative Steuerungsgröße bei der Markenführung ist die Bekanntheit der Marke. Sie ist letztlich das Fundament, auf dem die Marke ihre Stellung behaupten und sich in ihren Märkten durchsetzen kann. Eine erfolgreiche Markenlizenzierung erweitert den Anwendungsbereich und die Kompetenz einer Marke. Oftmals sind solche Erweiterungen stark auf ganze Problemlösungsbündel ausgerichtet, die eine einzige Marke ausfüllen kann. Damit erhöht sich ihr Durchdringungsgrad im Vertrieb z.B. durch ihre Präsenz in neuen Outlets bzw. Vertriebsformen. Mit dieser Ausweitung der Kompetenz und ihrer Verfügbarkeit steigt die Bekanntheit der Marke beträchtlich, und dies hat auch „Carry-over-Effekte" auf das Kerngeschäft des Markeninhabers. Solche Lizenzvergaben finden sich häufig bei Gastronomiemarken wie z.B. den Münchner Feinkostunternehmen *Feinkost Käfer* oder *Dallmayr*, deren Bekanntheit durch die Vergabe von Lizenzen dramatisch gesteigert werden konnte. In diesen Fällen wurde auf der Basis der Lizenzierung ein Wachstum der Bekanntheit erreicht, da ihre vorherige stationäre Begrenztheit auf den Großraum München aufgehoben wurde. Aber auch in eher klassischen Lizenzsegmenten wie etwa der Modeindustrie sind solche Kompetenzausweitungen ein enormer Motor für den Zuwachs an Bekanntheit. Beispiele sind hier die Ausweitung von Fashion Brands etwa im Bereich der Parfümerieprodukte.

Neben dieser Erweiterung der „Touch Points" der Marke führen auch die Kommunikationsmaßnahmen des Lizenznehmers zu einem großen Zuwachs der Markenbekanntheit. Gerade bei den Kommunikationsleistungen des Lizenznehmers zeigen sich auch budgetäre Vorteile der Lizenzierung. Mit der Zunahme an externen Lizenznehmern steigen für den Markeninhaber nämlich die positiven Skaleneffekte bei der Führung der Marke. Dieser Effekt hängt unmittelbar mit der sonst üblichen Schere in gesättigten Märkten zusammen, wonach steigende Kommunikationsmaßnahmen sich immer stärker sinkenden Kommunikationswirkungen ausgesetzt sehen. Mit einer Lizenzierung einer Marke lassen sich diese Effekte umgehen. Da sich die Marke durch ihre Lizenznehmer und deren Produkte nun auf unterschiedlichen Märkten befindet, ist auf der Basis der Gesamtmarke eine wesentlich effektivere Allokation von vorhandenen Mitteln möglich.

Für den Markeninhaber ist der Lizenznehmer nicht nur ein ressourcenschonendes Vehikel, um die eigene Marke zu erweitern bzw. sie zu dehnen. Bei einem intelligenten Beziehungsmanagement zwischen Markeninhaber und dem Lizenznehmer kann ein Innovationsaustausch erfolgen, der auch zu einer gemeinschaftlichen Weiterentwicklung der Marke führen kann.

## 7.4    Wann ist eine Lizenzierung einer Marke sinnvoll?

Wann und in welchen Branchen ist nun eine Lizenzierung einer Marke sinnvoll und auch erfolgsversprechend? Zunächst lässt sich grundsätzlich sagen, dass diese Strategie in allen Branchen (B2C und B2B) zur Verfügung steht. Ob sie tatsächlich sinnvoll ist und auch erfolgreich sein kann, ist dabei abhängig von der Situation in den jeweiligen Zielmärkten. Als ersten Überblick habe ich die wichtigsten Faktoren für Sie zusammengefasst.

Eine Lizenzierung ist zunächst immer nur dann eine Option, wenn die eigene Marke überhaupt das Potenzial hat, signifikant erweitert werden zu können. Insofern geht zunächst einmal der Beantwortung dieser Frage eine umfassende Markenanalyse voraus, wie ich sie etwas weiter unten in diesem Beitrag dargestellt habe.

Wurde diese Frage mit „Ja" beantwortet, steht die Frage nach der Lizenzierung synonym mit der klassischen Kaufmannsfrage: „Make or Buy?" Tendenziell kann die Frage mit „buy" – also der Lizenzierung – beantwortet werden, wenn im Zielmarkt ein starker Wettbewerb herrscht und hohe Eintrittsbarrieren vorhanden sind. In diesem Fall geht es primär um das Kalkül, wonach ein potenzieller Lizenznehmer in diesem Markt bereits tätig ist und z.B. über vorhandene Produktionskapazitäten dem etwaigen spezifischen Kostendruck solcher Märkte standhält. Auch können sich Markteintrittsbarrieren durch langfristige Forschungs- und Entwicklungs- oder Einführungszyklen manifestieren, die der potenzielle Lizenznehmer bereits systemisch oder kostentechnisch sehr gut beherrscht. Eine weitere, sehr häufig anzutreffende Barriere sind spezielle Vertriebsstrukturen, die man selbst nur mit größter Mühe aufbauen könnte. Weitere Aspekte liegen oftmals in dem für einen Markteintritt benötigten Spezialpersonal, dessen Rekrutierung und Integration hohe Investitionskosten zur Folge hat, die sich nur langfristig einspielen lassen. Im Grunde führt jede Beurteilung über Zielmärkte, die eine Erweiterung der eigenen Kompetenzen erforderlich machen, unweigerlich zu der Frage, ob die Lizenzierung nicht unter Umständen einen ressourcenschonenderen Markteintritt darstellen könnte.

## 7.5    Ein Plädoyer gegen eine „Spray and Pray"-Taktik

Sollte die Frage nach einer Lizenzierung der eigenen Marke mit „Ja" beantworten worden sein, geht es nun um die optimale Umsetzung einer Lizenzierungsstrategie. In unserem Berateralltag spielen die Ängste im Bereich des Kontrollverlustes bei Markeninhabern eine wesentliche Rolle. Nachfolgend möchte ich Ihnen daher wesentliche Fehlerquellen und Planungsprämissen vorstellen, die für eine erfolgreiche Lizenzierung unabdingbar sind.

Einer der häufigsten Planungsfehler sind vertriebsorientierte Ad-hoc-Lizenzierungen, die intern aus dem Unternehmen heraus oder durch initiative Angebote von externen Unternehmen angestoßen werden. „Mal was tun", „mal was versuchen" sind häufig anzutreffende Dispositionen, wenn es um die Frage geht, welche Möglichkeiten sich für die eigene Marke ergeben könnten. Auf die Frage, ob man schon einmal über die Lizenzierung der eigenen Marke nachgedacht hat, erhält man sehr häufig Antworten, die eher in die Richtung gehen, dass man mal etwas versucht hat, es aber dann wieder aufgegeben hat. Dabei stoßen wir hier regelmäßig auf inhaltliche Ansätze, die eher in die Richtung Merchandising weisen und weniger auf eine echte Markenlizenzierung, die eine Markenausweitung nach sich zieht. Schaut man etwas genauer auf solche Planungsabläufe, so ist es nicht weiter verwunderlich, dass sich diese Aktivitäten fast ausschließlich auf Merchandising-Produkte (Kappen, Tassen, T-Shirts etc.) konzentrieren, da solche Produkte sich sehr kurzfristig aus dem Bereich der Werbegeschenke entwickeln lassen. Selbstverständlich gibt es für derartige Produkte einen Markt, da nahezu jede Marke ein gewisses Fanpotenzial aktivieren kann. Erste Erfolge können daher schnell verbucht werden, danach ebbt die Endverbraucher-Nachfrage jedoch meist schnell wieder ab und ein nächster Vorstoß in diese Richtung ist vorprogrammiert. Grundsätzlich sollte man das Abschöpfen solcher Fanpotenziale nicht in Abrede stellen. Nur sind diese Markterschließungen meist keine Produkte einer intensiven Planung, sondern verhindern oftmals eher eine sehr viel weiter greifende Markenausweitung via Lizenzierung. Warum? Weil sie nur kurzfristig zu einer Belebung führen und auf den Erkenntnissen einer solchen Merchandisingaktion, weitere ungeplante Vorstöße „provozieren", ohne jedoch nennenswert das Zielgruppenpotenzial zu erweitern. Ein solches Vorgehen wird auch „Spray and Pray"-Taktik genannt.

Ein plakatives Beispiel ist hier die Potenzialausschöpfung der Zeitschrift *Playboy*. Es würde sich lohnen, intensiv über die Optionen im Bereich der Markenausdehnung nachzudenken. Stattdessen werden jedoch immer nur neue Merchandising-Fanprodukte entwickelt, die von Flaschenöffnern bis zur *Playboy*-Bettwäsche reichen. All diese Fanprodukte sind unmittelbar mit dem Kultstatus der Kernmarke verbunden und tragen nichts zur Kompetenzausweitung der Marke bei. Auch sind Ansätze wie z.B. eine Gewürzsoße, die mit einer Automarke gebrandet und über die Autohäuser vertrieben wird, eher zweifelhaft. Nicht dass eine solche Soße keinen Markt hätte und vielleicht passt sie auch zu einer bestimmten 4Wheel-Automarke. Ob sie tatsächlich deren Kompetenz erweitert, lässt sich ad hoc nicht beurteilen. Fraglich ist jedoch, ob eine Soße, die 20 Euro kostet und am selben POS verkauft wird wie das Kernprodukt Auto, welches 20.000 Euro kostet, eine konsequente Lizenzierungsstrategie darstellt oder eben doch nur „Spray and Pray" ist.

Fazit: Voraussetzung für eine langfristige und erfolgreiche Markenlizenzierung ist ein zuvor stattgefundener Planungsprozess.

## 7.6    Das Wissen um die eigene Marke ist eine Grundvoraussetzung

Neben der rechtlichen Fragestellung „Was kann ich und/oder das Unternehmen eigentlich lizenzieren?" ist der wichtigste Bestandteil des zuvor von mir eingeforderten Planungsprozesses die Analyse der eigenen Marke. Die zentrale Fragestellung dabei lautet weniger „Was kann meine Marke jetzt und hier", sondern vielmehr „Auf welchem Plateau steht sie eigentlich? Welche Optionen hat die Marke auf diesem Plateau? Wie weit geht ihre Kompetenz und in welchen Bereichen kann sie sich noch weiterentwickeln?" Diese Analyse setzt einen unverstellten Blick auf die Marke voraus und ein damit einhergehendes systematisches Herleiten der Kompetenzplattform, auf der sich die eigene Marke bewegt und bewegen kann.

Erst wenn diese Informationen vorliegen, entwickelt man inhaltliche Vorstellungen über die Lizenzierbarkeit und damit der Kompetenzausweitung der eigenen Marke. Dies wiederum ist eine Voraussetzung, um gemeinsam mit einem potenziellen Lizenznehmer dieses Kompetenzgebiet zu belegen.

Ohne hier in die Tiefe einsteigen zu können, wären meine ersten Gedanken zu der oben erwähnten 4Wheel-Automarke durchaus ein Grill-Szenario mit daraus ableitbaren Ingredienzen. Deswegen läge sicherlich auch eine BBQ-Soße auf der Hand. Nach längerem Nachdenken und Analysieren würde sich aus der Analyse dieser Marke ergeben, dass sie eventuell auch ein klares Bekenntnis zur Natur ist – und dies mit einer tieferliegenden Sehnsucht nach Wildnis und Abenteuer. Auf dieser Basis wäre eine singuläre Grillsoße, die im Autohaus verkauft wird, ein vielleicht etwas zu kurzer Schritt. Sinnvoller wäre hier z.B. die Strategie, ein Lizenzprojekt für einen Anbieter aus der Systemgastronomie zu entwickeln. Mit diesem Schritt wäre die Reichweite der Grillsoße und eines eventuell dazugehörigen Burgers um einiges größer. Mit der oft angebotenen Drive-In-Option für das Bestellen des Essens bei einem Systemgastronomie-Anbieter wäre die Verkopplung zwischen dem Kernprodukt und dem Lizenzprodukt nahezu perfekt. Aus unserer eigenen Beratungspraxis ist die Marke *Marie Claire* ein interessantes Beispiel: Eigentlich ist *Marie*

*Claire* eine internationale Frauenzeitschrift. Auf der Basis der Analyse der Marke ergaben sich viele Anhaltspunkte, dass *Marie Claire* für modische Geschmackssicherheit steht, und daraus ließen sich viele Ansatzpunkte für eine Lizenzierung der Marke als Fashionmarke für Frauen ab 30 Jahren ableiten. So ist *Marie Claire* z.B. heute eine erfolgreiche Dessous-Marke beim Versandhändler *Otto*.

Fazit: Der Standpunkt einer Lizenzierungsstrategie ergibt sich nur auf der Basis einer zuvor erfolgten Analyse der eigenen Marke.

# 7.7 Man kann nur das lizenzieren, was einem auch gehört!

Was so einfach klingt, ist oftmals ein großes Problem bei der Vorbereitung und Umsetzung einer Lizenzstrategie: der Mangel an sorgfältigem Schutz vorhandener Markenrechte. Da ich selbst kein Jurist bin, kann ich Sie in diesem Artikel nicht anwaltlich beraten. Dennoch kann ich diese formale Seite der Lizenzierung nicht groß genug schreiben. Sie sollten bei dem Schutzumfang Ihrer Marke nicht nur an den jetzigen Status denken, sondern immer auch die Zukunft bestmöglich absichern. Auch wenn eine Markenanmeldung und deren rechtliche Verteidigung zu Kosten führen, sollte man hier keineswegs sparen. Um ein optimales Schutzportfolio zu bestimmen, ist es wichtig, schon frühzeitig etwaige Lizenzierungsoptionen zu ermitteln oder ermitteln zu lassen.

Fazit: Der Schutzumfang einer Marke sollte möglichst frühzeitig auf alle etwaigen Lizenzierungsmöglichkeiten ausgelegt sein.

# 7.8 Es kommt auf den Zeitpunkt an

Innovationen müssen gut sein und zur richtigen Zeit kommen. Im Grunde weiß jeder Marketingmanager um diesen Grundsatz. Das Abpassen solcher innovativen Fenster entscheidet vielfach über Top oder Flop. Das, was in der Führung der Marke im Kern gut funktioniert, wird bei der Markenlizenzierung oftmals ausgeblendet. Häufig entscheiden fast zufällige Opportunitäten – besonders bei einer „Spray and Pray"-Taktik – oder die Anweisung der Geschäftsführung „Mal etwas zu versuchen" über den Zeitpunkt der Lizenzierung. Selbstverständlich kann eine Ad-hoc-Lizenzierung sehr erfolgreich und sogar nachhaltig sein. Sehr viel sicherer ist aber der Weg über einzelne Planungsschritte und deren Einhaltung.

Was kann nach erfolgter Analyse ein richtiger Zeitpunkt sein? Pauschal lässt sich diese Frage kaum beantworten, da die Antwort von vielen Faktoren abhängt. Nicht zuletzt auch von den möglichen Lizenzprodukten und ihrer womöglich saisonalen Abhängigkeit. Es ist z.B. nur wenig sinnvoll, mit einer Markenlizenz für Bademode in Europa mitten im Winter auf den Markt zu kommen. Auch wäre es unter Umständen eine schwierige Strategie, eine

Lizenz in Märkte zu vergeben, in denen es bereits zahlreiche „Me too"-Produkte gibt. Dies gilt besonders dann, wenn eine Kernmarke eine besonders innovative Aura hat. Die Ermittlung von richtigen Zeitpunkten erfordert also eine umfassende Analyse und ein Gespür für Trends.

Neben der Frage des richtigen Zeitpunkts ist die nach der zeitlichen Abfolge der Entwicklung möglicher Lizenzprodukte mindestens genauso entscheidend. Oftmals ergeben sich gerade aus der Penetrierung einer Lizenzkategorie erst die entscheidenden Möglichkeiten, die Marke auch in darauf aufbauenden, komplementären Produktkategorien zu lizenzieren. Der Erfolg einer Lizenzierung wird häufig dadurch blockiert, dass der Markeninhaber zu schnell und zu viel auf einmal realisieren möchte. Darunter leiden in der Regel sowohl die Glaubwürdigkeit als auch die intendierte Qualität und manchmal sogar die faktische Qualität der lizenzierten Produkte.

Fazit: Voraussetzung für eine erfolgreiche Markenlizenzierung ist neben einer profunden Marken- und Marktanalyse auch die Entwicklung einer umfassenden Migrationsstrategie.

# 7.9 Ein konsequentes Monitoring als Schlüssel für langfristigen Erfolg

Die Einhaltung von einmal definierten Qualitätsstandards, aber auch die konsequente Umsetzung der vorgegebenen Corporate Identities sind die wohl wichtigsten Bausteine für die Entwicklung des Markenwertes, der operativen Deckungsbeiträge unter der Marke und wohl am wichtigsten für die Carry-Over-Effekte bezogen auf die eigene Marke. Es wäre daher falsch, die Beziehung zwischen Markeninhaber und Lizenznehmer ausschließlich auf die im Lizenzvertrag definierten Standards zu reduzieren.

Markenlizenzierung heißt vor allem, auch die Rolle des Markeninhabers ernst zu nehmen und dessen Gestaltungsraum konsequent zu nutzen. Neben der fortlaufenden Qualitätskontrolle und der Kontrolle hinsichtlich der Einhaltung von definierten Kommunikationsstandards umfasst das Monitoring von Lizenznehmern bzw. -produkten aber immer auch eine konstruktive Auseinandersetzung. Mit dem Einstieg in die Markenlizenzierung haben Sie sich automatisch für einen größeren Steuerungskreis entschieden, der mittel- und unmittelbar Einfluss auf Ihre Marke nehmen wird. Ohne dabei den Anspruch der gesamten Steuerung zu hinterfragen, ergeben sich aus diesem neuen Beziehungsgeflecht auch neue Perspektiven, die Sie nutzen können, um Ihre Gesamtmarke weiterzuentwickeln. Um diese Chance nutzen zu können, ist es entscheidend, dass Sie von Anfang an eine Informations- und Gesprächskultur etablieren, die dem Lizenznehmer Ihren partnerschaftlichen Gestaltungswillen verdeutlicht.

Fazit: Ein professionelles Lizenzmanagement umfasst neben der reinen Kontrolle immer auch eine „plebiszitäre" Partnerschaft.

# 7.10 Fazit: Erst planen, dann handeln!

Lizenzerlöse sind nur in den seltensten Fällen unerwartete Umsätze, die sich einfach so ergeben. Dann, wenn Sie erfolgreich sind, sind sie zumeist das Produkt einer auf Langfristigkeit ausgelegten Lizenzstrategie. Natürlich lassen sich in einem kurzen Beitrag wie diesem nicht allumfassend alle Plangrößen und Schwierigkeiten der Lizenzierung von Marken vermitteln. Daher habe ich mich entschieden, vorrangig einige der Planungsgrößen zu vermitteln, die in der Praxis häufig falsch gemacht werden.

Die Entwicklung einer Lizenzstrategie sollte schon bei der Entstehung einer Marke beginnen. Ein erster wichtiger Schritt in einer so frühen Phase ist z.B. der gewählte Schutzumfang einer Marke. Auch halte ich etwaige Finanzierungsoptionen, wie ich sie zu Beginn dieses Beitrags beschrieben habe, für Elemente einer Lizenzierungsstrategie, die bereits in einem sehr frühen Stadium analysiert werden sollten.

Der sehr häufig artikulierten Angst vor Kontrollverlust seitens der Markeninhaber, wie wir sie in unserer Beratungspraxis erleben, lässt sich gegensteuern, wenn die Lizenzierung sehr gut und umfassend geplant wurde. Dann, wenn Sie ein gutes Fundament haben und Sie (möglicherweise sogar international) die richtigen Partner für Ihre Marke gefunden haben, setzen Sie Maßstäbe für einen langfristigen Lebenszyklus Ihrer Marke.

# 8 PRAXIS: Licensing für eine öffentlich-rechtliche Sendeanstalt der ARD

**Gabriele Lorenz-Schayer**

## 8.1 Umfeld und Rahmenbedingungen

Um die Besonderheiten der Vermarktung für eine öffentlich-rechtliche Sendeanstalt besser nachvollziehen zu können, ist es hilfreich, einen Blick auf die Rahmenbedingungen zu werfen: Die *WDR mediagroup licensing GmbH* ist als eine hundertprozentige Tochtergesellschaft der *WDR mediagroup GmbH* mit der kommerziellen Vermarktung vom *WDR* beauftragt.

Der *WDR* ist die größte Sendeanstalt innerhalb der *ARD*. Die *WDR mediagroup GmbH* und damit auch die *WDR mediagroup licensing GmbH* sind rechtlich eigenständig, unterliegen aber in der wirtschaftlichen und inhaltlichen Zielsetzung ihres Kerngeschäfts den Vorgaben und Richtlinien des *WDR*. Das hat zur Folge, dass die Unternehmensziele zwar im Schwerpunkt wirtschaftlichen, aber darüber hinaus nicht nur rein kommerziellen Interessen, sondern vor allem der Zuschauerbindung und der Stützung der Programm-Marken im Sinne der Programmvertiefung unterliegen. Die Programmangebote des *WDR* werden damit gemäß Auftrag zur Grundversorgung der Bürger/innen mit Rundfunkleistungen und darüber hinaus kommerziell auf allen markenrelevanten Plattformen und Verbreitungswegen verwertet. Der 12. Rundfunkänderungsvertrag fordert eine transparente Trennung der Aktivitäten zum Grundauftrag des *WDR* als öffentliche Rundfunkanstalt und allen darüber hinaus stattfindenden kommerziellen Aktivitäten, was die Auslagerung der nicht zum Kerngeschäft des *WDR* gehörenden Aufgaben in die hundertprozentigen Töchter erklärt.

Der *WDR* ist heute der größte kontinental-europäische Sender Europas und bietet seit mehr als 50 Jahren eine große Bandbreite an hochwertigen und beliebten Themen im Hörfunk und TV. Neben der medialen Relevanz des *WDR* trägt er darüber hinaus zur Förderung der Demokratie und freien Meinungsbildung und damit zu einer wichtigen gesamtgesellschaftlichen Aufgabe bei. Die Aufgabe der *WDR mediagroup licensing GmbH* besteht darin, aus der Bandbreite der TV- und Hörfunkthemen und Marken die marktrelevanten Highlights herauszufiltern und entsprechend kommerziell zu vermarkten. Durch Kooperationen mit Partnern aller Branchen wird so einmal Gesendetes immer wieder erlebbar und wird damit auch über kommerzielle Produkte in die Lebenswelten der Zuschauer/innen und Hörer/innen transportiert. So werden neben den traditionellen Sinneskanälen „Sehen" und „Hören", die der *WDR* als Sender bedient, auch „Fühlen" und bei einigen Produkten sogar „Schmecken" und „Riechen" abgedeckt.

Kinderlizenzen wie *Die Sendung mit der Maus, Shaun das Schaf* u.v.a. bilden einen Schwerpunkt innerhalb des Portfolios der *WDR mediagroup licensing GmbH*. TV-Unterhaltungsformate wie *Tatort* und Dokumentationen erweitern das breite Angebot an Programm-Marken ebenso wie zahlreiche Wort- und Musikproduktionen des *WDR* Hörfunks als einem der führenden Hörspielproduzenten im deutschsprachigen Gebiet. Die kommerzielle Ausschnittverwertung von *WDR* TV-Programmen wird seit 2010 ebenfalls über die *WDR mediagroup licensing GmbH* abgewickelt. Unter dem Namen *Maus & Co* betreibt die *WDR mediagroup licensing GmbH* darüber hinaus ein eigenes Einzelhandelskonzept sowie den *WDR Online-Shop*[219]. Ein eigener Musikverlag rundet das Leistungsspektrum ab.

Die Breite der genannten Geschäftsfelder zeigt, dass Vermarktung auch im öffentlich-rechtlichen Umfeld als Teil einer komplexen Wertschöpfungskette zu sehen ist, die aus nicht umsatzbezogenen Marketingleistungen und renditeorientierten Leistungen und Produkten besteht. Ein wesentlicher Unterschied zu rein privatwirtschaftlichen Sendeanstalten besteht darin, dass die Kernaktivitäten des *WDR* als Sender nicht dem Ziel unterliegen, Gewinne zu erwirtschaften. Die *WDR mediagroup licensing GmbH* ist der Gewinnerzielung dagegen verpflichtet und sichert mit ihren Aktivitäten somit einen programmverträglichen Beitrag zur Refinanzierung und Weiterentwicklung von Marken und Programmen des *WDR*. In Summe bilden alle Sende- und Vermarktungsaktivitäten die Markenidentitäten der einzelnen Senderprogramme und bilden authentische Produktwelten des *WDR* für den Markt und seine Konsumenten ab.

Programmentscheidungen des *WDR* werden allerdings nicht aufgrund des kommerziellen Vermarktungspotenzials von Programmen getroffen, sondern ausschließlich aus inhaltlichen Gründen, die für den Sendezweck relevant sind. Der *WDR* hat die Programmhoheit, das heißt, es gibt eine klare Trennung zwischen Programmentscheidungen und kommerzieller Verwertung. Verwertung folgt Programm und nicht umgekehrt. Das kann im Zweifel zur Folge haben, dass Verwertung aufgrund von Programmentscheidungen gar nicht oder nur eingeschränkt stattfinden kann und somit auf programmbegleitende kommerzielle Produkte und damit auch auf Erlöse verzichtet wird. Diese Entscheidung wird zumeist dann getroffen, wenn das jeweilige Produkt zwar aus Marktsicht inhaltlich und wirtschaftlich durchaus attraktiv eingeschätzt wird, es aber aus Sicht des Programms oder unter dem Aspekt der Dachmarkenstrategie des *WDR* andere Prioritäten gibt. Die Dachmarkenstrategie des *WDR* hingegen ist Teil der Dachmarkenstrategie der gesamten *ARD*.

Neben den kommerziellen Produkten werden in der Vermarktung auch Produkte bei der *WDR mediagroup licensing GmbH* realisiert, die primär das Ziel der Programmunterstützung und des programmbegleitenden Marketings verfolgen und unter rein wirtschaftlicher Betrachtung letztlich eine untergeordnete Rolle spielen. Dies dient vor allem der Abrundung des Gesamtproduktportfolios als repräsentativer Spiegel der Programmvielfalt des *WDR* und seiner Dachmarkenstrategie. Die Themen-und Produktvielfalt des *WDR*-Programms finden sich somit auch in den Vermarktungsaktivitäten und den Produkten in

---

[219] Link: *www.wdrshop.de*

den Grundzügen repräsentativ wieder und könnten im Einzelfall von einem anderen privatwirtschaftlichen Senderunternehmen gegebenenfalls. anders bewertet und realisiert werden. Es gibt Produkte zu nahezu allen *WDR*-Programmbereichen aus Hörfunk und TV wie Unterhaltung, Sport, Regionales, Kinder, Bildung, Wissen, Kultur, Dokumentation, Politik, Musik und nicht ausschließlich zu renditerelevanten Programmbeiträgen. Zur Verdeutlichung: in 2009 wurden in der Vermarktung allein 280 neue Verträge durch die *WDR mediagroup licensing GmbH* für diverse Produkte abgeschlossen. Führend sind dabei inhaltliche Produkte wie DVDs, Bücher, Audio-CDs, die die Hauptumsatzträger bilden.

## 8.2    Vermarktungsgrundsätze

Wir bringen Kooperationspartner und die *WDR*-Programme und Marken zusammen. Kundenbindung und Kundenpflege und damit Kommunikation bilden das Herzstück, da wir mittel- und langfristige Partnerschaften nach Möglichkeit vorziehen. Vermarktung ist ein sehr detailorientiertes Geschäft mit einem relativ hohen Personal-und Betreuungsaufwand. Ein gut eingespieltes Team entwickelt im Laufe einer Lizenzkooperation erfahrungsgemäß die authentischsten Produkte und damit in der Regel auch die größten Absatz- und Umsatzerfolge. Durch ein professionelles Produktmanagement, das für die Projekt- und Kundensteuerung verantwortlich ist, ein Marketing- und PR-Team, eine eigene Grafikabteilung, ein Controlling-Team für die umfangreiche Lizenzerlösverwaltung und die Unterstützung der Rechtsabteilung der *WDR mediagroup GmbH* sind wir so professionell für den Markt aufgestellt, dass wir uns erfolgreich gegenüber Konkurrenten und einem immer stärker werdenden Wettbewerb behaupten können.

Die Kooperationen mit Partnern und die daraus entstehenden Produkte unterliegen dem Grundsatz der Programmverträglichkeit, um damit dem Duktus und Inhalt der Sendungen und Marken gerecht zu werden. Authentizität, Programmvertiefung, Qualität und Langfristigkeit haben bei der *WDR mediagroup licensing GmbH* eine hohe Priorität und sind ein Garant für besonders erfolgreiche Produkte. Markenaufbau und Markenpflege im Sinne des *WDR* und seiner Sender-Markenstrategie sind dabei die wichtigsten Instrumente. Der Partner (Lizenznehmer) wird während der Vertragslaufzeit regelmäßig begleitet: von der konzeptionellen Produktentwicklung, über Marketingunterstützung bis zur Produktgestaltung. Wir wählen sorgfältig unter geeigneten Kooperationspartnern aus. Ziel ist immer, der beste Partner für das beste Produkt und nicht der schnelle Vertragsabschluss um jeden Preis!

Analog zur Programmstruktur des *WDR* bildet die für den Zielmarkt relevante Vielfalt der Kooperationspartner einen wesentlichen Bestandteil der Aktivitäten, das heißt, wir stellen unsere Partnerschaften breit auf. Eine Konzentration auf einige wenige Partner hat nur dann Priorität, wenn es für das Produkt oder die auszuwertende Marke einen eindeutigen Vorteil darstellt. Die Partner werden danach ausgewählt, ob sie dem jeweiligen Produkt ein den *WDR*-Leitlinien entsprechend passendes Umfeld bieten. Die Produktionsstandards müssen qualitativ adäquat sein, und Vertrieb und Marketing sollten eine hohe Übereinstimmung mit den vom *WDR* avisierten Zielgruppen aufweisen und flächendeckend innerhalb des definierten Vertriebsterritoriums umgesetzt werden. Das Kernterritorium für die Vermarktung ist der deutschsprachige Markt in Deutschland, Österreich und der Schweiz, in dem viele unserer Marken und Produkte über eine hohe Bekanntheit und Beliebtheit verfügen. Für einige *WDR*-Programmmarken ist auch der internationale Markt relevant: z.B. *WDR-Klassik*-Produktionen, Jazz, *Rockpalast* oder Dokumentationen. Aber auch rein regionale Marken und Produkte können im angestammten Sendegebiet Nordrhein-Westfalen zum Teil sehr erfolgreich vermarktet werden: z.B. Service- und Ratgeberthemen wie Kochen, Freizeittipps o.ä. Die Bandbreite des *WDR*-Programms erfordert das individuelle und adäquate Verhandeln von Vertriebsterritorien und Absatzkanälen für die einzelnen Produkte und Marken zur optimalen Ausschöpfung der vorhandenen Potenziale.

Es werden grundsätzlich nur Rechte eingeräumt, die vom Kooperationspartner genutzt werden. Weitere Haupt- oder Nebenrechte, die der Partner nicht zeitnah nutzen möchte, räumen wir nicht ein, um alle weiteren Rechte gegebenenfalls anderweitig sinnvoll vermarkten zu können. Mit dem Partner wird vor Vertragsabschluss ein Business-Plan erstellt, in dem Rechteumfang, Vertriebs- und Marketingaktivitäten sowie die inhaltliche und gestalterische Umsetzung der Produkte detailliert aufgezeigt werden. Anhand der Absatzprognosen werden die wirtschaftlichen Konditionen definiert. Die Zahlung einer Garantiesumme als verrechenbare Vorauszahlung auf die zu erwartenden Lizenzerlöse bildet einen festen Bestandteil unseres Geschäfts. Die Garantiesumme bildet die Grundlage für unsere Planungssicherheit über den Vertragszeitraum, und gemeinsam mit dem Partner wird sie möglichst realistisch mit Blick auf die zu erwartenden Erlöse bewertet.

Jedes Produkt wird in der Gestaltung von unserer eigenen Grafikabteilung begleitet. Für die Gestaltung der Produkte und das Branding mit den *WDR*-Logos und Gestaltungselementen gibt es ein verbindliches Regelwerk. Für Marken wie *Die Maus*, *Shaun das Schaf* o.ä. werden dem Partner Style Guides zur Verfügung gestellt, in denen Philosophie, Illustrationen, Verpackungsdesign, *WDR*-Logos und Copyright-Hinweise als Bestandteil des Vertrages festgehalten sind. Vor Produktionsbeginn wird jedes Produkt durch unsere Grafikabteilung abgenommen und für die Produktion freigegeben.

# 8.3     Themen- und Rechteportfolio

Betrachtet man den *WDR*-Programm-Output, so liegt die Vermutung nahe, dass auch für die kommerzielle Vermarktung ein unerschöpfliches Potenzial zur Verfügung steht. Bei näherer Betrachtung zeigt die Erlöspotenzialanalyse der einzelnen Programmteile, dass sich angesichts des Projektaufwands und unter rechtlichen Gesichtspunkten nicht jedes Projekt gemessen am zu erwartenden Nutzen realisieren lässt. Zum einen findet nicht jedes Thema seinen Platz im Markt, da die Absatz-und Umsatzerwartung zu gering ist – z.B. aufgrund spezieller und zu kleiner Zielgruppen. Zum anderen stehen die erforderlichen Rechte für eine kommerzielle Vermarktung nicht zur Verfügung oder müssen von den jeweiligen Rechteinhabern nachträglich eingeholt und abgegolten werden. Der *WDR* klärt im Wesentlichen die für den Sendebetrieb relevanten Rechte, aber keine kommerziellen Verwertungsrechte, sofern hierfür zusätzliche Finanzmittel aufgewendet werden müssten, die das Budget der Programmbereiche belasten. Viele Rechteinhaber räumen dem *WDR* nur senderelevante Rechte ein und verwerten kommerzielle Rechte selbst oder über externe Agenturen, mit denen sie eigene Vermarktungsverträge abschließen. Damit steht die kommerzielle Verwertung solcher Produkte der *WDR mediagroup licensing GmbH* nicht zur Verfügung. Dass die Markenführung für solche Produkte damit nicht mehr in einer Hand liegt, ist für den gesamten Marken- und Produktauftritt im Sinne einer optimalen Wertschöpfung und den Wiedererkennungswert eher nachteilig. Vielfach verhandeln *WDR*, *WDR mediagroup GmbH* und *WDR mediagroup licensing GmbH* daher gemeinsam möglichst im Vorfeld mit den Rechteinhabern die kommerziell sinnvollen und interessanten Rechtepakete. Häufig kommt es zu einer vertraglichen Trennung zwischen den *WDR*-Verträgen mit den Rechteinhabern und den Verträgen zu kommerziellen Produkten, die die *WDR mediagroup GmbH* abschließt. Diese Verträge werden so abgeschlossen, dass der Rechteinhaber eine angemessene Beteiligung an den Verkaufserlösen der Produkte erhält. Grundlage dafür bildet ein seit Jahren etabliertes Tarifvertragssystem zwischen *WDR* und diversen Verbänden und Verwertungsgesellschaften, dem wir ebenfalls unterliegen. Buy-out-Verträge, so wie sie in privatwirtschaftlichen Sendeanstalten üblich sind, werden selten abgeschlossen.

Die Kinderthemen rund um die *Die Sendung mit der Maus* bilden einen Schwerpunkt im Portfolio der *WDR mediagroup licensing*. Themen wie *Die Maus*, *Käpt'n Blaubär*, *Shaun das Schaf* oder *Kleiner Eisbär* haben durch ihre langjährige Präsenz in der *Sendung mit der Maus* ein besonders hohes und attraktives Vermarktungspotenzial. Die *WDR mediagroup GmbH* hat daher rechtzeitig entweder langfristig die vollständigen Licensingrechte z.B. für *Die Maus* und *Käpt'n Blaubär* erworben oder von den Rechteinhabern wie bei *Shaun das Schaf* ein umfassendes Agenturmandat für die Verwertung im deutschsprachigen Raum verhandelt.

Die Verwertungsaktivitäten basieren damit auf verschiedenen Rollen der *WDR mediagroup licensing GmbH* als Rechteinhaber, Agentur für externe Rechteinhaber und dem Hauptmandat als Vermarkter des *WDR*, jeweils abhängig von der individuellen Rechteausgangslage des Produkts.

## 8.4  Vermarktungsstrategien

Die besondere Herausforderung angesichts der hohen Menge an verwertbarem Programmpotenzial des *WDR* und der genannten heterogenen Rechteausgangslage erfordert ein hohes Maß an Flexibilität und Sachkenntnis des Teams. „Focus your Energy!" ist das Motto zur Erreichung der gesetzten Ziele. Aktive Vermarktung der attraktiven und für den *WDR* relevanten Produkte steht im Vordergrund. Inhaltsbezogene und damit sende-nahe Produkte haben Priorität: DVDs, Bücher und sonstige Printprodukte, Audio-CDs und zunehmend kommerzielle digitale Produktangebote. Klassische Lizenzprodukte von Produktkategorien wie Toys & Games, Stationery, CI-Kooperationen, Geschenkartikel, Textilien o.ä. sind eher „sendefern" und dekorativ. Das erfordert aus Marktsicht eine kontinuierliche mittel- bis langfristige mediale Präsenz der Themen sowie produktaffine und attraktive Gestaltungselemente. Klassische Merchandisingprodukte werden daher fast ausschließlich im Bereich der Kinderthemen realisiert.

---

**Abbildung 8.1**      Beispiele für das umfangreiche Lizenzportfolio zu Maus, Elefant und Ente[220]

---

---

Die inhaltlichen Lizenzprodukte wie DVDs, Bücher, Audio-CDs etc. werden jeweils in enger Zusammenarbeit mit den Redaktionen des *WDR* abgestimmt, da die *WDR*-Redaktionen die redaktionelle Hoheit über diese Produktkategorien haben. Hier gibt es genau definierte und eingespielte Abnahmeprozesse.

Das Interesse aus dem Markt an *WDR*-Programmen und Marken ist groß. Wir erhalten eine Vielzahl von Anfragen zu diversen Programmen und Produkten. Aufgrund der heterogenen rechtlichen Voraussetzungen müssen wir bei vielen Anfragen erst die Rechtelage detailliert prüfen und an die jeweiligen Rechteinhaber verweisen, was Aufwand, aber keine Erlöse verursacht. Zahlreiche Anfragen beziehen sich auf nicht-kommerzielle Pro-

---

dukte, bei denen häufig davon ausgegangen wird, dass die Nutzung der Marke und/oder des Inhalts kostenfrei ist, da es sich um ein öffentlich-rechtliches Angebot handelt. Diese Anfragen werden aufgrund der Aufgabenteilung gegebenenfalls von der Marketingabteilung des *WDR* direkt weiterverfolgt oder fallweise abgesagt.

Unsere bestehenden Partner kennen und akzeptieren das Geschäftsmodell und den Geschäftsauftrag der *WDR mediagroup GmbH* und schätzen unsere Professionalität. Dennoch gibt es auch weiterhin Bedarf für transparente Kommunikation mit potenziellen Partnern zur Aufgabenteilung und zur Akzeptanz des Geschäftsauftrags der *WDR mediagroup licensing GmbH* in Abgrenzung zu den definierten Aufgaben des *WDR*. In der Außenwahrnehmung sind *WDR* und *WDR mediagroup GmbH* bzw. *WDR mediagroup licensing GmbH* **ein** Unternehmen. Eine Unterscheidung zwischen öffentlich-rechtlichem Sendeauftrag und ausgelagerten, kommerziellen Aktivitäten ist für Außenstehende häufig nicht selbsterklärend und zum Teil schwer vermittelbar.

## 8.5 Marketingmaßnahmen

Einer der größten Unterschiede zwischen öffentlich-rechtlichen und privatwirtschaftlichen Sendeanstalten liegt im Angebot der Marketingmaßnahmen, die in unmittelbarer vertraglicher Verbindung mit dem Lizenzerwerb zur Verfügung gestellt werden können. Aufgrund der klaren Trennung zwischen Programm und kommerziellen Produkten und den Regelungen zu Werbemöglichkeiten für Produkte im öffentlich-rechtlichen Rundfunk darf auf kommerzielle Begleitprodukte im Programm nur dann hingewiesen werden, wenn sie redaktionell veranlasst sind und einen unmittelbaren inhaltlich-thematischen Bezug zur Sendung haben. Werbespots für kommerzielle Begleitprodukte innerhalb von Sendungen gibt es nicht. Damit steht ein für den Kooperationspartner in der Regel sehr attraktives Instrument zur Absatzsteigerung des Lizenzprodukts bei uns nicht zur Verfügung. Der öffentlich-rechtliche Rundfunk gibt z.B. ein vollständiges Werbeverbot im Umfeld der Kinderprogrammangebote vor, was zur Folge hat, dass sendebegleitende kommerzielle Kinderprodukte im TV und Hörfunk im gesamten Sendungsumfeld keinen Eingang finden. Gerade im Kinderbereich gibt es hierzu kontroverse gesellschaftliche Haltungen, wie die Zielgruppen dazu stehen. Für den *WDR* ist dies im positiven Sinne ein Alleinstellungsmerkmal, das neben der journalistischen Kompetenz und Qualität der Kinderprogramme auch von uns als Vermarktungstochter hervorgehoben wird.

Wir bieten eine Reihe von Marketingmaßnahmen, die die Lizenzprodukte im Markt medial unterstützen: redaktionelle Abspannhinweise für streng-sendebegleitende Erwachsenenprodukte wie DVDs und Bücher im Anschluss an die jeweilige TV-Ausstrahlung, Hörfunkspots für ausgewählte Produkte in den Werbeblöcken der *WDR*-Radiowellen, Verkauf ausgewählter Produkte über den *WDR Maus & Co.-Laden* in Köln sowie unter *www.wdrshop.de*, gezielte Anzeigen für ausgewählte Produkte in der Fachpresse, regelmäßige B2B- und B2C-Newsletter, virale Marketingmaßnahmen auf diversen Plattformen mit hoher Aufmerksamkeit. Seit 2008 sind wir außerdem auf der Frankfurter Buchmesse mit einem eigenen Stand vertreten.

Anhand unserer Kundenzufriedenheit haben wir positive Erfahrungen gemacht, dass unsere Marketingunterstützung im Markt eine absatzfördernde Wirkung erzielt. Die Basis für den langjährigen Erfolg vieler Produkte und der Maßnahmen bildet meines Erachtens nach wie vor die gelernte Grundhaltung der Kooperationspartner und Endverbraucher, dass der *WDR* als öffentlich-rechtlicher Sender ein Garant für langlebige und attraktive Qualitätsformate und daraus abgeleitete Lizenzprodukte ist.

## 8.6        Neue Wege: Lizenzierung und Eigenproduktionen

Neben der klassischen Lizenzvermarktung hat die Geschäftsleitung der *WDR mediagroup licensing GmbH* seit 2009 das neue Geschäftsfeld „Eigenproduktionen" als Ergänzung aufgebaut. Das klassische Lizenzgeschäft läuft weiter und darüberhinaus entwickelt und produziert die *WDR mediagroup licensing GmbH* nun selbst Produkte rund um *Die Maus* und *Elefant/Hase* und vertreibt diese in Kooperation mit dem Vertriebspartner *Random House cbj* im Buchhandel. Ab 2011 kommen weitere Vertriebs- und Absatzkanäle hinzu. Die bereits über das Lizenzgeschäft bestehenden Produktwelten sollen so noch stärker im Handel aktiv in einheitlicher Gestaltung positioniert werden und die Aufmerksamkeit noch stärker bündeln.

In der sinnvoll ergänzenden Kombination beider Geschäftsmodelle – Lizenzierung und Eigenproduktion – sehen wir eine noch stärkere Etablierung unserer Kernmarken im immer härter umkämpften Markt mit stetig steigenden Produktangeboten zu attraktiven Marken. Das vergleichsweise risikoärmere Lizenzgeschäft geht Hand in Hand mit der gezielten Steuerung selbst hergestellter und vertriebener Produkte im Sinne eines optimierten Markenauftritts und damit auch eines konsequent weiterentwickelten Beitrags zur WDR-Dachmarkenstrategie.

## 8.7        Fazit

▓ Vermarkter für ein starkes öffentlich-rechtliches Mutterhaus zu sein, bietet gute Chancen für ein langfristiges und erfolgreiches Bestehen am Markt.

▓ Wir profitieren vom Traditionsimage des *WDR* und den gelernten Werten und Marken, die fest im Markt etabliert sind.

▓ Die etablierten Programminhalte und -strukturen sichern die Basis für die Kontinuität der Verwertungspotenziale und Erlöse.

▓ Die Leitlinien des *WDR* stützen uns in unserer Argumentation gegenüber Kunden bezüglich unserer Vermarktungsgrundsätze.

- Das „kleine Beiboot" des „Tankers" *WDR* zu sein, erfordert ein Höchstmaß an Flexibilität und Kreativität beim Finden marktgerechter Kundenlösungen.

- Herausforderung: „Vordergründige Wettbewerbsnachteile als Vorteile positionieren!" – zur Verfügung stehende Marketinginstrumente kundengerecht und attraktiv gestalten und umsetzen.

- Die rechtlichen Konstruktionen mit Rechteinhabern und damit die Ausschöpfungsmöglichkeiten der Vermarktungspotenziale sind sehr komplex und strukturell gewachsen. Durch professionell-vernetzte Lösungsvorschläge können vorhandene Vermarktungschancen vielfach effizient wahrgenommen werden.

- Vermarktung folgt Programm und nicht umgekehrt!

- Die wirtschaftliche und inhaltliche Zielsetzung der Geschäftsaktivitäten wird eng zwischen Sender und Vermarkter abgestimmt. Die Initiative für Geschäftsaktivitäten und neue Geschäftsfelder wird vielfach durch den Vermarkter ergriffen. Grundlage ist die Zustimmung des WDR in Form des Aufsichtsrats der *WDR mediagroup GmbH*. Die redaktionelle Hoheit für inhaltliche Einzelprodukte liegt beim *WDR*.

- Die Wahl der Kooperationspartner und die Qualität der Produkte müssen die Leitlinien des *WDR* und damit der *ARD* in den wesentlichen Punkten widerspiegeln.

# Beteiligte am Lizenzierungsprozess: Der Lizenznehmer

# 9    Lizenznehmer

Die meisten Lizenznehmer entstammen den klassischen Konsumgüter- und Dienstleistungsbranchen, die sich direkt an den Endverbraucher wenden. Für fast jedes Produkt und jede Dienstleistung lässt sich aufgrund der riesigen Anzahl an Lizenzthemen, die immer weiter anwächst, ein passendes Lizenzthema finden.

Meist kaufen Unternehmen Lizenzthemen ein, um nicht selbst erst mühsam und kostenintensiv eine eigene Marke aufbauen zu müssen. Anfangs waren es daher wohl noch eher Hersteller von so genannten „No Name"-Produkten, die Lizenzthemen bewusst nutzten, um ihre Waren attraktiver zu machen. Heute ist es hingegen oft auch so, dass Markenartikel-Hersteller und bekannte Großkonzerne ganz gezielt Lizenzthemen für die Vermarktung ihres Warenportfolios einsetzen, um für ihre bereits bestehenden und gut funktionierenden Marken die emotionalisierende Wirkung von Lizenzthemen Gewinn bringend zu nutzen. Die Lizenzgeber gehen solche Kooperationen gerne ein, weil sie wissen, dass große Konzerne meist mehr Budget in die Vermarktung der Lizenzprodukte stecken können als kleine und mittelständische Unternehmen, so dass eine solche Kooperation die Bekanntheit weiter ausbauen kann.[221] Es geht hier also ganz bewusst um die Emotionalisierung des Produktes für den Endverbraucher, die den Unterschied zu vergleichbaren Angeboten der Mitbewerber macht. Hier gilt es allerdings auch, den Balanceakt der Außendarstellung des eigenen Produktes und der eigenen Marke neben einem eingekauften Lizenzthema erfolgreich und glaubhaft zu meistern – ohne dass das eigene Image beschädigt oder als weniger wertig als das Lizenzthema wahrgenommen wird. Die internationalen Konzerne *Nestlé*, *H&M* oder *Sara Lee* sind nur einige Namen, die regelmäßig als Lizenznehmer agieren.

Warum soll ein Unternehmen überhaupt ein Lizenzthema einkaufen? Bedeutet dies doch häufig eine zusätzliche finanzielle Belastung der Produktkalkulation eines Lizenznehmers. Ein Thema, wie z.B. eine schon seit langem erfolgreich ausgestrahlte TV-Serie, ein Kinofilm, dem bereits im Vorfeld das Attribut eines Blockbusters attestiert wird, oder auch eine bekannte Marke wie *Barbie* oder *Harley-Davidson* sind im Markt eingeführt und verfügen über eine große Bekanntheit und/oder ein bereits aufgebautes Image. Diese Attribute macht sich ein Lizenznehmer zu Nutze. Denn der Endverbraucher verbindet das Lizenzthema thematisch und qualitativ mit dem Produkt (Imagetransfer),[222] was wiederum in der Regel eigene große Ausgaben für Marketing und Kommunikation seitens des Lizenznehmers für das Produkt überflüssig macht, da ein bekanntes Lizenzthema diese – wenigstens zum Teil – ersetzen kann. Dies gilt vor allem im Vergleich zum langwierigen und kostspieligen Aufbau einer eigenen, neuen Marke, unter der die Produkte eines Herstellers vertrieben werden könnten. Natürlich kann man gerade bei einem etablierten Lizenzthema auch

---

[221] vgl. *Manz* in: *Böll* (2001), S. 37

[222] siehe Kapitel „Imagetransfer", S. 40

davon ausgehen, dass es schon eine „Fan-Base" hierfür hat, die eine besonders starke Bindung zum Lizenzthema hat und sehr sicher auch verfügbare Lizenzprodukte dazu erwerben wird.

In den USA sind im Spielwarenmarkt, in dem auch international die meisten Lizenzprodukte verfügbar sind, 25 Prozent aller Waren Lizenzprodukte. In Deutschland sind es „nur" 17 Prozent. Experten wie der Europachef des Spielwarenhändlers *Toys'r'us*, *Wolfgang Link*, behaupten, dass es heute nur noch selten wirkliche Innovationen im Spielwarenbereich gäbe. Aus diesem Grund würden oft elektronische Features bei den Produkten als Attraktivitätsmerkmal eingesetzt. Die Spielwarenbranche hierzulande baue daneben weiter auf edukative Spielsachen, die vorrangig aus erzieherischen Motiven von Erwachsenen gekauft würden, und auf Klassiker, wie *Playmobil* oder die *Carrera-Bahn*. Diese hielten die jeweiligen Hersteller über aktuelle Varianten fortwährend interessant. Auch Lizenzthemen seien ein weiterer Erfolgsgarant im Spielwarenhandel, weil sie durch ihre häufige Herkunft aus den Medien und durch viele Lizenzprodukte bekannt sind und dadurch Nachfrage generieren können. [223]

Bei einem neuen Lizenzthema profitiert der Lizenznehmer von dem Hype, den ein Lizenzgeber üblicherweise um den Launch eines neuen Themas durch seine Marketing- und PR-Maßnahmen erzeugt. Bei TV-Formaten sind dies beispielsweise Sonderprogrammierungen und Programmhinweise im laufenden Programm eines Senders, im Web und in Publikationen, die eine Bekanntheit erzeugen. Es kann für einen Lizenznehmer positiv sein, hat er die Chance, von Beginn an bei einem neuen Lizenzthema mit an Bord zu sein, das tatsächlich zu einem Verkaufsschlager wird. Dennoch ist der Erwerb eines neu auf dem Markt befindlichen Lizenzthemas risikoreicher, als wenn ein Lizenznehmer auf ein bereits erfolgreiches Thema setzt.

Gerade in Märkten, in denen es sehr viele in Preis und Qualität vergleichbare Produkte gibt, ist die Nutzung eines Lizenzthemas ein Diversifizierungsmerkmal, dass das eigene Produkt von den anderen unterscheidbar macht. Hinzu kommt ein Preiskampf, der sich insbesondere aktuell in der Spielwarenindustrie zeigt. Er lässt es umso wichtiger für die Hersteller werden, die eigenen Produkte hervorzuheben, damit sie gekauft werden. Schwierig kann es allerdings werden, wenn Lizenzgeber Lizenzen für gleiche oder ähnliche Produkte vergeben, wie bei den Action-Figuren von *Buzz Lightyear* aus dem *Disney/Pixar*-Film *Toy Story 3*, die gleichzeitig an die konkurrierenden Unternehmen *Mattel* und *Giochi Preziosi* lizenziert wurden. Die Lizenzprodukte beider Anbieter unterscheiden sich zwar in Funktion und Preis, dies dürfte aber dem Endverbraucher nicht immer auf den ersten Blick auffallen.

Des Weiteren bietet vor allem eine ganze Produktlinie zu einem Lizenzthema eine gewisse Planungssicherheit für einen Lizenznehmer. Die Chancen auf Listung eines einzelnen Produktes beim Handel sind geringer, als wenn der Lizenznehmer eine ganze Reihe an

---

[223] vgl. *Gaschke* (Web, 2009), Mega-Weihnachten

Produkten anbieten kann. Der Handel kann die Produkte so besser platzieren und somit eine Themenwelt schaffen, die für den Konsumenten attraktiv ist. Natürlich funktioniert diese Mechanik auch mit generischen Produkten oder hauseigenen Marken eines Lizenzgebers. Noch erfolgreicher ist dies jedoch gerade bei Produkten für Kinder mit populären Lizenzen, die sie emotionaler machen als andere Produkte.[224]

## Lizenznehmerziele beim Einkauf von Lizenzthemen:[225] [226]

▓ **Verbesserung der Wettbewerbsposition**
Abgrenzung von den Mitbewerbern durch den Einsatz von Lizenzen: Mehr Wertigkeit oder Alleinstellung durch eine Lizenz.

▓ **Erhöhung von Umsatz und Marktanteilen**
z.B. durch Nutzung einer Lizenz, um neue Märkte (für neue Produkte, Vertriebskanäle aber auch Export) und/oder Zielgruppen zu erreichen.

▓ **Wachstumssicherung**
bei Umsatz, Gewinn und/oder Kapital des Lizenznehmers.

▓ **Imagesteigerung**
positiver Imagetransfer vom Lizenzthema auf das Lizenzprodukt.

▓ **Risikostreuung durch weniger Kosten für Markenaufbau und Kommunikation**
weniger Kosten für Markenaufbau und Kommunikation eines neuen oder bereits bestehenden Produktes durch Marketing und PR des Lizenzgebers, Kundenbindungsfunktion durch die emotionalisierende Wirkung eines Lizenzthemas.

Es gibt Lizenznehmer, die eine Vielzahl von Lizenzthemen in der Hoffnung einkaufen, dass einige der eingekauften Lizenzthemen zu Selbstläufern werden. Häufig werden sogar spezialisierte Einkäufer beschäftigt. Ein Beispiel hierfür ist der israelische Bekleidungshersteller *TV Mania*, der fast ausschließlich auf Lizenzthemen setzt und damit zu einem der bedeutendsten Textilunternehmen Europas avanciert ist. Andere Lizenznehmer akquirieren nur einige wenige Lizenzthemen und bauen diese zu wichtigen Marken innerhalb ihres Produktportfolios aus – wie z.B. der Baby-Bedarfshersteller *Mapa-NUK*, der über Jahre ausschließlich auf *Janosch* und *Snoopy* als Lizenzthemen setzte und ansonsten seine eignen generischen Designs verwendet. Andere Unternehmen lehnen Lizenzthemen komplett ab und konzentrieren sich auf ihre eigenen Marken als Verkaufsargument.

Ein bekanntes Lizenzthema und dessen Beliebtheit sind attraktiv für den Konsumenten, weil dieser die positiven Assoziationen zum Lizenzthema auf das Produkt überträgt.[227] Dabei verschwimmen häufig Wahrnehmung und Produkt dermaßen, dass der Endver-

---

[224] vgl. *Pecora* (1998), S. 53

[225] vgl. *Saldsieder* (2008), S. 74 ff.

[226] vgl. *Chouraqui/Ways* (2003), S. 11-19

[227] siehe Kapitel „Imagetransfer", S. 40

braucher nicht zwischen Lizenzthema und Produkt unterscheiden kann. Ein Beispiel für dieses Phänomen sind Parfums und Pflegeserien zu namhaften Modemarken, die eben nicht von den Modelabels selbst stammen, sondern von Lizenznehmern. Des Weiteren erhöht die Verwendung einer Lizenz auf einem Produkt häufig auch dessen individuellen Wert für den Endverbraucher. Dadurch rechtfertigt die Lizenz nicht nur die darin enthaltenen Herstellungskosten aufgrund der Lizenzgebühren, sondern auch durch die wertschätzende Wahrnehmung für das Lizenzthema des Konsumenten einen höheren Endverbraucherpreis. Dies gilt jedoch nicht für alle Branchen! Der Lebensmitteleinzelhandel ist eine solche Ausnahme, wo lizenzierte und unlizenzierte Produkte in der Regel gleich viel kosten.

# 9.1 Vorüberlegungen für Lizenzthemeneinkauf

## 9.1.1 Externe und interne Einflussfaktoren auf den Lizenznehmer

Ein Lizenznehmer ist internen und externen Einflüssen (**Abbildung 9.1**) ausgesetzt, die sein Lizenzprogramm beeinflussen. Auf die externen Faktoren kann er schwer einwirken, denn sie betreffen den Lizenzgeber, dessen Vermarktungsstrategie und deren Handhabung, das Lizenzthema selbst, die Konkurrenz und den Endverbraucher. Bei seinem eigenen Lizenzprogramm kann der Lizenznehmer intervenieren, indem er entweder neu oder alt eingesessen im Lizenzgeschäft ist und Erfahrungen und positives Renommee als Lizenznehmer hat. Ebenso kann er die für das Lizenzthema und sein Produkt optimale Vermarktungsstrategie und Positionierung wählen, einen ausgewogenen Marketing-Mix nutzen und sowohl die Qualität seiner Produkte wie auch Marketing- und Kommunikationsmaßnahmen und die Erreichung der finanziellen Ziele im Auge behalten und gegebenenfalls hier eine Feinjustierung vornehmen.

Ein Lizenznehmer sollte genau evaluieren, welche Vor- und Nachteile der Erwerb eines Lizenzthemas für ihn hat. Insbesondere die Passgenauigkeit der Zielgruppen von Lizenzthema und Produkt ist hier sehr wichtig. Aber auch das Image, für das das Lizenzthema, das Produkt und sein Hersteller (also der Lizenznehmer) stehen, sollte passen.[228]

Übrigens werden auch Handelsunternehmen immer häufiger zu Lizenznehmern. Sie lizenzieren Produkte entweder auf Zeit in Form einer Promotion oder längerfristig exklusiv für ihr Sortiment. Der Bekleidungsriese *H&M* tut dies beispielsweise seit einiger Zeit u.a. mit der Lizenz *Hello Kitty* im Kinderbereich. Händler werden zu Lizenznehmern, um die Kundenfrequenz in ihren Filialen zu erhöhen und natürlich zusätzlichen Umsatz zu generieren, indem ihre Kunden die lizenzierten Produkte zusätzlich einkaufen, länger im Geschäft bleiben und idealerweise weitere Waren konsumieren. Des Weiteren hilft der Ein-

---

[228] siehe Kapitel „Imagetransfer", S. 40

satz von Lizenzen den Handelsunternehmen auch, sich von ihrer Konkurrenz abzuheben.[229]

**Abbildung 9.1**     Externe und interne Einflussfaktoren auf den Lizenznehmer[230]

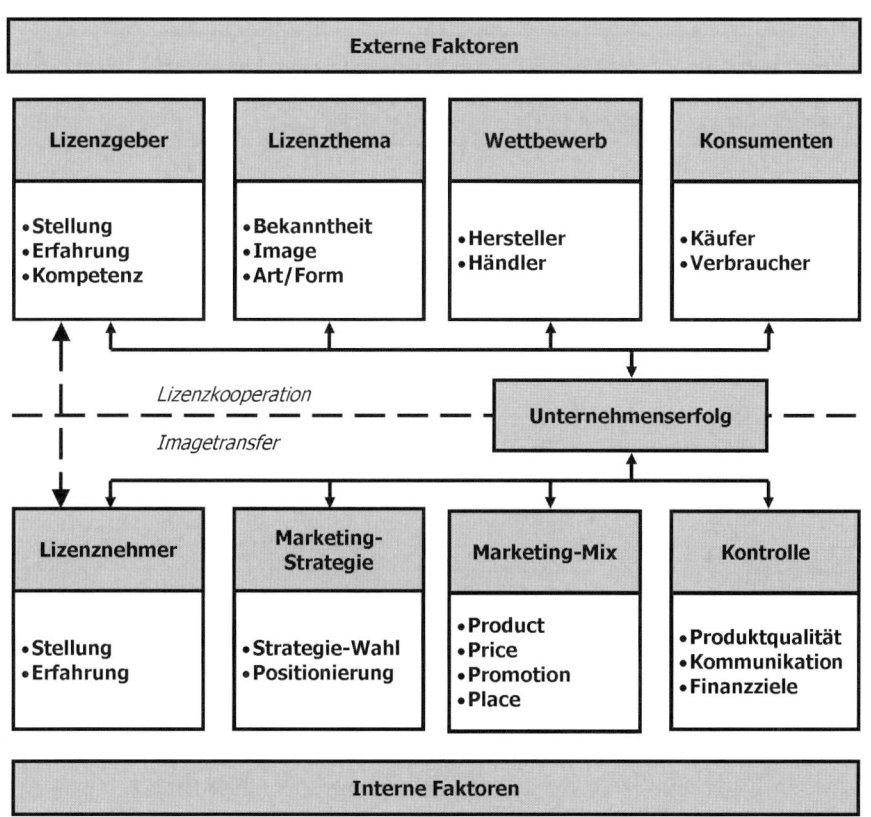

## 9.1.2     Vorbereitung des Lizenzeinkaufs

Ein potenzieller Lizenznehmer sollte sich vor dem Erwerb eines Lizenzthemas umfassend mit seinem eigenen Unternehmen, seinen Zielen, unternehmerischen Möglichkeiten und auch seinem Konkurrenzfeld auseinandersetzen. Nur eine gute Vorbereitung kann die Voraussetzungen schaffen, dass ein Lizenzprogramm erfolgreich wird.

---

[229] siehe Kapitel „Handel", S. 206

[230] vgl. *Saldsieder* (2008), S. 90 (modifiziert)

**Abbildung 9.2**     Analyse vor Start eines Lizenzprogrammes (Lizenznehmer) [231]

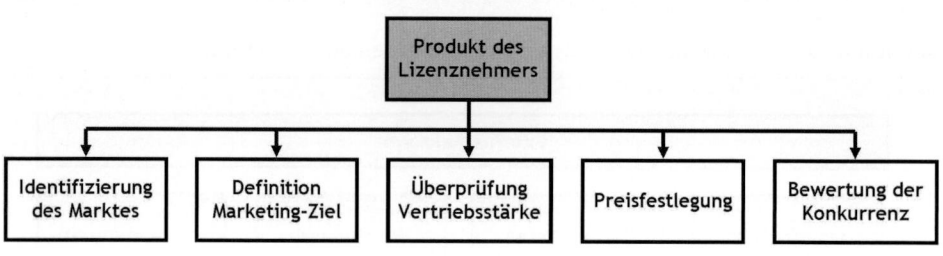

Zu den wichtigsten Entscheidungen, die ein Lizenznehmer zu treffen hat (**Abbildung 9.2**), gehören erstens die Auswahl des Marktes, in dem er mit seinem Produkt, für das er ein Lizenzthema einkauft, aktiv sein möchte. Welcher Markt soll mit dem Lizenzthema erreicht werden und mit welcher Zielgruppe? Zweitens muss fixiert werden, was mit dem Lizenzthema erreicht werden soll. Ziele können z.B. mehr Umsatz, Export (Internationalisierung), neue Zielgruppen oder Ausweitung der Vertriebskanäle sein. Drittens ist zu prüfen, ob der eigene Vertrieb überhaupt die notwendigen Vertriebskanäle bereits bearbeitet und/oder ob genügend Kapazitäten frei sind, diese gegebenenfalls neu aufzubauen, um die notwendigen Mengen an Produkten liefern zu können. Viertens muss die Entscheidung zum Preis des Lizenzproduktes gefällt werden. Dieser sollte natürlich die eigenen Kosten inklusive des Lizenzthemeneinkaufs decken, einen Gewinn abwerfen und in das Preisgefüge des Zielmarktes passen. Und abschließend sind Produkte und Lizenzthemen der Konkurrenz zu analysieren und zu bewerten und das eigene Produkt davon abzugrenzen.

## 9.1.3     Grundsatzentscheidungen beim Lizenzeinkauf

Aus den definierten Marketing-Zielen des Lizenznehmer-Unternehmens ergeben sich die grundsätzlichen Möglichkeiten, welche Art von Lizenz am besten für die Zielerreichung eingekauft werden sollte (**Abbildung 9.3**).

**Allgemeine Regeln bei der Auswahl von Lizenzthemen:**[232]

■ **Größtmögliche Nähe des Lizenzthemas zum Produkt (Imagetransfer) und Art der Nutzung:**
  - Für **dauerhafte Nutzung** eines Lizenzthemas eignet sich ein eingeführtes (klassisches) Lizenzthema.
  - Für **kurzfristige Nutzung** eines Lizenzthemas eignen sich sowohl eingeführte wie auch neue Themen.

---

[231] vgl. *Chouraqui/Ways* (2003), S. 33

[232] vgl. *Böll* in: *Böll* (2001), S. 264

■ **Klassische, langfristig angelegte Lizenzthemen sind weniger Hype ausgesetzt**
Sie haben eine vorverkaufte Bekanntheit; dafür sind sie unter Umständen keine hoch emotionalen Themen mehr, da der Konsument sich bereits an sie gewöhnt hat.

■ **Neue Lizenzthemen müssen erst noch bekannt werden**
Sie bleiben eventuell nur kurzzeitig interessant und können auch zum Flop werden; ebenso können sie aber bei Erfolg hoch emotional sein und deswegen viele Produkte verkaufen.

■ **TV-Lizenzthemen werden durch häufige Ausstrahlung stark penetriert und haben oft eine lange Lebensdauer**
Sie eignen sich daher auch für längerfristige Kooperationen.

■ **Für den internationalen Lizenzvertrieb Auswahl einer internationalen Lizenz**

**Abbildung 9.3**    Für welches Unternehmensziel was für eine Lizenz? (Lizenznehmer)[233]

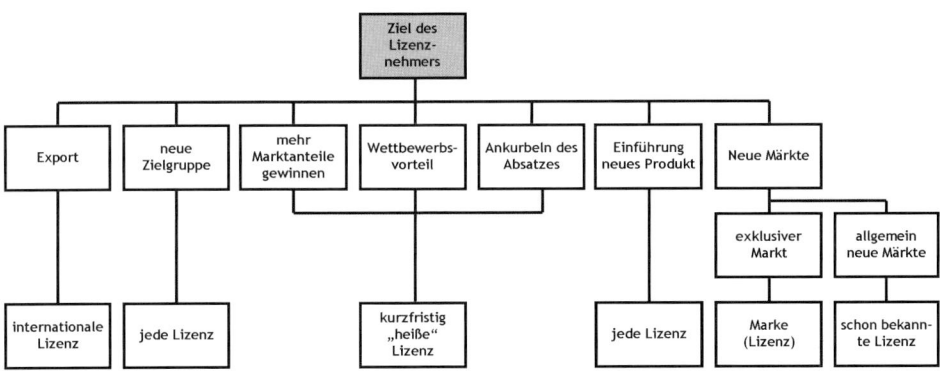

Diese grundsätzlichen Regeln können nur erste Anhaltspunkte bei der Überlegung sein, auf welches Lizenzthema die Entscheidung fällt. Jedes Lizenzprodukt ist letztlich genauso individuell wie die vielen Lizenzthemen am Markt. Im Folgenden müssen daher die zur Disposition stehenden Lizenzthemen en détail betrachtet werden und deren individuelle Stärken und Schwächen sowie deren Passgenauigkeit zum Lizenzprodukt zu den gesteckten Zielen wie auch zum Budget des Lizenznehmers für den Lizenzerwerb überprüft werden.

---

[233] vgl. *Chouraqui/Ways* (2003), S. 33

## 9.1.4  Marketing und Kommunikation

Ein Lizenznehmer sollte sich nicht darauf verlassen, dass die Marketing- und PR-Arbeit des Lizenzgebers für seine eigenen Produkte ausreicht, auch seine Lizenzartikel voranzubringen. Während der Lizenzgeber vorwiegend das Ziel hat, sein Lizenzthema insgesamt zu pushen und es als Ganzes bei der relevanten Zielgruppe zu platzieren, sollte sich der Lizenznehmer eigenständig darum kümmern, dass Handel und Endverbraucher von seinen Produkten zu einem Lizenzthema erfahren und diese listen bzw. einkaufen.

Unternehmensziele werden nicht allein durch den Einkauf eines erfolgversprechenden Lizenzthemas erreicht, dessen muss sich jeder Lizenznehmer im Klaren sein. Zum einen müssen die Handelspartner erst einmal von den eigenen Lizenzprodukten überzeugt werden. Denn auch wenn darauf ein bekanntes Lizenzthema prangt und die Handelspartner gegebenenfalls schon weitere Lizenzprodukte dazu eingekauft haben, ist dies keine Garantie dafür, dass dies auch für das eigene Lizenzprodukt gilt. In der Kommunikation reicht das „simple Schalten" von ein paar Fachhandelsanzeigen meist nicht aus, um mit Produkten beim Handel zu punkten. Zum anderen kann eine umfangreichere Werbekampagne, die sich auch an den Endverbraucher wendet, bei den Handelspartnern ausschlaggebend für eine Listung sein. Der Lizenznehmer sollte also bei Marketing- und Kommunikations-Maßnahmen an seine Vertriebspartner, aber auch an den Endverbraucher denken.

Weitere Kommunikationsmaßnahmen (Autogrammstunden, Wettbewerbe, Road Shows usw.) erhöhen für den Handel das Interesse an einem Lizenzprodukt – genauso wie das Lizenzthema selbst. Diese Aktionen ziehen Konsumenten in die Geschäfte und erhöhen deren Verweildauer dort, was sich oft in einer allgemeinen Umsatzerhöhung für den Handelspartner, aber auch beim Absatz mit Lizenzprodukten niederschlägt. Eventuell können sich auch mehrere Lizenznehmer eines Lizenzthemas für eine derartige Aktion zusammentun oder der Lizenzgeber organisiert einen gemeinsamen Event von mehreren Lizenznehmern am POS im Handel.[234]

Oft verlangen Lizenzgeber, dass ein gewisser Betrag oder Prozentsatz – meistens zwischen drei und fünf Prozent – des Umsatzes der Lizenznehmer mit den Lizenzprodukten in Marketing und PR für diese gesteckt werden muss. Dies wird in Lizenzverträgen festgehalten. Eine andere gängige Praxis ist es, dass die Lizenznehmer eines Themas dazu verpflichtet werden, in einen Werbe- oder Marketing-Pool einzuzahlen, aus dem Kommunikationsmaßnahmen zum Lizenzthema und dazu verfügbare Waren bezahlt werden. Dazu gehören Markenimage-Werbung genauso wie verkaufsfördernde Werbemittel (z.B. Produktkataloge) zum Lizenzthema. Der Pool wird vom Lizenzgeber bzw. seiner Agentur verwaltet. Diese verpflichtenden gemeinsamen Maßnahmen sind meist nicht ausreichend, um den Verkauf der eigenen Lizenzprodukte zu stützen, so dass Lizenznehmer hier zusätzlich in Werbung investieren sollten.[235]

---

[234] siehe Kapitel „Handel", S. 206

[235] vgl. *Ott* in: *Böll* (2001), S. 360-361

Die Marketing- und PR-Ansprache muss eventuell bei der Zielgruppenansprache differenzieren. Bei bestimmten Produktgruppen wie z.B. bei Spielwaren können sich Käufer- und Nutzerzielgruppe (Primär- und Sekundärzielgruppe) unterscheiden. Infolgedessen sollte die Adressierung von Marketing und Kommunikation darauf abgestimmt werden. Um beim Beispiel Spielwarenindustrie zu bleiben, bedeutet dies, dass bei den Käufern, die meist Erwachsene sind, bei denen Attribute wie Qualität oder pädagogischer Nutzen wichtige Einkaufsargumente sind, während es bei den Kindern, den Nutzern, um emotionale Werte wie dem Wunsch nach dem Spielzeug passend zur Lieblingsserie oder um spezielle Funktionen des Produktes geht. Marketing und Kommunikation müssen also unter Umständen mehreren Zielgruppen Rechnung tragen, die zum Teil sehr unterschiedlich sein können und sehr unterschiedliche Ansprüche an ein Produkt haben können, die den Kaufakt initiieren.

Je besser sich Lizenznehmer und -geber bei den Marketing- und Kommunikationsmaßnahmen abstimmen und diese auch gemeinsam durchführen, desto größer ist die Außenwirkung für ein Lizenzthema, aus der im Idealfall auch höhere Umsätze resultieren, die wiederum beiden Parteien wie auch dem Handel zugutekommen. Am Ende liegt es jedoch allein in der Verantwortung des Lizenznehmers, dass seine (Lizenz-)Produkte verkauft werden. Die Aktivitäten des Lizenzgebers für das eingekaufte Lizenzthema unterstützen und erhöhen jedoch auf jeden Fall die Erfolgschancen der Produkte im Handel.

## 9.1.5    Vertrieb von Lizenzprodukten

Primär ist es die Aufgabe des Lizenznehmers, für seine Produkte Handelslistungen zu erwirken und gute Platzierungen am POS bei den Handelspartnern zu erreichen. Da – wie schon erwähnt – der Handel inzwischen eine große Sensibilisierung insbesondere bei Kinderthemen gegenüber Lizenzprodukten hat, kann die Verwendung des „richtigen" Lizenzthemas die Verhandlungen mit dem Handel durchaus erleichtern.

Der Lizenzvertrag schränkt die Auswertung eines Lizenzproduktes in der Regel zeitlich ein. Hinzu kommen die Lizenzgebühren, die der Lizenznehmer an den Lizenzgeber zu zahlen hat und die die Kalkulation des Produktes belasten. Daher ist es meist im Interesse von Lizenznehmern, ihre lizenzierten Produkte möglichst breit innerhalb der Vertragslaufzeit zu vertreiben, während Lizenzgeber häufig eher daran interessiert sind, die Vertriebskanäle auf diejenigen zu beschränken, die mit der qualitativen Wahrnehmung ihres Lizenzthemas ihrer Meinung nach korrespondieren. Um eine solche Strategie zu verfolgen, werden in diesem Zusammenhang häufig, wie bereits erwähnt, insbesondere die Discounter als Vertriebskanäle ausgeschlossen.[236]

Ein einzelnes Lizenzprodukt hat es in der Regel schwieriger, sich im Handel zu positionieren, als eine ganze Range an Produkten zu einem Thema. Bei einem Sortiment an Produk-

---

[236] vgl. *Böll* (1996), S. 186

ten zu einer Lizenz besteht sowohl für den Handel als auch für die Lizenznehmer der Vorteil, dass die Artikel attraktiver am POS positioniert und so besser vom Endverbraucher wahrgenommen werden können.

Heute werden auch die Lizenzgeber deutlich mehr mit in die Verantwortung genommen, indem sie die Lizenznehmer bei Einkaufsverhandlungen mit den wichtigsten Handelspartnern begleiten. Der Lizenzgeber kann zusätzliche Marketing-Unterstützung bei einer Listung durch einen wichtigen Handelspartner anbieten wie z.B. ein gemeinsames Gewinnspiel und/oder TV-Werbespots, die auf die Aktion hinweisen. Da die Lizenzgeber an den Verkaufserlösen der Lizenzprodukte partizipieren, sind großangelegte Aktionen bei Handelspartnern absolut in ihrem Interesse und werden daher oft von ihnen unterstützt. Gerade weil im Rahmen des Vertriebs die Präsentation der Waren am POS eine wichtige Rolle spielt, ist die Zusammenarbeit von Lizenzgeber und Lizenznehmer sinnvoll. Eine attraktive Darstellung von Produkten im Handel, die die Aufmerksamkeit des Endverbrauchers erregt, ist in beider Interesse. Insbesondere eine erlebnisorientierte Inszenierung der Produkte im Ladengeschäft, die die Aufmerksamkeit der Endverbraucher mit z.B. Walking Acts, Bastelecken, Gewinnspielen mit Sofortgewinnen wie Produktproben oder unorthodox gestalteten Displays auf sich zieht, unterstützt den Absatz.[237] Manche Lizenzgeber unterstützen solche Aktionen zusätzlich durch Werbemittel, Anzeigenschaltung und sogar Werbespots. Hier kommt häufig das Budget eines Marketing-Pools der Lizenznehmer zum Tragen, aus dem die Kommunikationsmaßnahmen für solche Aktionen finanziert werden.

## 9.1.6    Lizenzgebühren und Garantiesummen

Ein sehr wichtiger Teil einer Lizenzkooperation sind die finanziellen Konditionen des Lizenzvertrags. Die Lizenzgeber wollen in der Regel so viel Geld wie möglich mit der Lizenzierung erwirtschaften und erwarten oft hohe Garantiesummen, die ihnen unabhängig vom Verkaufserfolg des Lizenzproduktes eine sichere Einnahme bescheren und so ihr eigenes Risiko absichern.

Der Lizenznehmer muss hingegen bedenken, dass die Lizenzzahlungen in die Kalkulation seiner Lizenzprodukte hineinspielen und diese verteuern, so dass sein Interesse möglichst niedrigen Gebühren gilt. Höhere Gesamtproduktionskosten aufgrund von Lizenzzahlungen heben den Handelsabgabepreis im Vergleich zu einem generischen Produkt oft an. Das kann genauso wie der in Folge höhere Endverbraucherpreis dazu führen, dass sich die Absatzmengen ändern und möglicherweise dadurch geringer werden.

Faire Lizenzzahlungen sind ein Kompromiss aus den finanziellen Idealen der beiden Vertragspartner. Zum einen sollten die Lizenzgebühren dem Bekanntheitsgrad und damit dem Wert eines Lizenzthemas durchaus Rechnung tragen, zum anderen sollten die Kondi-

---

[237] vgl. *Saldsieder* (2008), S. 193

tionen den Lizenznehmer jedoch nicht in den finanziellen Ruin treiben. Einige Lizenzgeber vertreten jedoch die Auffassung, dass Lizenzzahlungen – insbesondere Garantiesummen – eine bestimmte Höhe haben müssen, um den Lizenznehmer anzuspornen, alles für seine Lizenzprodukte zu tun, um mindestens die Garantiesumme einzuspielen.

Lizenzzahlungen bestehen in der Regel aus einem **Vorschuss** – auch **Minimumgarantie**, **Guarantee Sum** oder **Garantiesumme** genannt – auf die zu erwartenden Lizenzerlöse und **Lizenzgebühren**, die auch als **Royalties** bezeichnet werden.

Die Höhe des Vorschusses beträgt in der Regel bis zu 50 Prozent der zu erwartenden Umsätze des Lizenznehmers in Form von Lizenzgebühren. Üblicherweise geben Lizenznehmer eine Prognose ab, wie viele Einheiten des Lizenzproduktes voraussichtlich zu verkaufen sind. Anhand dieser Einschätzung legen die Lizenzgeber bzw. ihre Agenturen die Garantiesummen fest. Manche großen Lizenzgeber definieren eine Mindesthöhe von Lizenzgebühren, die ein Lizenznehmer mindestens zu zahlen bereit sein muss. Verhandlungen unter diesem Betrag werden von ihnen nicht weiterverfolgt. Die Garantiesumme wird entweder für die gesamte Vertragslaufzeit bezahlt oder jährlich. Des Weiteren wird ihre Zahlung häufig auf verschiedene Zeitpunkte gesplittet: z.B. bei Vertragsunterzeichnung, bei Abnahme der Prototypen und bei Markteinführung.

Natürlich spielt auch die allgemeine Nachfrage nach einer Lizenz eine Rolle bei der Festlegung der Garantiesumme. Diese ist bei einem seit Jahren erfolgreichen Thema wie *Disneys Cars* sicher höher als bei einem Thema, das erst noch in den Markt eingeführt wird. Umgekehrt sind Lizenzgeber durchaus daran interessiert, bestimmte Lizenzprodukte aus strategischen Gründen im Markt zu positionieren, so dass sie unter Umständen geringere Garantiesummen aufrufen, um den potenziellen Lizenzgeber vom Einkauf des Themas zu überzeugen.

Die Lizenzgebühren errechnen sich in der Regel auf Basis des Handelsabgabepreises (kurz HAP). Diesen Nettopreis zahlt der Handel für den Einkauf der (Lizenz-)Produkte. Bei preisgebundenen Artikeln wie Büchern und Zeitschriften wird stattdessen auch der Netto-Ladenverkaufspreis (kurz NLVP) als Basis für die Errechnung der Lizenzgebühren verwendet. Die Lizenzgebühren bewegen sich in der Regel zwischen 5 und 20 Prozent vom HAP (preisgebundene Produkte in der Regel 5 bis 10 Prozent vom NLVP, wenn dieser Berechnungsgrundlage des Deals ist). In manchen Branchen, wie z.B. Lebensmittel, sind die Lizenzgebühren niedriger (meist 4 bis 6 Prozent vom HAP) als bei vielen anderen Konsumgütern (durchschnittlich 10 Prozent vom HAP). Hin und wieder werden auch fixe Stücklizenzen pro Exemplar vereinbart. Und auch Staffeln, bei denen je nach verkaufter Auflage die Umsatzbeteiligung des Lizenzgebers automatisch erhöht wird, sind üblich. Manche Lizenzgeber geben auch feste Lizenzgebührensätze vor, die nicht verhandelbar sind.

Die Spanne der Lizenzgebühren richtet sich auch nach der Art der Distribution der Lizenzprodukte. Massenmarkt-Vertrieb z.B. über Discounter bedeutet für den Lizenznehmer sehr enge Gewinnmargen, so dass auch die Prozentuale der Lizenzgebühren hier in der Regel kleiner ist – was sich aber meist über die größeren Verkaufsmengen für den Lizenzgeber wieder ausgleicht. Des Weiteren gibt es Branchen, in denen die Gewinnmargen für den Hersteller bzw. Lizenznehmer grundsätzlich verhältnismäßig gering sind. Zu diesen gehört die schon erwähnte Lebensmittelindustrie, in der die Lizenzgebühren ebenfalls oft auf Basis geringerer Prozentualen vom HAP berechnet werden. Der Grund dafür ist, dass lizenzierte Produkte im Lebensmittelbereich dem Konsumenten meist zum gleichen Preis angeboten werden wie generische Produkte.

Gerade bei Lizenzartikeln, die in Asien produziert werden, wird oft auch der **F.O.B Preis**[238] als Basis für die Ermittlung der Lizenzgebühren verhandelt. Dieser beinhaltet die Herstellungskosten vor Ort sowie den Transport der Lizenzprodukte bis auf das Schiff, das die Waren an den Bestimmungsort transportiert. Sämtliche Kosten des Transportes selbst sowie dabei entstehende Kosten (Zölle, Einfuhrsteuern usw.) sind in diesem Preis jedoch nicht enthalten, so dass die Berechnungsgrundlage für die Lizenzgebühren deutlich geringer ist, als wenn diese vom HAP am Bestimmungsort berechnet würden.

Lizenzgebühren und Garantiesummen sind in der Regel miteinander verrechenbar. Weiterhin gibt es auch Lizenzverträge, bei denen keine Garantiesumme vereinbart wird oder nur **Flat Fee**[239] ohne zusätzliche Lizenzgebühren. Dies kommt oft bei zeitlich begrenzten Kooperationen z.B. im Lebensmittelbereich bei Promotions (z.B. einer vierteljährlichen Promotion mit einem Frühstückscerealien-Hersteller wie *Nestlé* oder *Kellogg*) vor.

Basis der Lizenzgebührenzahlung ist die so genannte **Lizenzabrechnung**, die Lizenznehmer meist viertel- oder halbjährlich beim Lizenzgeber oder dessen Agentur abgeben müssen. Dabei handelt es sich um eine Aufstellung, meist nach Vertriebskanälen geordnet, der Abverkäufe der Lizenzprodukte, aus der die verschiedenen Rabattierungen für die unterschiedlichen Handelspartner und auch Vertriebsterritorien zu entnehmen sind. Anhand dieser werden die zu zahlenden Lizenzgebühren errechnet. Lizenzgeber behalten sich in der Regel im Lizenzvertrag vor, Einsicht in die internen Abrechnungsunterlagen ihrer Lizenznehmer zu nehmen, wenn sie Zweifel an der Korrektheit der abgegebenen Lizenzabrechnung haben. Für Freiexemplare der Lizenzprodukte, die der Lizenznehmer meist an den Lizenzgeber in bestimmter Auflage kostenfrei liefern muss, genauso wie für kostenfrei gelieferte Exem-plare z.B. für die Pressearbeit oder zur Bemusterung der Einkäufer der Handelspartner, muss der Lizenznehmer selbstverständlich keine Lizenzgebühren bezahlen.

Da es keine bindende Form gibt, wie ein Lizenzvertrag auszusehen hat, gibt es auch keine vorgeschriebene Art und Weise, von welcher Größe Lizenzgebühren zu berechnen sind und ob und wie eine Garantiesumme gezahlt werden muss. Aus diesem Grund gibt es vielfältige Formen der Lizenzzahlungen, die in Lizenzverträgen zu finden sind.

---

[238] F.O.B. (Free on Board)-Preis = Frei an Bord, bei Transporten mit dem Schiff (z.B. aus Asien)

[239] Flat Fee = Pauschalpreis

## 9.1.7    Internationalisierung durch die Verwendung von Lizenzthemen

Internationale Märkte unterscheiden sich, wie bei den Ausführungen zur Internationalisierungsstrategie[240] des Lizenzgebers bereits ausgeführt, nach Umweltbedingungen, Kulturen, demografischen Strukturen und Wohlstand. Entsprechend können Lizenzthemen in verschiedenen Ländern sehr unterschiedlich bekannt und beliebt sein.

Die internationale Heterogenität der Kundennachfrage nach Lizenzthemen kann sich ein Lizenznehmer zu Nutze machen, wenn er einen bestimmten internationalen Markt erobern möchte. In diesem kann er eine dort beliebte Lizenz für die Markierung seiner Produkte einkaufen, um diese dem Konsumentengeschmack vor Ort anzupassen. Hilfreich für den Erfolg des Produktes im Ausland sind häufig zusätzliche Modifikationen am Produkt selbst sowie eine dem Zielland angepasste Werbung und PR für das Produkt.

## 9.1.8    Forecast für Lizenzeinnahmen aus Sicht eines Lizenznehmers

Auch Lizenznehmer sollten sicherstellen, ob das Eingehen einer Lizenzkooperation aus kaufmännischer Sicht sinnvoll ist. Nur wenn es eine realistische Chance auf Erwirtschaftung von Gewinnen gibt, sollte eine Lizenz natürlich überhaupt erst eingekauft werden.

Der Forecast aus Sicht eines Lizenznehmers beginnt mit der Kalkulation seines Lizenzproduktes und der Ermittlung einer realistischen Mindestverkaufsmenge an Artikeln, bei deren Verkauf die Kosten der Produktion sowie des Einkaufes des Lizenzthemas zumindest gedeckt wären.

### Die wichtigsten Eckdaten des Forecasts aus Lizenznehmer-Sicht:

▦ **Festlegung des angestrebten Endverbraucherpreises**
Dies kann beispielsweise anhand von Referenzprodukten (auch der Konkurrenz) erfolgen.

▦ **Errechnung des Handelsabgabepreises**
Wie oben erwähnt, liegt dieser in der Regel bei 50 Prozent des Netto-Endverbraucherpreises (kann jedoch branchenspezifisch variieren).

▦ **Errechnung der Lizenzgebühren pro Stück**
Basis ist meist der Handelsabgabepreis, von dem in der Regel zehn Prozent Lizenzgebühren an den Lizenzgeber oder dessen Agentur abzuführen sind.

▦ **Erfassung der Stückkosten für Herstellung und Vermarktung des Lizenzproduktes**
Kosten können sich ändern und müssen eventuell pro Jahr der Lizenzvertragslaufzeit angeglichen werden.

---

[240] siehe Kapitel „Internationalisierung über Licensing", S. 89

▥ **Die Summe aus Stückkosten und Lizenzgebühren pro Stück**
Ergibt die Gesamtkosten pro Lizenzprodukt.

▥ **Die Differenz aus Handelsabgabepreis und Gesamtkosten pro Stück**
Ergibt den Gewinn pro Lizenzprodukt.

▥ **Prognose realistischer Absatzmengen**
Diese kann wieder anhand von Referenzprodukten oder Erfahrungen und Gesprächen
mit wichtigen Handelspartnern erfolgen.

▥ **Die Multiplikation der Absatzmengen mit dem Gewinn pro Stück**
Ergibt den Gesamtgewinn (oder -verlust) pro Vertragsjahr.

Bei einer **Flat Fee** für eine Lizenzkooperation ist ein einmaliger Betrag für die Nutzung der
Lizenz zu zahlen, die für die gesamte Kooperation gilt. Hier ist dieser Betrag auf die vereinbarte Menge an Lizenzprodukten aufzuteilen, um diese so als Stücklizenz in die Kalkulation aufnehmen zu können.

Wie erwähnt, wird in Lizenzverträgen häufig eine Garantiesumme vereinbart, die der
Lizenznehmer meist vor Anlaufen der Produktion und des Vertriebs der Lizenzprodukte
an den Lizenzgeber zu leisten hat. Die Garantiesumme wird meist anhand einer Umsatzprognose des Lizenznehmers für die lizenzierten Produkte festgelegt. Sie ist ein Vorschuss
auf die zu zahlenden Lizenzgebühren. Da die Garantiesumme mit den Lizenzgebühren
verrechnet wird, muss der Lizenznehmer nach der Zahlung der Garantiesumme so lange
keine zusätzlichen Lizenzgebühren an den Lizenzgeber abführen, bis er die Garantiesumme „eingespielt" hat. Die Lizenzprodukt-Kalkulation eines Lizenznehmers sollte so aufgestellt sein, dass er in jedem Fall die Garantiesumme bei einem normal ablaufenden Verkauf
seiner Lizenzprodukte erreichen oder sogar übertreffen kann. Anderenfalls würde die
Garantiesumme eine zusätzliche Belastung seiner Kalkulation bedeuten und die Stückkosten zusätzlich erhöhen.

## 9.1.9    Investitionen

Der Lizenzgeber kümmert sich um die Produktion der von ihm lizenzierten Lizenzprodukte. Das bedeutet, dass in seinen Aufgabenbereich die Anschaffung von Maschinen
und Werkzeugen fällt, ebenso wie die Produktentwicklung, die auch die Verpackung und
die Werbemittel hierfür einbezieht. Hinzu kommen Ausgaben für Marketing und PR rund
um die Lizenzprodukte. All diese Positionen sind mitunter mit hohen Kosten verbunden,
die zusätzlich zur Herstellung unlizenzierter Produkte im Portfolio des Lizenznehmers
entstehen. Diese Kosten belasten ebenso wie die Lizenzgebühren die Kalkulation des Lizenzproduktes und müssen in den Handelsabgabepreis eingerechnet werden.

Der Lizenznehmer kann diese Aufgaben zur Herstellung der Lizenzprodukte und der
Werbemittel selbst erfüllen oder sie auf externe Unternehmen übertragen. Natürlich ent-

stehen auch hier Kosten, die in die Kalkulation des Endproduktes einfließen. Statt **Tooling**-Kosten[241] werden hier dem Auftrag gebenden Lizenznehmer meist Kosten pro Stück vom externen Hersteller in Rechnung gestellt, die Tooling, Material, Arbeitskosten etc. zusammengerechnet berücksichtigen.

Es ist ein offenes Geheimnis, dass selbst namhafte Spielwarenunternehmen wie z.B. *Hasbro* oder *Mattel* ihre Waren von Partnerunternehmen in Fernost produzieren lassen. Solche Produzenten müssen meist sehr strenge Auflagen erfüllen, die zum Teil vom Lizenznehmer selbst bestimmt werden, aber oft auch durch den Lizenzgeber vorgegeben werden. *Disney* gilt beispielsweise als einer der strengsten Lizenzgeber, was die Voraussetzungen, die Produktionsstätten erfüllen müssen, angeht. Solche externen Hersteller müssen gegebenenfalls vom Lizenzgeber genehmigt werden, da der Lizenznehmer die Produktion nicht selbst übernimmt und er eine offizielle Legitimation zur Herstellung von Lizenzprodukten benötigt.

Egal, ob der Lizenznehmer die Produktion seiner Lizenzprodukte selbst vornimmt oder hierfür einen externen Dienstleister beauftragt, er sollte stets genau durchrechnen, welche Mehrkosten ihm für die Produktion von Lizenzprodukten inklusive der Lizenzgebühren entstehen. Durch Gespräche mit Handelspartnern kann er herausfinden, welcher Handelsabgabepreis und welche Absatzmenge für das geplante Lizenzprodukt realistisch sind. Anhand dieser Daten lässt sich dann ermitteln, wie viele Einheiten des Lizenzproduktes verkauft werden müssen, um die Investitionen rund um den Einkauf der Lizenz zu refinanzieren. Nur wenn der Break-Even-Point zu einem angemessenen Zeitpunkt erreicht werden kann, ist es überhaupt sinnvoll, ein Lizenzthema einzukaufen. Andernfalls ist die Lizenzkooperation für den potenziellen Lizenznehmer ein Verlustgeschäft.

## 9.1.10    Lieferbarkeit der Lizenzprodukte

Die Abverkäufe von Lizenzprodukten sind naturgemäß eng an die Beliebtheit der Lizenz, derer sie sich bedienen, und an die entsprechende Nachfrage nach den dazu passenden Lizenzprodukten gebunden.

Große Nachfrage kann den Lagerbestand bedenklich schrumpfen lassen, so dass eine kurzfristige Nachproduktion der Waren evident wird. Bei eher kurzfristig angelegten Themen wäre es fatal, würde die Ware zu schnell ausverkauft und könnte die Nachlieferung eventuell erst nach Abebben des Hypes eintreffen. In Fernost geordete Produkte haben in der Regel einen Transportzeitraum von sechs bis acht Wochen per Schiff. Die wesentlich schnellere Luftfracht verteuert ein Lizenzprodukt erheblich, so dass darauf nur in Ausnahmefällen zurückgegriffen wird. Aber auch zu große Mengen an Produkten im Handel und auf Lager können zu einem Problem werden, wenn sie nicht abverkauft werden. Hier wird das Verhältnis zu den Handelspartnern negativ beeinflusst und möglicherweise muss

---

[241] Tooling = Maschineneinrichtung (Produktion)

der Lizenznehmer sogar Waren zurücknehmen, und an Lager befindliche Mengen müssen verramscht bzw. vernichtet werden, um nicht auch noch neben den nicht durch Abverkauf gedeckten Produktionskosten hierfür hohe Lagerkosten für die „Ladenhüter" tragen zu müssen.

Eine gute Warenplanung beeinflusst also maßgeblich den Erfolg einer Lizenzierung. Der Lizenznehmer sollte einen engen Kontakt mit dem Handel pflegen, um zunächst die möglichen Absatzmengen einschätzen zu können, aber auch um Informationen über die konkreten Absatzmengen zu erhalten. Der Dialog mit dem Handel hilft auch bei der Entscheidung, ob eine Nachproduktion erfolgen soll und, wenn ja, in welchen Mengen.

Lizenznehmer sollten vor Unterzeichnung eines Lizenzvertrags wissen, ob und wie sie mit Lieferengpässen umgehen können, um der Nachfrage bestmöglich nachzukommen. Es ist jedoch nicht einfach, korrekte Verkaufsprognosen für Lizenzprodukte abzugeben, denn nicht immer funktioniert eine Lizenz oder ein bestimmtes Lizenzprodukt wie vorausgesagt. Einige Lizenzen entwickeln sich zu „Selbstläufern" oder manchmal hört die Nachfrage schlagartig auf – all das ist nicht immer mit logischen Argumenten zu erklären. Eine eher konservative Planung und ein guter Kontakt zu den wichtigsten Handelspartnern helfen aber, die Situation realistisch einzuschätzen und das Risiko einigermaßen kalkulierbar zu halten.

## 9.1.11    Verwaltung eines Lizenzprogrammes

Für den Lizenznehmer beschränkt sich der Einkauf einer Lizenz nicht nur auf die Zahlung der vertraglich vereinbarten Lizenzgebühren, die Entwicklung und die Produktion der Lizenzprodukte sowie deren Vertrieb. Genauso wie beim Lizenzgeber müssen auch im Unternehmen des Lizenznehmers gewisse Strukturen geschaffen werden, möchte er dauerhaft und seriös mit Lizenzthemen arbeiten.

Das Eingehen einer Lizenzkooperation hat Auswirkung auf die Unternehmensorganisation, da viele unterschiedliche Abteilungen beim Lizenznehmer in das Aufsetzen und Realisieren, aber auch in die Verwaltung einer solchen Kooperation involviert sind bzw. externe Firmen oder Freelancer für einzelne dieser Aufgaben beauftragt werden. Des Weiteren ergeben sich aus dem Lizenzvertrag für den Lizenznehmer eine Reihe von Verpflichtungen, die er zu erfüllen hat und für die die Schaffung von gewissen Strukturen vorteilhaft ist. Beispiele für solche Aufgaben sind die regelmäßigen Lizenzabrechnungen an den Lizenzgeber, aber auch die Produkt-Abstimmung bzw. -Freigabe mit dem Lizenzgeber vor Start der Produktion.

## Wesentliche Aufgabenbereiche bei der Verwaltung von Lizenzprogrammen im Lizenznehmer-Unternehmen:[242]

- **Marketing**
  Die Marketing-Abteilung ist oft nicht nur verantwortlich für den Erwerb eines bestimmten Lizenzthemas, sondern steuert auch die unterschiedlichen Prozesse rund um das Lizenzprodukt federführend im Unternehmen des Lizenznehmers.

- **Design und Produktentwicklung**
  Die Lizenzprodukte sowie Werbemittel müssen unter Beachtung der Vorgaben des Lizenzgebers (Style Guide) entwickelt werden.

- **Freigabe-Handling**
  Einholung von Freigaben bzw. Approvals für Produkte und Werbemittel beim Lizenzgeber, meist übernimmt dies das Product Management/Marketing beim Lizenznehmer.

- **Vertrieb**
  Die Vertriebsabteilung kümmert sich um die Distribution des Lizenzproduktes im Handel und im Direktvertrieb gemäß der erlaubten Vertriebskanäle, die im Lizenzvertrag definiert wurden.

- **Administration**
  Der Lizenznehmer muss üblicherweise an den Lizenzgeber zu regelmäßigen Terminen eine Lizenzabrechnung übermitteln, aus der die getätigten Verkäufe des Lizenzproduktes hervorgehen und aus der die zu zahlenden Lizenzgebühren errechnet werden.

- **PR/Werbung**
  Wie für jedes andere Produkt auch, sollte ein Lizenznehmer auch für seine Lizenzprodukte Kommunikationsmaßnahmen initiieren, um deren Verkauf anzukurbeln.

Aus dem Aufsetzen der notwendigen Verwaltung von Lizenzthemen im Unternehmen des Lizenznehmers entstehen auch Kosten wie für gegebenenfalls zusätzliches Personal aber auch externe Dienstleister, die an der Produktentwicklung und/oder deren Verwaltung involviert sind.

# 9.2 Produktentwicklung

## 9.2.1 Style Guide

Der Style Guide ist die Grundlage für die Umsetzung eines Lizenzthemas in Lizenzprodukte. Es ist Aufgabe des Lizenzgebers und/oder der zuständigen Agentur, einen Style Guide zu erstellen. Häufig wird dessen Zurverfügungstellung sogar im Lizenzvertrag festgehalten. Für viele Lizenznehmer ist das Vorhandenseins eines „guten" Style Guides

---

[242] vgl. *Chouraqui/Ways* (2003), S. 5-6 (modifiziert)

ein wichtiges Argument, ein Lizenzthema überhaupt einzukaufen, da dessen Vorgaben und Vorlagen helfen, attraktive Lizenzprodukte zu erstellen.

Der Style Guide ist eine Art „Verschriftlichung" der Designvorschriften eines Lizenzthemas in gedruckter Form oder digital und enthält einen Datenträger mit den Designelementen oder einen Download-Link auf den Server des Lizenzgebers oder von dessen Agentur, wo diese Elemente heruntergeladen werden können. Der Style Guide kann lediglich Logos, ein paar Figuren und Farb- und Schriftvorgaben enthalten oder aber auch sehr detailliert sein und z.B. festlegen, wann welche Hintergrundfarbe zu verwenden ist oder wie groß genau der Abstand zwischen zwei Designelementen sein muss. Außerdem liefert der Style Guide genaue Vorgaben zur Produkt- und Verpackungsgestaltung und beinhaltet in der Regel auch Hintergrundwissen zum Lizenzthema wie z.B. Kurzbiografien der Figuren und eine Darlegung der Geschichte. Alle diese Informationen dienen als Anhaltspunkte für die Designer des Lizenznehmers, das Lizenzprodukt bestmöglich im Sinne der Lizenzthemen-Führung des Lizenzgebers zu gestalten. Die Gestaltungsregeln des Style Guides sollten auch bei den Werbemitteln für die Lizenzprodukte eingehalten werden.

Neben der Aufstellung von strategischen Leitfäden für die Vermarktung eines Lizenzthemas ist der Style Guide auch eine der grundlegenden Voraussetzungen für die erfolgreiche Auswertung eines Lizenzthemas, da sich alle Lizenznehmer eines Themas daran halten müssen. Nur über dessen strikte Einhaltung kann garantiert werden, dass alle Lizenzprodukte zu einem Thema in Design und Qualität „aus einem Guss" sind und sie einen Wiedererkennungswert für den Konsumenten haben.

Inzwischen ist es üblich, Design oder ganze Style Guides für unterschiedliche Anlässe, Jubiläen und Saisons (wie Weihnachten oder Ostern zur Verfügung zu stellen. Des Weiteren wird im Rahmen der „Frischhaltung" eines Lizenzthemas vom Lizenzgeber erwartet, dass die Designs des Lizenzthemas regelmäßig ergänzt und modernisiert werden.

Manche Lizenzgeber stellen dem Lizenznehmer einen Betrag für die Zurverfügungstellung des Style Guides in Rechnung. Dieser Betrag wird häufig bei Rückgabe der Style Guide-Unterlagen im Rahmen der Beendigung der Zusammenarbeit zurückgezahlt. Es gibt jedoch auch viele Lizenzgeber, die ihren Lizenznehmern keine Gebühren für dessen Zusendung berechnen, und auch solche, die eine einmalige Gebühr hierfür verlangen, die wiederum verrechenbar mit den Lizenzgebühren sein kann. Immer häufiger bieten Lizenzgeber und -agenturen ihren Lizenznehmern passwortgesicherte Websites an, von denen sie sich das benötigte Artwork herunterladen können. In diesen Datenbanken befindet sich immer neustes Designmaterial, so dass die Lizenznehmer sicher mit aktuellem und nicht veraltetem Material arbeiten können.

Wenn eine Lizenzagentur für die Lizenznehmerakquise eingesetzt wird, so fällt es meist in die Aufgaben der Agentur, den Style Guide zu erstellen. Oft hat sie dies auf eigene Kosten zu tun, denn in der Regel ist es Aufgabe der Lizenzagentur, die notwendigen Materialien für die Vermarktung eines Lizenzthemas zu erstellen. Selbstverständlich erfolgt die Realisierung eines Style Guides ausschließlich in enger Absprache mit dem Lizenzgeber.

Der **Copyright-Vermerk** ist der Verweis auf den Lizenzgeber für ein Lizenzthema, der in der Regel auf allen Lizenzprodukten (meist auf der Verpackung) und den Werbemitteln anzubringen ist. Dieser Hinweis stellt klar, dass es sich bei dem verwendeten Lizenzthema um ein urheberrechtlich geschütztes Thema handelt und wer Inhaber und/oder Vertrieb (Lizenzagentur) der Rechte ist. Der genaue Wortlaut des Copyright-Vermerks wird häufig im Lizenzvertrag definiert und ist auch im Style Guide häufig mit genauer Typographie und Vorgabe des Schriftgrads aufgeführt. Oftmals gibt der Lizenzgeber eine lange – reguläre – Text-Version sowie eine verkürzte Fassung für Lizenzprodukte mit wenig Platz des Copyright-Vermerks vor.

## Wichtige Elemente eines Style Guides:

- **Hintergrundinformationen zum Lizenzthema**
  z.B. Grundhandlung, wichtigste Figuren und deren Charakteristika. Werte, für die das Thema steht bzw. nicht steht.

- **Haupt-Logo des Lizenzthemas**
  in Farbe und Graustufen sowie Dos und Don'ts

- **Logovarianten**
  in Farbe und Graustufen und deren Einsatzgebiete

- **Vorgaben für „erlaubte" Schriften**

- **Eventuell Schriftschnitt einer eigens für das Thema entwickelten Schrift**

- **Farbvorgaben**
  z.B. in CMYC, HKS oder Pantone angegeben

- **Grafikdaten der Figuren, Hintergründe und Designelemente**
  in Farbe und Graustufen

- **Grafikdaten für „All-Over"-Motive**
  z.B. für großflächige Lizenzprodukte wie z.B. Kinderpyjamas

- **Vorschläge für die Umsetzung der Gestaltungsvorschriften für beispielhafte Lizenzprodukte**

- **Genaue Darstellung in Schriftgröße und Anordnung des Copyright-Vermerks**
  meist in regulärer Länge und in Kurzform

- **Vorgaben für den Freigabeprozess, oft inkl. ApprovalSheet**

Normalerweise entwickelt der Lizenznehmer auf Basis der Vorgaben und Vorlagen aus dem Style Guide die Lizenzprodukte. Es gibt jedoch auch Lizenzgeber und -agenturen, die die Entwicklung des Designs der Lizenzprodukte – zum Teil gegen eine Gebühr – für die Lizenznehmer übernehmen.

## 9.2.2    Freigabeprozess (Approval)

Die Freigabe ist wahrscheinlich der komplizierteste und manchmal auch konfliktreichste Part innerhalb der Beziehung zwischen Lizenzgeber bzw. -agentur und Lizenznehmer.

Der Lizenznehmer kann das ihm zur Verfügung gestellte Artwork eines einkauften Lizenzthemas nicht einfach „nach gutem Wissen und Gewissen" verwenden. Sämtliche wichtigen Zwischenschritte bei der Erstellung eines Lizenzproduktes müssen in der Regel freigegeben werden. Häufig von der Produktidee bzw. dem Konzept für das Produkt und den geplanten Funktionen, über Referenz-Qualitätsmuster, Entwürfe für das Produktdesign, Prototypen, Pre-Production-Samples bis hin zu manchmal sogar Mustern aus der angelaufenen Produktion. Dabei geht es bei der Freigabe nicht nur um die korrekte und strategiegemäße Verwendung eines Lizenzthemas auf Lizenzprodukten. Es geht auch um die Einhaltung des Lizenzvertrags bezüglich der lizenzierten Produkte wie auch der Produktqualität, die ebenfalls meist im Lizenzvertrag definiert wird. Des Weiteren müssen üblicherweise auch sämtliche Werbemittel freigegeben werden.

Der Freigabeprozess kann sich u.a. aufgrund zahlreicher Zwischenschritte hinziehen und wird dazu häufig von den so genannten **Lead Times** für die Produktion, die die Auslieferung der Ware zum geplanten Termin an den Handel festlegen, zusätzlich unter Druck gesetzt. Um die Timings halten zu können, wird häufig in Lizenzverträgen bezüglich des Approvals festgelegt, wie lange sich der Lizenzgeber mit Freigaben bzw. Feedbacks Zeit lassen kann. Häufig wird in diesem Zusammenhang auch beschlossen, dass eine Freigabe als erteilt gilt, wenn sich der Lizenzgeber innerhalb dieser Frist nicht meldet. Die Freigabefristen liegen meist zwischen 5 bis zu 15 Werktagen.

Viele „Freigabeschleifen", wenn der Lizenzgeber viele Änderungen fordert und diese immer wieder aufs Neue freigeben muss, verursachen zusätzliche Kosten beim Lizenznehmer. Gleiches gilt für unterschiedliche Auffassungen beim Qualitätsanspruch der Lizenzprodukte, da vor allem Lizenzgeber auf bestmögliche Produktqualität pochen, die für so manchen Lizenznehmer bei der Produktion die Kalkulation stark belastet als auch den avisierten Endverbraucherpreis in Frage stellt. Aber auch von Seiten der Lizenznehmer wird häufig Druck auf die Freigaben ausgeübt. Dies gilt besonders für Branchen, in denen die Vertriebsabteilung Mitsprache bei der Produktentwicklung hat, wie es z.B. in Verlagen aber auch der Spielwarenindustrie üblich ist. Auch das Feedback von Handelspartnern, mit denen Lizenznehmer oft zu frühen Zeitpunkten sprechen, kann das Design eines Lizenzproduktes beeinflussen.

Große Lizenzgeber wie z.B. *Warner Bros.*, die eine große Anzahl von Lizenzthemen und -produkten verwalten, arbeiten heute mit Online-Approval-Tools, in die der Lizenznehmer seine Layouts zur Freigabe hochlädt und über das die gesamte Freigabe-Kommunikation läuft. Viele Lizenzgeber bearbeiten Lizenzfreigaben auf formalisierte Art und Weise, indem sie die Prozesse und Modalitäten von Freigaben genau vorgeben, um ihrerseits eine fristgemäße Freigabe gemäß dem Lizenzvertrag gewährleisten zu können.

Selbstredend, dass die Ansprüche an die zeitliche Positionierung eines Lizenzthemas unterschiedlich wichtig für Lizenzgeber und -nehmer sein können, da für letzteren vor allem der Zeitraum zählt, für den er die Auswertungsrechte für ein Lizenzthema erworben hat. In diesem möchte er natürlich den größtmöglichen Umsatz damit erwirtschaften. Daher kommt es oft zu unterschiedlichen Auffassungen bei Produktentwicklung und Freigabeprozessen, die bis zu deren Abschluss den Vertrieb der Lizenzprodukte und damit den Umsatz für den Lizenznehmer blockieren. Der Lizenzgeber ist in der Regel vor allem auf das Image seines Lizenzthemas bedacht und steht selbst nicht sehr unter zeitlichem Druck.

# 9.3 Auswahl von Lizenzthemen

## 9.3.1 Das passende Lizenzthema finden

Stellt ein Unternehmen innovative und erfolgreiche Produkte her, so ist die Wahrscheinlichkeit sehr groß, dass es früher oder später von einer Lizenzagentur oder einem Lizenzgeber bezüglich einer Lizenzkooperation angesprochen wird.

Lizenznehmer können sich aber auch proaktiv über neue Lizenzthemen informieren und diese unter Umständen zu einem sehr frühen Zeitpunkt erwerben. In Deutschland sind die beiden wichtigsten Veranstaltungen für Lizenzthemen die beiden Events der deutschen Repräsentanz der internationalen Licensing-Organisation *LIMA*:[243] der *Tag der Lizenzen* im März in Köln und der *Licensing Market* im November in München. Alle namhafte Lizenzagenturen und -geber des deutschsprachigen Raums sind hier vertreten und stellen ihre Lizenzthemen vor. Beim *Tag der Lizenzen* erfolgt die Vorstellung über Kurz-Präsentationen der jeweiligen Highlights der Agenturen und Lizenzgeber vor einem großen Plenum. Der *Licensing Market* ist hingegen eine klassische Messe mit Ständen, an denen Einzelgespräche stattfinden können.

Auf europäischem Parkett gibt es zudem die Messen *Brand Licensing Europe* [244] in London (September) sowie die Lizenzmessen der auf Licensing-Consulting spezialisierten französischen Agentur *Kazachok*[245] in Paris (*Kazachok Forum*, April) und Mailand (*Kazachok Licensing Forum Italiano*, November). Für Trends, die oft erst mit ein wenig Verzögerung nach Europa und Deutschland schwappen, ist außerdem die internationale *Licensing Expo*[246] in

---

[243] Link: *www.lima-verband.de*

[244] Link: *www.brandlicensing.eu*

[245] Link: *www.kazachok.com*

[246] Link: *www.licensingexpo.com*

Las Vegas im Juni von großer Bedeutung. Daneben gibt es weitere lokale Lizenzmessen z.B. in Asien und anderen Ländern.[247] [248]

Auch Industriemessen, wie z.B. die *Spielwarenmesse International Nürnberg* im Februar in Nürnberg, die *Frankfurter Buchmesse* im Oktober, die Computerspiele-Messe *gamescom* im August oder die Süßwarenmesse *Anuga* im Oktober (beide in Köln), können einen guten Aufschluss über Lizenzen geben, da mittlerweile in alle erdenklichen Produktkategorien hinein lizenziert wird oder von unterschiedlichen Produkten generiert werden. Messen sind ideale Terrains, um zu recherchieren, welche Themen die Konkurrenz eingekauft hat und welche Themen aktuell sehr gefragt sind. Zudem tummeln sich auf allen Consumer-Goods-Messen[249] Mitarbeiter von Lizenzagenturen und Lizenzgebern und versuchen, ihre Themen an den Mann und die Frau zu bringen.

Zusätzlich ist auch ein Blick in die allgemeine wie auch die Fachpresse – von z.B. *w&v* über *Spielzeug International, Textilwirtschaft* bis hin zur *Lebensmittelzeitung* – hilfreich, um sich über den Lizenzmarkt zu informieren. Erwähnenswert sind außerdem die wöchentlichen *Brandora*-E-Mail-Newsletter[250] über die Spielwaren- und Lizenzbranche. Beim Lizenzverband *LIMA*, in der Zeitschrift *MEP Licensing Press,*[251] den Publikationen und E-Mail-Newslettern der amerikanischen Verlage *EPM* und *Advanstar* und von *Kazachok* aus Paris können ebenfalls Informationen zu Lizenzthemen und den internationalen Lizenzmärkten gesammelt werden. Hinzu kommen natürlich zahlreiche weitere nationale und internationale Publikationen, die sich inhaltlich ausschließlich mit der (internationalen) Lizenzbranche oder in mehr oder weniger festen Rubriken regelmäßig mit Licensing beschäftigen.

Für Unternehmen, die sich umfangreicher im Licensing-Bereich bewegen, ist es ratsam, der Lizenzorganisation *LIMA* beizutreten, da über diesen Verband wertvolle Kontakte auf dessen Veranstaltungen generiert werden können. Des Weiteren verfügt die *LIMA* als internationale Organisation auch über eine internationale Datenbank an Kontakten aus der weltweiten Licensing-Branche und bietet Seminare und Weiterbildungsmöglichkeiten zum Themenbereich Licensing an.

Die Ergebnisse von Marktforschungsinstituten wie *iconkids & youth* oder *npdgroup/ Eurotoys*, aber auch von Unternehmen wie der *Kids VA-Studie* des *Egmont Ehapa Verlags* geben zudem insbesondere Aufschlüsse über Trends in den Kinder- und Jugendzielgruppen sowie über die reellen Verkaufszahlen von Lizenzprodukten im Spielwarenbereich.

Die gesammelten Informationen aus den unterschiedlichen Quellen können bei der Entscheidung für den Einkauf eines Lizenzthemas hilfreich sein.

---

[247] siehe Kapitel „Wichtige Messen für den internationalen Lizenzhandel", S. 249

[248] siehe Kapitel „Wichtige Fachmessen für den Lizenzthemenhandel in Deutschland", S. 250

[249] Consumer Goods = engl. Konsumgüter

[250] Link: *www.brandora.de*

[251] Link: *www.licensing-online.com*

## 9.3.2    Checkliste: Allgemeine Auswahl von Lizenzthemen

Es ist nicht möglich, allgemein gültige Regeln aufzustellen, wann ein Lizenzthema „gut" und ein Einkauf für einen potenziellen Lizenznehmer ratsam ist. Zum einen hängt dies – wie schon mehrfach erörtert – von den Marketing- und PR-Aktivitäten des Lizenzgebers ab, ob ein Lizenzthema überhaupt erfolgreich werden kann oder schon ist. Zum anderen gibt es eine Reihe von Unbekannten, die nicht zu evaluieren sind, da sie nicht vorhersehbar sind, und die aber dennoch mit entscheiden, ob der Endverbraucher ein Lizenzthema annimmt oder nicht.

Ob ein Lizenzthema zu einem spezifischen Lizenznehmer und dessen Produkten passt, hängt wiederum auch von dessen strategischen Zielen, seinem Budget und Vertrieb ab. Was bringt der Einkauf eines sehr erfolgversprechenden Lizenzthemas, das den Lizenznehmer finanziell jedoch ruiniert, da die Garantiesumme seine finanziellen Möglichkeiten sprengt? Oder was soll ein Lizenznehmer mit ausschließlichem Vertrieb in Deutschland mit einem Lizenzthema, das vorwiegend in Italien erfolgreich ist, in Deutschland aber keinerlei Medienpräsenz hat? Die individuellen Parameter eines Lizenznehmerunternehmens selbst spielen eine wichtige Rolle, ob ein Thema eingekauft werden sollte.

Grundsätzlich besteht immer ein Restrisiko beim Erwerb einer Lizenz. Ein Thema kann trotz aller erdenklichen Maßnahmen und Voraussagungen doch zum Flop werden oder bei anderen Lizenznehmern hervorragend funktionieren, nicht aber bei den eigenen Produkten. Die Wahrscheinlichkeit eines Erfolgs mit einer Lizenz nimmt jedoch zu, ist das Produkt auch ohne Lizenzmarkierung gut. Die Lizenz wertet dann das Produkt „nur" noch zusätzlich durch Emotionalisierung auf. Das Lizenzthema an sich mag zum Kauf eines Spielzeugs anregen, geht das Spielzeug aber schnell kaputt oder es macht keinen Spaß, damit zu spielen, wird infolgedessen kein weiteres Spielzeug mit der Lizenz oder von dem Lizenznehmergekauft werden, da der Käufer enttäuscht worden ist. Durchdachte Marketing- und PR-Aktivitäten des Lizenzgebers, aber auch des Lizenznehmers, unterstützen zusätzlich den Erfolg der eigenen Lizenzprodukte.

Im Folgenden finden Sie eine Checkliste der wichtigsten Kriterien zur Beurteilung eines Lizenzthemas, die aber, wie oben erwähnt, die individuellen Voraussetzungen und Bedürfnisse des einzelnen potenziellen Lizenznehmers nicht widerspiegeln kann:

### Checkliste: Allgemeine Auswahl von Lizenzthemen

■ **Passen Lizenzthema und Produkt zusammen?**
Nicht jedes Produkt passt zu jedem Lizenzthema – die Lizenzierung eines Kinderthemas für ein eher Erwachsene ansprechendes Produkt wie z.B. einen Profi-Grill wäre unpassend, weil es keine logische Verbindung zwischen Lizenz und Produkt gibt (Imagetransfer). Genauso ist in diesem Zusammenhang eventuell zu entscheiden, ob sich ein nationales oder internationales Lizenzthema besser für die geplanten Produkte eignet.

▦ **Passen die Zielgruppen des Lizenzthemas und die der eigenen Produkte zusammen?**
Können mit dem Lizenzthema die gesteckten Ziele erreicht werden? Stimmen Alter,
Einstellungen, verfügbares Einkommen, Geschlecht und ähnliche Faktoren der Zielgruppe damit überein? Bei Kinofilmen ist in Deutschland außerdem darauf zu achten,
welche FSK-Einstufung der Film erhält, weil diese bestimmt, ab welchem Alter Kinder
einen bestimmten Film ansehen dürfen.

▦ **Definition des Zusatznutzens für das Produkt durch das Lizenzthema**
Welche Vorteile in Form von Eigenschaften, Image usw. kann das Lizenzthema auf das
geplante Lizenzprodukt übertragen?

▦ **Übereinstimmung des Themas der Lizenz mit der eigenen Unternehmens-
philosophie und den Produkten des Lizenznehmers**
Können das eigene Design und das der Lizenz vereinbart werden; gibt es Vorgaben
(wie z.B. keine Verwendung von Zuckerzusätzen bei einer Lebensmittellizenz), die die
eigenen Abläufe und die Herstellung behindern würden?

▦ **Medienpräsenz**
Vor allem bei Kinothemen ist die Medienpräsenz (Anzahl Kopien in den Kinos, Kino-
besucher der Vorgängerfilme oder vergleichbarer Filme im In- und Ausland) wichtig,
um ein Lizenzthema erfolgreich zu machen. Dazu zählt auch die Pressearbeit rund um
ein Lizenzthema.

▦ **Wie wird das Lizenzthema aufgebaut und „frisch" gehalten?**
Ergänzend zum vorherigen Punkt: Welche Werbemaßnahmen in den Medien, Events,
Artwork, Sonderprogrammierung im TV und Pressearbeit usw. plant der Lizenzgeber
für das Lizenzthema?

▦ **Bei Kinderthemen: möglichst hohe Akzeptanz auch der Eltern**
Eltern bzw. Erwachsene kaufen meist die Lizenzprodukte, daher ist ihre Einschätzung
wichtig.

▦ **Akzeptanz und Bekanntheit der Lizenz in der Zielgruppe**
Eventuell liegen positive Marktforschungsergebnisse oder Erfolgsnachweise vor wie
z.B. Quoten oder Verkaufszahlen. Ist das Thema neu, gibt es wahrscheinlich noch keine
Informationen zum eigenen nationalen Markt, vielleicht jedoch aus anderen, internationalen Märkten und zu vergleichbaren Themen.

▦ **Wo steht das Lizenzthema innerhalb seines „Lizenz-Lebenszyklus"?**
Ein Kinofilm hat als Lizenzthema eine weniger lange Lebensdauer und damit verbun-
denes Auswertungspotenzial als eine bekannte Marke aus dem Modebereich oder eine
Klassikerlizenz. Je nachdem, ob ein Thema am Anfang seiner Auswertung steht, auf
dem Zenit oder eher am Ende der Auswertungsperiode ist, ändern sich die Nachfrage
und auch die Verhandlungsbasis der finanziellen Vertragskonditionen.

▦ **Bisherige Erfolgshistorie beim Verkauf von Lizenzprodukten**
Wie viele und welche anderen Lizenznehmer gibt es schon im eigenen Territorium?
Wie erfolgreich verkaufen sich die Lizenzprodukte in anderen Ländern?

▥ **Unverwechselbare Figuren, Design, Logo und/oder Thema**
Was unterscheidet das Thema von anderen (USP), was macht es eigenständig?

▥ **Gibt es „brauchbares" Artwork in ausreichender Menge und Varietät?**
Ist ein Style Guide vorhanden? Ist es möglich, das Artwork auf das geplante Produkt anzupassen?

▥ **Möglichkeit der Kooperation mit anderen Lizenznehmern und/oder Einbindung in den Medien der Lizenz**
z.B. Website, Magazin, TV-Werbung im Sendungsumfeld. Wie stark kümmert sich die Lizenzagentur/der Lizenzgeber um die Vernetzung der Lizenznehmer untereinander? Welche Aktionen initiiert der Lizenzgeber (gibt es Beispiele für erfolgreiche Kampagnen aus der Vergangenheit?), um das Lizenzthema voranzubringen und die Lizenznehmer mit ihren Lizenzprodukten zu präsentieren? Gibt es einen Marketing-Pool der Lizenznehmer?

▥ **Ist eine Markteinführung zum geplanten Zeitpunkt möglich?**
Hat der Lizenznehmer nach Vertragsabschluss ausreichend Zeit, die Produkte bis zum geplanten Markteinführungszeitpunkt (z.B. Weihnachtsgeschäft, vor Kinostart, Serienstart, Sportevent) zu entwickeln, freigeben zu lassen, herzustellen und in den Handel zu bringen?

▥ **Welche genauen Rechte sind bei der Lizenzkooperation verfügbar?**
Eventuell gibt es Einschränkungen durch andere Lizenznehmer auf dem gleichen Lizenzthema, die ähnliche Produkte herstellen, so dass nicht alle gewünschten Produkte verfügbar sind? Gibt es z.B. Beschränkungen hinsichtlich der Vertriebs-kanäle, die die Kooperation aus Sicht des Lizenznehmers stark einschränken?

▥ **Exklusivität**
Ist das Lizenzthema exklusiv für meine Produkte erhältlich? Gibt es andere Lizenznehmer, die ähnliche Lizenzprodukte herstellen – wie ist hier die Abgrenzung voneinander? Bei Exklusivität: Wie lange kann ich das Lizenzthema für meine Produkte exklusiv nutzen und reicht dieser Zeitraum für die Erreichung der gesteckten Ziele?

▥ **Wie ist die Beendigung des Lizenzvertrags geregelt?**
Habe ich eine Abverkaufsfrist für meine restlichen an Lager befindlichen Produkte (unter Umständen dann nicht mehr exklusiv) oder darf ich nach Vertragsende keine Restbestände mehr verkaufen?

▥ **Akzeptable Garantiesumme/Lizenzgebühren und Zahlungskonditionen**
Lassen sich die Zahlungen in die eigene Kalkulation realistisch integrieren, ohne dass die Kapazitäten unverhältnismäßig erhöht werden müssen?

▥ **Unkomplizierter Lizenzgeber**
Insbesondere hinsichtlich der Freigaben. Was schreibt der Lizenzvertrag alles vor, schränkt er die eigenen Abläufe ein?

Bei der Bewertung von Kinobesucherzahlen bei Filmen sei angemerkt, dass international mit unterschiedlichen „Maßen" gemessen wird: Während in Deutschland der Erfolg von

Kinofilmen anhand der Besucherzahlen bestimmt wird, so wird international in der Regel das **Box Office**-Ergebnis, das finanzielle Einspielergebnis eines Films in US-Dollar, als Vergleichsgröße herangezogen. Im Internet gibt es eine Reihe von Websites, die Filme international anhand der Box Office-Zahlen vergleichen. Beachten muss man dabei natürlich, dass beim Vergleich der Einspielergebnisse auch die jeweilige Größe eines Landes und seine Einwohnerzahl dazu in Bezug gebracht werden muss. Die Einspielergebnisse in einem vergleichsweise kleinen Land wie Finnland können daher natürlich nicht ohne Weiteres mit denen aus Deutschland oder gar den USA verglichen werden.

## 9.3.3    Checkliste: Auswahl TV-Lizenzthemen

Das Fernsehen ist ein wichtiger Lieferant von Lizenzthemen. Gerade im Kinderbereich sind es vor allem TV-Figuren, die erfolgreich sind. Das liegt größtenteils daran, dass Kinder verhältnismäßig viel Zeit vor dem Fernseher verbringen und so mit vielen Charakteren aus den diversen Kinder-TV-Serien vertraut sind. Daher fragen sie in der Regel auch Produkte mit ihren Fernsehlieblingen nach, wenn sie diese in der Werbung oder im Geschäft entdecken. Des Weiteren initiieren die Sender selbst oder damit beauftragte Agenturen auch gezielte Aktionen wie Gewinnspiele und Mitmachaktionen zu erfolgreichen Lizenzthemen, um die Nachfrage weiter zu steigern.

*SpongeBob* ist ein solches Phänomen, das sich international seit über zehn Jahren als TV-Lizenzthema hält und sogar inzwischen auch bei (jungen) Erwachsenen Kultstatus erreicht hat. Aber auch die *Biene Maja, Thomas und seine Freunde* oder die *Sendung mit der Maus* sind langfristige, sehr erfolgreiche Lizenzthemen, die ihren Ursprung im Fernsehen haben.

Auch im Bereich der Erwachsenen-Lizenzthemen spielt das Fernsehen eine wichtige Rolle. Man denke nur an Erfolgsformate wie *DSDS-Deutschland sucht den Superstar* oder *Germany's next Topmodel*, zu denen es zahlreiche Lizenzprodukte und Promotions gibt. Aber auch Serien-Dauerbrenner wie *The Simpsons* oder *GZSZ* bringen regelmäßig neue Lizenzprodukte heraus.

Bei TV-Lizenzthemen gibt es eine Reihe von Faktoren, mit denen sich leicht einschätzen lässt, ob es überhaupt Sinn macht, ein Thema für den Einkauf in Erwägung zu ziehen.

### Checkliste: Auswahl von TV-Lizenzthemen

▪ **Bekanntheitsgrad**
  Wie bekannt ist die Serie bereits jetzt? Wie wird die Bekanntheit aufgebaut (Wie häufig werden die Folgen ausgestrahlt, welche flankierenden Marketing- und PR-Maßnahmen sind geplant, um das Format zu etablieren)?

▪ **(technische) Reichweite**
  Wird das Format allgemein über Kabel oder Satellit ausgestrahlt, so dass es nahezu alle Haushalte in Deutschland empfangen können oder läuft es unter Umständen bei einem Pay TV-Sender, dessen Reichweite eingeschränkt ist.

■ **Sendeplatz**
Die Uhrzeit der Ausstrahlung ist sehr entscheidend: Bei einem „schlechten Sendeplatz"
eines Kinderprogramms sitzt die Zielgruppe nicht vor dem Fernseher, sondern ist z.B.
in der Schule.

■ **Anzahl der Folgen**
Kinderserien haben heute in der Regel zwischen 12 und 26 Folgen pro Staffel. Je mehr
Folgen und Staffeln gesendet werden, desto schneller kann Bekanntheit aufgebaut und
eine Zielgruppenbindung durch regelmäßige Penetration mit dem Lizenzthema erreicht werden.

■ **Sendeplanung/Laufzeit der Serie**
Wie oft werden Folgen der Serie (in der Woche) ausgestrahlt? Ist eine Wiederholung
der Folgen nach der Ausstrahlung der Staffel geplant?

■ **Einschaltquoten**
Wenn die Sendung bereits on Air ist, sollten die Einschaltquoten aufgeschlüsselt nach
Zuschauerzielgruppen vorliegen (im Kinderbereich sind hier neben den Auswertungen
zu den einzelnen Altersgruppen auch die der so genannten „haushaltführenden Personen" (in der Regel die Mutter) aufschlussreich, denn diese bestimmen über den Kauf
von Lizenzprodukten).

■ **Werbe- und PR-Möglichkeiten über den Lizenzgeber**
Können meine Lizenzprodukte im Umfeld der Sendung beworben werden? Wenn ja,
zu welchen (Sonder-)Konditionen? Gibt es weitere Möglichkeiten der Einbindung der
eigenen Lizenzprodukte in die Medien des Senders (Internet, Fan-Magazin, Events etc.)?

Ergänzt werden sollte diese grundsätzliche Bewertung eines TV-Lizenzthemas idealerweise durch die oben aufgeführte, allgemeine Checkliste zum Lizenzthemen-Einkauf, da diese
noch weitergehend ist und hilft, das Risiko eines Fehleinkaufs weiter zu minimieren.

# 9.4 Chancen für den Lizenznehmer

## 9.4.1 Emotionalisierung

Der Einkauf eines Lizenzthemas für die eigenen Produkte kann aus einem eher langweili-
gen, da „neutralen" Produkt wie z.B. einem Toaster, einen für den Endverbraucher viel
attraktiveren Artikel machen. Ein Lizenzthema trägt dazu bei, Produkte innerhalb eines
Sortiments ähnlicher Angebote hervorzuheben. Durch das Lizenzthema wird das Produkt
einzigartiger und unterscheidet sich für den Konsumenten gut erkennbar von ähnlichen
Produkten im Handel.

Der Konsument hat eine gewisse emotionale Bindung zu einem Lizenzthema und entscheidet sich deswegen für ein Produkt im Design des ihm sympathischen Themas. Diese
Emotionalisierung ist es auch, die den Endverbraucher an ein Lizenzthema bindet und ihn

dazu bringt, weitere dazu passende Produkte zu erwerben: Kleine Jungen finden ein T-Shirt mit einem *Hot Wheels*-Bild darauf viel spannender als ein neutrales T-Shirt und würden ihre Eltern bitten, sich stets für dieses zu entscheiden. Und für manchen Erwachsenen ist die *Gucci*-Sonnenbrille um Längen attraktiver als eine andere, da es sich um ein Lizenzaccessoire des Lieblingsdesigners handelt.

## 9.4.2    Diversifizierung durch Lizenzthemen

Mit dem Einsatz unterschiedlicher Lizenzthemen bei den Produkten eines Lizenznehmers kann eine Diversifizierung der Zielgruppenansprache erreicht werden. Da unterschiedliche Lizenzthemen unterschiedliche Zielgruppen ansprechen, kann darüber ein eigentlich vergleichbares Sortiment über die Verwendung von verschiedenen Lizenzen für verschiedene Zielgruppen interessant werden, die auch eine unterschiedliche Preissensibilität haben.[252]

Die Bettwäsche für Erwachsene im *Harley-Davidson*-Design spricht eine andere (Nutzer-) Zielgruppe an als die im *Hello Kitty*-Look, auch wenn beide vom gleichen Hersteller bzw. Lizenznehmer stammen können und gegebenenfalls auch zu unterschiedlichen Endverbraucher-preisen bei ähnlicher Qualität angeboten werden.

## 9.4.3    Synergien

Bei Lizenzthemen mit zahlreichen Lizenznehmern sind gemeinsame Aktionen im Handel möglich. Oft werden solche Aktionen von den Lizenzgebern oder den Lizenzagenturen koordiniert. Diese verhandeln für eine solche Maßnahme eventuell auch Sondereinkaufspreise bei den teilnehmenden Lizenznehmern und initiieren zusätzlich vielleicht noch flankierende Maßnahmen. So wird erreicht, dass ein Handelspartner wie *Kaufhof* in Bereichen mit hoher Kundenfrequenz in seinen Filialen eine Verkaufsfläche für unterschiedliche *Felix der Hase*-Produkte zur Verfügung stellt und diese zusätzlich mit Werbemitteln empfiehlt. Ein Lizenznehmer allein hat es schwerer, eine so exponierte Verkaufsfläche samt Werbemittellistung zu erhalten.

Wenn es mehrere Lizenznehmer zu einem Thema am Markt gibt, beflügeln sich die Umsätze oft gegenseitig. Eine Anzeige des Master Toy-Lizenznehmers in der Spielzeugfachpresse kann bewirken, dass der Einzelhandel auch die Produkte anderer Lizenznehmer listet. Genauso wie ein zufriedener Kunde eines Lizenzproduktes beim nächsten Einkauf vielleicht ein Lizenzprodukt zum gleichen Lizenzthema eines anderen Herstellers einkaufen wird. Durch viele Lizenzprodukte am Markt hat ein Lizenzthema vielfältigste Kontaktpunkte zum Konsumenten in verschiedenen Vertriebskanälen, so dass alle Lizenznehmer voneinander profitieren können.

---

[252] vgl. *Morschett (2002)*, S. 37-38

## 9.4.4    Wiedererkennungswert

Wenn der Style Guide stringent auf alle Lizenzprodukte angewendet wird, haben alle Lizenzprodukte den gleichen „Look & Feel" – die *Findet Nemo*-Bettwäsche kommt im gleichen Design daher wie die *Nemo*-Spielwaren. Das verschafft einem Lizenzthema einen großen Wiedererkennungswert, was wiederum – wie oben schon erwähnt – zu Wiedereinkäufen des Lizenzthemas beim Konsumenten führt.

Wichtig für den positiven Wiedererkennungswert eines Lizenzthemas beim Endverbraucher ist, dass die Produktqualität aller Lizenzprodukte ein ähnliches Niveau besitzt. Die Spielwaren müssen dem gleichen Qualitätsanspruch genügen wie die Kinderbekleidung oder die Cornflakes. Schwankende Qualitäten bei unterschiedlichen Produkten fallen dem Konsumenten auf, und er wird diese möglicherweise durch unterbleibende Wiederholungskäufe strafen, da er nicht den einzelnen Lizenznehmer hinter dem Produkt sieht, sondern allein die Lizenz.

## 9.4.5    Preisgestaltung

Durch die Verwendung eines Lizenzthemas wird ein Produkt vom „generischen" Sortiment vergleichbarer Produkte hervorgehoben. Es ist nun schwerer, dieses mit den übrigen Artikeln in Relation zu setzen, so dass hierdurch das Produkt zum höheren Endverbraucherpreis als vergleichbare, nicht lizenzierte Produkte angeboten werden kann. Allerdings gibt es auch Branchen, in denen ein starker Preiskampf herrscht (z.B. Lebensmitteleinzelhandel), wo Lizenzen natürlich zum Emotionalisieren von Produkten genutzt werden, aber dennoch keine höheren Verkaufspreise für den Endverbraucher realisiert werden können.

Wenn ein Lizenzprodukt einen Zusatznutzen erhält, wie z.B. bei einem *Sendung mit der Maus*-Toaster, der die Outline der *Maus* auf den Toast brennt, dann akzeptiert der Konsument einen höheren Preis im Vergleich zum „neutralen" Produkt eher.

Aus Sicht des Lizenznehmers ist durchaus von Bedeutung, dass er durch die Verwendung eines Lizenzthemas sein Produkt teurer verkaufen kann. Schließlich muss er pro verkauftem Lizenzprodukt eine Lizenzgebühr an den Lizenzgeber abführen. Aus diesem Grund fließen die zu zahlenden Lizenzgebühren in die Kalkulation ein.

## 9.4.6    Absatz

Wie bei allen Produkten geht es auch bei Lizenzprodukten am Ende um einen möglichst hohen Absatz. Die Verwendung eines Lizenzthemas gibt dem Lizenznehmer eine gewisse Alleinstellung im Handel. Denn oft erwirbt er ein Lizenzthema exklusiv für seine Produkte und Vertriebskanäle. Der Lizenznehmer muss also in seinem Kerngeschäft keine Konkurrenten, die das gleiche Lizenzthema für die gleichen Lizenzprodukte verwenden, fürchten. Dies verschafft ihm eine Alleinstellung (USP) in der Wahrnehmung der Endverbraucher.

Dabei kann die Nutzung von Lizenzen auch dazu dienen, um ein bereits im Markt befind-liches Produkt zu aktualisieren, so dass es höher und breiter positioniert werden kann.[253]

Der Handel als wichtiger Teilnehmer im Lizenzgeschäft hat erkannt, welche Bedeutung Lizenzthemen für sein Geschäft haben. Die Handelsunternehmen beobachten den Lizenz-markt genau und wissen, welche Themen derzeit gefragt sind und welche nicht. Ein aktu-ell „heißes" Lizenzthema wird auf offene Türen beim Handel stoßen und eher gelistet werden als ein zurzeit wenig angesagtes.

## 9.4.7    Marketing für das Lizenzprodukt

Durch den Erwerb eines Lizenzthemas entfällt für den Lizenznehmer der langwierige, mühevolle und kostenintensive Aufbau einer eigenen Marke, da die Bekanntheit und das Image eines Lizenzthemas meist schon durch den Lizenzgeber aufgebaut wurde, wenn er beginnt, ein Thema zu lizenzieren. Zumal die vielfach hohe Medienpräsenz von Lizenz-themen auch dazu führt, dass die Endverbraucher sich am Ende bei vergleichbaren Pro-dukten aufgrund des immer stärker werdenden Medienkonsums für das Lizenzprodukt entscheiden, das ihnen vertrauter ist als eine andere Marke.

Bei einem guten Fit zwischen Lizenzthema und Produkten sind die Zielgruppen identisch (Imagetransfer), so dass das Lizenzthema den auslösenden Kaufanreiz für ein Produkt bildet. Der Lizenznehmer muss sich im Idealfall bei PR und Marketing „nur" darauf kon-zentrieren, seine Lizenzprodukte an sich bekannt zu machen, und kann sich dabei auf ein bereits bekanntes Thema und den Hype darum stützen. Hin und wieder ist die Überein-stimmung von Lizenzthema und -produkt sogar so gut, dass die Charakteristika des Li-zenzthemas an sich schon die Beschaffenheit des Produktes beschreiben, so dass beide eine logische Einheit bilden. Ein Beispiel hierfür sind die *Adidas* Duschgels des Kosmetik-herstellers *Coty*, die speziell auf die Bedürfnisse von Sportlern zugeschnitten sind.

Ein bekanntes Lizenzthema profitiert nicht nur von seiner Medienpräsenz, die der Lizenz-geber erzeugt, sondern auch von der Präsenz anderer Produkte zum Lizenzthema im Markt. Eventuell gelingt es sogar, eine Handelskooperation mit unterschiedlichen Lizenz-nehmern zu koordinieren, um Aufmerksamkeit beim Endverbraucher zu erzielen. Die Nutzung der Marketing- und PR-Aktivitäten des Lizenzgebers für die eigenen Lizenzpro-dukte funktioniert vor allem dann, wenn erstens das Lizenzthema schon eine gewisse Bekanntheit und Beliebtheit hat, zweitens andere Lizenznehmer schon im Markt sind und diese drittens stark genug voneinander abgegrenzte und qualitativ ähnliche Lizenzpro-dukte zum gleichen Thema im Sortiment haben, um nicht austauschbar zu sein.[254]

---

[253] vgl. *Lou* in: *Absatzwirtschaft* (Presse, 2009), Lizenzmarken als gefeierte Stars, S. 31
[254] vgl. *Meyer* (2003), S. 16-17

# 9.5     Risiken für den Lizenznehmer

## 9.5.1     Das Lizenzthema floppt oder erreicht die Konsumenten nicht mehr

Gerade bei neuen Lizenzthemen ist immer eine Portion Risiko im Lizenzdeal enthalten. Die Lizenzgeber und -agenturen wissen ihre Lizenzen in Szene zu setzen und prahlen nicht selten mit Superlativen, um sie an potenzielle Lizenznehmer zu verkaufen. Aber nicht jeder vorausgesagte Trend wird zwangsläufig auch zu einem, und nicht jedes Lizenzthema schreibt Erfolgsgeschichte: So können Filme an den Kinokassen floppen, TV-Serien werden mangels Erreichen der geplanten Zuschauerzahlen vorzeitig abgesetzt oder von einer Marke abgeleitete Produkte werden einfach nicht vom Endverbraucher angenommen. Vielleicht findet aber auch deutlich weniger Werbung und PR für das neue Thema statt als im Vorfeld vom Lizenzgeber angekündigt, so dass keine ausreichende Nachfrage erzeugt wird.

Außerdem bedeutet ein erfolgreiches Leitmedium noch lange nicht, dass sich alle oder zumindest einige Lizenzprodukte dazu genauso erfolgreich beim Endverbraucher durchsetzen. Dieses Schicksal kann bereits lange erfolgreiche Klassiker-Lizenzthemen genauso treffen wie neue auf den Markt gebrachte Themen. Der bereits in diesem Buch zitierte Imagetransfer sollte so gut wie möglich sein, um dies zu verhindern – eine hundertprozentige Garantie kann aber auch dieser nicht bieten, dass ein Lizenzthema und mit ihm die Lizenzprodukte erfolgreich sein werden.

Des Weiteren können auch unvorhersehbare „Katastrophen" eintreten, die einem Lizenzthema so sehr schaden, dass es – egal wie erfolgreich es zuvor war – plötzlich den „Todesstoß" erhält. Prominente Beispiele kommen hier vielfach aus der Musik- und der Filmindustrie – wohl auch, weil das Lizenzthema hier Menschen sind, die nicht so leicht strategisch zu planen sind wie Filme, Marken oder andere statischere Themen. *Michael Jacksons* Kindesmissbrauchs-Ermittlungsverfahren Mitte der 90er Jahre hatte verheerende Folgen auf den Lizenzprodukte-Umsatz mit dem *King of Pop*.[255] Umgekehrt schnellten die Lizenzerlöse nach dessen plötzlichem Tod in 2009 wieder in die Höhe, so dass Lizenzgeber und Lizenznehmer sogar Probleme hatten, die große Nachfrage zu befriedigen. Das *Jackson*-Anwesen erlöste im Jahr nach dem Tod des *King of Pop* 250 Mio. US-Dollar an Einnahmen: Allein ein Lizenz-Deal mit *Ubisoft* über ein Video Game brachte den Erben 26 Millionen US-Dollar an Garantiesumme ein, und *Sony Music, Jacksons* Plattenfirma, verkaufte seit dessen Tod bis Sommer 2010 mehr als 30 Millionen Exemplare seiner Musikalben.[256]

---

[255] vgl. *Diederichs* in: *Böll* (2001), S. 296

[256] vgl. *Associated Press* (Web, 2010), Michael Jackson's Estate earns 250 Million after His Death

Es kann aber auch funktionieren! Wie beim Bekleidungslabel *Rocawear* des amerikanischen Musikers und Musikproduzenten *Jay-Z*, das sich seit 1999 etablieren konnte und im Schnitt einen Umsatz von 700 Mio. US-Dollar im Jahr erwirtschaftet. Der Grund für diesen Erfolg dürfte auch darin liegen, dass die Produkte zwar mit dem Künstler *Jay-Z* verbunden sind, jedoch auch so gut genug sind, um sich eigenständig im Markt zu behaupten.[257] Die Marke gehört übrigens seit 2007 der *Iconix Brand Group*.

Risikoreich ist es auch, wenn ein Lizenzgeber keine oder wenige Anstrengungen unternimmt, sein Lizenzthema frisch und für die Konsumenten attraktiv zu halten. Für ein dauerhaft erfolgreiches Lizenzthema sollte ein Lizenzgeber immer wieder neues Design zur Verfügung stellen und Maßnahmen ergreifen, die es im Gespräch halten.[258]

Auch um Themen, die schon lange im Markt sind, sollte sich ein Lizenzgeber kümmern. Da sich Endverbrauchergeschmack und -gewohnheiten im Zeitverlauf ändern, muss ein Lizenzthema angepasst werden. Dies tut beispielsweise auch der belgische Lizenzgeber der *Schlümpfe*, die seit den 70er Jahren zunächst als Kinofilm und später in einer TV-Serie weltweit über die Bildschirme flimmerten und zu denen es eine riesige Auswahl an Lizenzprodukten gibt. Seit Jahrzehnten kennen wir die Schlümpfe in 2D. In 2011 wird ein neuer *Schlümpfe*-Kinofilm erscheinen, der dem heutigen Standard mit einer 3D-Animation entsprechen wird. Die neuen *Schlümpfe*-Lizenzprodukte werden sicher das moderne Design der *Schlümpfe* verwenden und damit dem heutigen Zeitgeist entsprechen.

## 9.5.2    Freigabeprozess

Zum einen ist es ein großer Vorteil, dass sich alle Lizenznehmer an den durch den Lizenzgeber zur Verfügung gestellten Style Guide halten müssen. Zum anderen besteht so bei allen Maßnahmen rund um das Lizenzprodukt – von der Produktentwicklung bis zu den Werbemitteln – eine große Abhängigkeit vom Lizenzgeber. Durch wiederholte Beanstandungen und deren Behebung bei den Lizenzprodukten kann der Markteinführungszeitplan in Gefahr geraten, und es entstehen außerdem Mehrkosten für die Überarbeitung der Produkte.[259]

Der Einkauf eines Lizenzthemas bedeutet auch, dass das vorgegebene Design des Lizenzgebers und das eigene Design in Einklang gebracht werden müssen. Dies kann kompliziert werden, wenn Lizenzthema und -nehmer beispielsweise sehr unterschiedliche Farbwelten verwenden, so dass ein Kompromiss gefunden werden muss, damit beide miteinander harmonieren und damit „leben" können.

---

[257] vgl. *Peck* (Web, 2010), Celebrity Fashion Lines

[258] siehe Kapitel „Bekanntheit des Lizenzthemas aufbauen und pflegen", S. 95

[259] siehe Kapitel „Freigabeprozess (Approval)", S. 162

Problematisch kann es auch werden, wenn der Lizenzgeber kaum und vor allem nur wenig zum Lizenzprodukt passendes Artwork vorrätig hat und auch kein weiteres beschaffen oder erstellen lassen kann. Hier leidet das Erscheinungsbild des Lizenzproduktes, was wiederum auch starken Einfluss auf den Verkaufserfolg des Themas haben kann.

## 9.5.3    Kommunikation

Die PR- und Marketingmaßnahmen des Lizenzgebers sind maßgeblich für den Erfolg eines Lizenzthemas. Hier muss sich der Lizenznehmer auf den Lizenzgeber verlassen und hoffen, dass die eingeleiteten Maßnahmen von Erfolg gekrönt sein werden. Aber wie schon erwähnt, ist es durchaus möglich, dass ein Lizenzthema trotz größtmöglicher Anstrengungen des Lizenzgebers bei Marketing und PR am Ende nicht vom Konsumenten angenommen wird.

Es kann auch passieren, dass ein Skandal dazu führt, dass das eingekaufte Lizenzthema – ohne Einwirkung des Lizenznehmers – plötzlich ein schlechtes Image erhält. Die Hauptdarstellerin des *Disney*-Hits *High School Musical, Vanessa Anne Hudgens*, hat beispielsweise 2007 durch im Internet aufgetauchte Nacktfotos dem Image der cleanen TV-Musical-Serie geschadet – auch wenn Lizenzgeber *Disney* sich glücklich schätzen konnte, dass der Schaden aufgefangen werden konnte. Bei animierten Filmproduktionen ist das Risiko von Negativ-Presse natürlich deutlich geringer, da hier keine „menschlichen Fehltritte" zu befürchten sind. Unschön ist es auch, wenn ein Künstler sich plötzlich von seinem Werk, das lizenziert wird, öffentlich distanziert. So geschehen bei dem Künstler und Autor *Janosch*, der 2010 in der *Süddeutschen Zeitung* mitteilte, dass er nichts mehr mit seiner bekanntesten Figur *Tigerente* zu tun haben wolle.[260] Aber auch andere Lizenzthemen-Arten wie z.B. Designermarken, Events oder Spielzeugmarken kann Unvorhergesehenes passieren, das das Ansehen eines Lizenzthemas negativ beeinflussen kann – wenngleich das Risiko meist überschaubar ist. Die Kunst einer gelungenen Kommunikation ist es in solchen Fällen, den großen Imageschaden vom Lizenzthema abzuwenden, um die Folgen für den Lizenzartikelverkauf so gering wie möglich zu halten.

Natürlich spielen auch die Zielgruppen eines Produktes eine wichtige Rolle. Zu unterscheiden ist hier eventuell zwischen Käufer- und Nutzerzielgruppe. Dies ist besonders evident bei Produkten, die vorrangig verschenkt werden, wie z.B. bei Spielwaren. Hier ist es in der Kommunikation notwendig, diese auf die unterschiedlichen Zielgruppen eines Produktes abzustimmen. Um bei der Spielwarenindustrie zu bleiben, sollte idealerweise die Nachfrage bei der Kinderzielgruppe durch ein attraktives Lizenzthema angekurbelt werden, und die sonstigen Vorzüge des Produktes wie z.B. Qualität und Preis sollten für die Käuferzielgruppe, die Eltern und Großeltern, hervorgehoben werden.

---

[260] vgl. *www.sueddeutsche.de* (Web, 2010), Kinderbuchautor Janosch – Tag der toten Ente

## 9.5.4     Finanzielle Einbußen

Der Einkauf eines Lizenzthemas bedeutet zunächst einmal Mehrkosten in der Kalkulation eines Produktes. Da wo es möglich ist, wird der Lizenznehmer versuchen, die höheren Stückkosten an den Endverbraucher weiterzugeben – zumal die Nutzung eines Lizenzthemas nach außen häufig bereits als Mehrwert angesehen wird: Der Endverbraucher wird erwarten, dass ein mit der Luxusautomarke *Porsche* gebrandeter Stift teurer ist als ein von der Ausstattung her vergleichbarer neutraler Stift.

Der Handel ist der Dreh- und Angelpunkt für den Erfolg oder Misserfolg eines Lizenzthemas. Ohne Listung bei den Handelspartnern können keine Produkte verkauft werden. Genauso wie Lizenzgeber und Lizenznehmer ist auch der Handel an hohen Umsätzen und Gewinnen interessiert. Durch seine Stellung als „Gatekeeper" zum Endverbraucher hat er eine große Marktmacht und kann daher Preise drücken. Aus diesem Grund ist es nicht selten, dass gerade die großen Handelsketten Lizenzprodukte zum gleichen Preis einkaufen wie das „neutrale" Sortiment.

Es kommt natürlich auch zu finanziellen Einbußen, wenn das Lizenzthema oder auch nur ein spezifisches Lizenzprodukt einfach nicht wie geplant und trotz unter Umständen umfangreicher Marketing- und PR-Arbeit vom Endverbraucher angenommen wird und die Ware wie Blei in den Verkaufsregalen im Handel liegt. Wenn das Lizenzprodukt sich deutlich weniger verkauft als vorausgesagt, so bedeutet dies, dass die meist zu zahlende Garantiesumme für ein Lizenzprodukt durch den Warenverkauf nicht eingespielt wird und der Lizenznehmer auf diesen zusätzlichen Kosten in seiner Produktkalkulation sitzen bleibt.

## 9.5.5     Vertrieb der Lizenzprodukte

Lizenznehmer sind stark von der Vermarktungsphilosophie des Lizenzgebers abhängig. Die Vorgabe der Vertriebskanäle ist eine der Stellschrauben für langfristig angelegte Lizenzthemen. Der Lizenzgeber legt im Lizenzvertrag die erlaubten Distributionskanäle und Territorien fest und belegt eine Missachtung dieser Auflagen mit hohen Konventionalstrafen.

Meist sind es gerade die Discounter, bei denen innerhalb kurzer Zeit hohe Auflagen abgesetzt werden könnten, per se in den Lizenzverträgen ausgeschlossen. Solche Discounter-Deals werden jedoch hin und wieder auch von den Lizenzgebern über gesonderte und zeitlich sowie auf die erlaubten Produkte stark eingeschränkte Verträge erlaubt, bei denen die Lizenzgeber meist stärker finanziell partizipieren als an den „Standard-Lizenzverträgen", denn es handelt sich hierbei in der Regel um ein zustimmungspflichtiges Nebenrecht, das sich ein Lizenznehmer erst einräumen lassen muss.

## 9.5.6     Auswertungsdauer bzw. Auswertungszeitraum

Bei der Bestimmung der Vermarktungsphilosophie in zeitlicher Hinsicht legt meist der Ursprung des Lizenzthemas die Dauer der Auswertung fest. Ein klassisches Lizenzthema wie *Coca-Cola* oder *Adidas* kann auf lange Sicht ausgewertet werden. Themen aus TV und Kino, aber auch Music Acts und Events haben meist kurze, wenn sich sogar sehr kurze Auswertungszeiträume.

Eine TV-Serie gerät nach Ende der Ausstrahlung schnell in Vergessenheit. Je weniger Folgen einer Serie produziert und ausgestrahlt werden, desto unattraktiver ist sie für potenzielle Lizenznehmer, da die Konsumentennachfrage nach Lizenzprodukten entsprechend gering ist. Dennoch gibt es auch bei den Auswertungszeiträumen immer wieder Überraschungen. Als die Zeichentrickserie *The Simpsons* 1987 erstmals ausgestrahlt und schnell zu einem Kultthema wurde, konnte niemand ahnen, dass die Serie 2009 als die am längsten laufende Sitcom ausgezeichnet werden würde[261] und das Licensing zu dieser Serie mit 8 Milliarden US-Dollar Handelsumsatz[262] mittlerweile das aller anderen TV-Produktionen weltweit übertroffen hat.[263]

Ein Kinofilm hat meist nur wenige Wochen, in denen er für das Licensing ausgewertet werden kann. Diese Zeit beginnt einige Wochen vor Kinostart, wenn die PR-Maschinerie zum Film auf vollen Touren läuft. Zu diesem Zeitpunkt sollten die Lizenzprodukte im Handel erhältlich sein. Wenn der Film erst einmal in den Kinos ist, bleibt für das Einspielergebnis wie auch für den Verkauf der Lizenzprodukte zu hoffen, dass möglichst viele Menschen den Weg in die Kinos finden, so dass der Film möglichst lange on Air bleibt. Eine lange Präsenz in den Kinos bedeutet häufig auch die Chance auf mehr Verkäufe von Lizenzprodukten. Bei alleinstehenden Filmen, die nicht im Rahmen einer Serie in die Kinos kommen, ist es ungleich schwerer, erfolgreich Lizenzprodukte zu verkaufen, da die Bekanntheit des Themas noch nicht groß genug ist. Die von Beginn an als Kinoserien gepushten Filme wie die *Herr der Ringe*-Serie oder *Batman* haben es da leichter.

Hin und wieder verschafft übrigens der Launch der DVDs zum Film oder zur TV-Serie einem Thema noch einmal einen Hype, der auch die Lizenzprodukte beflügeln kann – insbesondere wenn DVDs und sonstige Lizenzprodukte am POS gemeinsam beworben und angeboten werden.

Ähnlich wie bei „Stand-Alone"-Kinofilmen haben auch große Ereignisse meist nur eine kurze Verwertungsdauer: Wen interessieren noch Lizenzprodukte zu einem Sportereignis wie einer *Fußball WM*, wenn der Weltmeister gekürt ist? Bei Künstlern genauso wie bei anderen Lizenzthemen kann es manchmal von jetzt auf gleich mit der Popularität vorbei sein, so dass langfristige Lizenzstrategien schwer zu planen sind.

---

[261] vgl. *www.wikipdedia.de* (Web, 2009), Die Simpsons

[262] vgl. *Szalai* (Web, 2010), 'Avatar' merchandise strategy going long-term

[263] vgl. *Conlan* (Web, 2010), The Simpsons is top TV brand of all time, says survey

Die voraussichtliche Auswertungsdauer bestimmt auch die Strategie der Auswertung eines Lizenzthemas an sich. Der Lizenzgeber eines Themas mit einer voraussichtlich kurzen Lebensdauer wird nahezu allen möglichen Lizenzprodukten für alle erdenklichen Vertriebskanäle zustimmen, um möglichst viel Geld in der ihm zur Verfügung stehenden kurzen Zeitspanne zu erwirtschaften. Dies wird auch die Strategie eines Lizenznehmers eines derartigen Themas sein. Sollte der Film allerdings aufgrund seines großen Erfolges eine Fortsetzung bekommen, könnte sich diese Strategie dann doch noch negativ auswirken, da der Film als Lizenzthema möglicherweise dann nicht mehr attraktiv für den Endverbraucher ist, da er mit Lizenzprodukten übersättigt wurde. Oder der Lizenzgeber ändert nun seine Strategie und reglementiert von nun an Menge, Art und Vertriebskanäle der Lizenzprodukte stärker.

Bei einem voraussichtlich langfristig am Markt bestehenden Lizenzthema wird der Lizenzgeber darauf bedacht sein, sein Thema vorsichtig aufzubauen und daher die Lizenznehmer und -produkte sowie Vertriebskanäle mit Bedacht auswählen, um Umsatzsteigerungen zu erzielen, die sich irgendwann auf einem höherem Niveau einpendeln sollten. Entsprechend wird ein Lizenzgeber in diesem Rahmen auch nicht von Beginn an jedes Produkt erlauben, um seine Lizenz lieber schrittweise durch hin und wieder neue Produkte und Designs dauerhaft attraktiv zu halten.

# 10 PRAXIS: Learnings aus den Tops und Flops im deutschen Lizenzmarkt

Axel Dammler

Selbst wenn der Lizenzmarkt in Deutschland im Vergleich zu anderen Ländern noch in den Kinderschuhen steckt, zeichnen sich über die Jahre doch einige Entwicklungen ab, die verdeutlichen, wie der deutsche Markt funktioniert. Dieser Beitrag gibt zunächst einen kurzen Überblick über die Mechaniken und Regeln, die im Lizenzmarkt wichtig sind. Anhand einiger konkreter Beispiele von erfolgreichen Lizenzthemen der vergangenen Jahre wird dann gezeigt, welche dieser Mechaniken jeweils ausschlaggebend für den Erfolg waren.

## 10.1 Kennziffern für die Bewertung von Lizenzen

Dass es uferlos viele Lizenzen gibt, die um die Aufmerksamkeit der möglichen Lizenznehmer buhlen, ist kaum zu übersehen. Entsprechend schwierig ist die Auswahl und entsprechend groß ist der Bedarf an belastbaren und vergleichbaren Kennziffern, die dabei helfen können, die richtige Auswahl zu treffen. Im Folgenden werden die wesentlichen dieser Kennziffern beschrieben.

### 10.1.1 Bekanntheit

In den meisten Fällen muss eine Lizenz bekannt sein, um zu verkaufen. Dies gilt insbesondere für Lizenzen, die character- und storygetrieben sind, also vor allem für Lizenzen aus dem TV- und Kino-Bereich. Diese Lizenzen erschließen sich erst durch die darin gezeigte Welt und die Figuren. Wer das Thema und die damit verbundene Welt nicht kennt, der kann nicht an die Lizenz andocken, weil er nicht versteht, um was es da geht – *Shrek* bleibt dann ein hässliches grünes Wesen und *SpongeBob* ein merkwürdiger gelber Kasten mit Beinen und Armen.

*iconkids & youth* misst in der Studie *Trend Tracking Kids*© regelmäßig auf repräsentativer Basis die Bekanntheit von bis zu 80 Lizenzen bei 6- bis 12-Jährigen in Deutschland (**Abbildung 10.1**). Schaut man sich die Zahlen an, dann fällt auf, wie hoch die Bekanntheitswerte sind, die hier gemessen werden: Selbst relativ neue und sehr zielgruppenspezifische Themen kommen problemlos auf Bekanntheitswerte von über 60 Prozent und eine Menge Themen sind über 90 Prozent und damit fast allen Kindern bekannt.

Das heißt: Eine hohe Bekanntheit ist eher eine Grundvoraussetzung denn ein aussagekräftiges Qualitätskriterium für eine Lizenz. Bekanntheit allein reicht nicht aus: Man muss eine Lizenz nicht nur kennen, sondern auch mögen.

**Abbildung 10.1**    Top 50 der bekanntesten Lizenzenzthemen der
6 bis 12-Jährigen 2010[264]

| | | | | | |
|---|---|---|---|---|---|
| 1 | Asterix & Obelix | 98% | 26 | Die Pinguine aus Madagascar | 88% |
| 2 | Bibi Blocksberg | 98% | 27 | DSDS | 88% |
| 3 | Barbie | 98% | 28 | Bayern München | 87% |
| 4 | Benjamin Blümchen | 97% | 29 | Wendy | 87% |
| 5 | Mickey Mouse | 96% | 30 | Snoopy | 86% |
| 6 | Die Biene Maja | 96% | 31 | Tabaluga | 86% |
| 7 | Harry Potter | 96% | 32 | Pokémon | 86% |
| 8 | SpongeBob | 96% | 33 | Schloss Einstein | 81% |
| 9 | Bibi und Tina | 94% | 34 | Lady Gaga | 81% |
| 10 | Pippi Langstrumpf | 94% | 35 | Hexe Lilli | 80% |
| 11 | Sesamstraße | 93% | 36 | Kim Possible | 79% |
| 12 | Die Sendung mit der Maus | 93% | 37 | Logo! | 79% |
| 13 | Tom & Jerry | 93% | 38 | Hotel Zack & Cody | 78% |
| 14 | Bob der Baumeister | 92% | 39 | Wissen macht Ah! | 76% |
| 15 | Die Wilden Kerle | 92% | 40 | WOW - Die Entdeckerzone | 76% |
| 16 | Hannah Montana | 92% | 41 | Die Wilden Hühner | 76% |
| 17 | Ice Age | 91% | 42 | Cosmo & Wanda | 75% |
| 18 | Prinzessin Lillifee | 91% | 43 | Cars | 73% |
| 19 | Die Simpsons | 90% | 44 | GZSZ | 73% |
| 20 | Wickie | 89% | 45 | Yu-Gi-Oh! | 72% |
| 21 | Tokio Hotel | 88% | 46 | Germany's Next Topmodel | 72% |
| 22 | Heidi | 88% | 47 | High School Musical | 72% |
| 23 | Tigerente | 88% | 48 | Jim Knopf | 72% |
| 24 | Hello Kitty | 88% | 49 | Bastian Schweinsteiger | 71% |
| 25 | Löwenzahn | 88% | 50 | Wetten dass...? | 71% |

## 10.1.2    Beliebtheit

Die Beliebtheit und Akzeptanz ist damit die zweite wichtige Kennziffer. Und hier zeigt sich dann auch, wie schnell die hohen Bekanntheitswerte zusammenschmelzen: 98 Prozent der 6- bis 12-Jährigen kennen *Barbie*, doch laut *Trend Tracking Kids© 2010* finden sie nur 26 Prozent total toll – und natürlich sind dies vor allem die jüngeren Mädchen (6- und 7-jährige Mädchen: 77 Prozent).

Bei der Beliebtheit wirken sich damit vor allem die typischen zielgruppenspezifischen Präferenzen aus (**Abbildung 10.2** und **Abbildung 10.3**). Allerdings kann man auch hier feststellen, dass eine sehr große Anzahl an Lizenzen beliebt ist. Kleine Mädchen mögen z.B. *Barbie, Hello Kitty, Prinzessin Lillifee, Disney's Prinzessinnen* und einige andere mehr. Auch eine hohe Beliebtheit ist also nicht alles …

---

[264] *iconkids & youth*: Trend Tracking 2010 (Studie, 2010): Basis n=360/n, 6-12-Jährige (Split-Versionen)

Abbildung 10.2    Die beliebtesten High-Interest-Themen Jungen 2010[265]

| Jungen: 6-7 Jahre | % | Jungen: 8-9 Jahre | % | Jungen: 10-12 Jahre | % |
|---|---|---|---|---|---|
| SpongeBob | 67 | Harry Potter | 58 | Die Simpsons | 57 |
| Ice Age | 55 | SpongeBob | 56 | Ice Age | 54 |
| Löwenzahn | 47 | Die Simpsons | 48 | Bastian Schweinsteiger | 51 |
| Die Pinguine aus Madagascar/ Wickie | 45 | Ice Age/ Die Wilden Kerle | 45 | Harry Potter | 49 |
| Die Wilden Kerle | 41 | Bastian Schweinsteiger | 40 | Die Wilden Kerle | 42 |

Abbildung 10.3    Die beliebtesten High-Interest-Themen Mädchen 2010[266]

| Mädchen: 6-7 Jahre | % | Mädchen: 8-9 Jahre | % | Mädchen: 10-12 Jahre | % |
|---|---|---|---|---|---|
| Barbie | 77 | Hannah Montana | 72 | DSDS | 57 |
| Prinzessin Lillifee | 68 | Barbie | 56 | Hannah Montana | 57 |
| Bibi und Tina | 51 | Prinzessin Lillifee | 48 | Germany's Next Topmodel | 46 |
| Benjamin Blümchen | 49 | Bibi Blocksberg/Tokio Hotel | 48 | Ice Age | 41 |
| Pippi Langstrumpf/H. Montana/ Heidi/B. Blocksberg/Hello Kitty/ SpongeBob | 45 | Hello Kitty/Harry Potter | 46 | Harry Potter | 40 |

## 10.1.3    Produktwunsch

Deswegen wird der Wunsch der Zielgruppe, Produkte mit dieser Lizenz zu besitzen, ebenfalls gerne zur Bewertung von Lizenzen herangezogen. Doch hier verhält es sich wie bei der Beliebtheit: Von beliebten Lizenzen hätte man selbstverständlich auch gerne Lizenzprodukte.

Gerade jüngeren Kindern fällt es oft schwer, sich zwischen ähnlich funktionierenden Lizenzen zu entscheiden: Letztlich gewinnt dann meistens das Thema, das etwas besser umgesetzt ist bzw. einfach nur zuerst entdeckt wurde.

## 10.1.4    Lizenzimage

Gelegentlich wird auch das Image einer Lizenz zur Beschreibung und Differenzierung eingesetzt: Ist die Lizenz also eher cool und „edgy"[267], lieb und sympathisch oder doch eher familiär und pädagogisch wertvoll?

---

[265] *iconkids & youth*:Trend Tracking 2010 (Studie, 2010): Basis n = 188 Jungen/6-12-Jährige

[266] *iconkids & youth*: Trend Tracking 2010(Studie, 2010): Basis n = 172 Mädchen/6-12 -Jährige

[267] edgy = im Zusammenhang z.B. mit Marken oder Lizenzthemen engl. für hipp, trendy

Natürlich ist es wichtig zu wissen, wofür eine Lizenz steht und ob sie gegebenenfalls zu den eigenen Markenwerten passt. Diese Informationen sind aber eher für Erwachsene wichtig: Kinder differenzieren hier sehr viel intuitiver und wenig reflektiert – mit komplexen Imagebeschreibungen können sie wegen ihrer noch eingeschränkten kognitiven Fähigkeiten wenig anfangen – und sie haben für sie auch keinerlei Handlungsrelevanz.

**Hier gilt vereinfacht folgende Alterseinteilung:**

▪ Bis zu einem Alter von sieben Jahren ist das Lizenz-Image komplett egal – die Kinder gehen nur nach dem Aussehen, dem Look der Lizenz.

▪ Zwischen sieben und zehn Jahren sollte die Lizenz logisch zur Produktkategorie passen – mit *Cars* lassen sich besser Autos lizenzieren als mit *Star Wars*, und *Barbie* passt besser zu Schminke als *Pippi Langstrumpf*.

▪ Ab zehn Jahre muss dann aber das Image der Lizenz zum Wunschimage des Produktes passen – soll das Produkt cool sein, muss es auch die Lizenz sein.

Auch hier wird man dann aber feststellen, dass es eine Menge an Lizenzen gibt, die mit positiven Images glänzen können und die prinzipiell passen könnten. In den meisten Fällen gilt nämlich: Es ist im Grunde zunächst egal, ob eine Lizenz eher für Action oder Abenteuer steht: Beides kann als Lizenzprodukt funktionieren, wenn es entsprechend gut adaptiert wird.

Natürlich ist es aber nicht möglich, nur auf Basis der genannten Kennziffern eine Auswahl zwischen den zahllosen Lizenzen im Markt zu treffen. Allerdings können die Kennziffern zumindest dabei helfen, in einem ersten Auswahlschritt die Komplexität des Marktes zu reduzieren und bestimmte Lizenzen aus dem „Relevant Set" der Möglichkeiten auszuschließen. Richtig erfolgreich werden Lizenzen aber erst dann, wenn sie einige weitere Kriterien erfüllen, die weitaus „softer" sind und im Folgenden vorgestellt werden.

## 10.2    „Softe Indikatoren" bei der Bewertung von Lizenzen

Erfolgreiche Lizenzen schaffen es, neben einer starken Performance bei den messbaren, harten Indikatoren weitere Stärken zu entwickeln, die eher „im Auge des Betrachters" liegen, also deutlich subjektiver sind.

### 10.2.1    Der Look der Lizenz

Bekanntheit spielt etwa dann nicht unbedingt eine Rolle, wenn es sich um rein designgetriebene Lizenzen handelt. Beste Beispiele sind hierfür Mädchenthemen wie *Diddl*, *Hello Kitty*, *Sheepworld* oder *Prinzessin Lillifee*, bei den Jungen zählen die *Wilden Kerle* und auch *Spiderman* dazu: Alle diese Themen haben gemeinsam, dass sie sich allein durch ihren Look verkaufen.

Sie senden spezifische Signale aus, die die Zielgruppe intuitiv decodiert, also „süß" und „schön" bei den Mädchen-Lizenzen und „cool" oder „stark" bei den Jungen-Lizenzen. Der Look ist also die Botschaft, und dafür braucht es kein langes Erlernen der Lizenz.

Ebenfalls wichtig: Die größte Bekanntheit und Sympathie nützt nichts, wenn die Lizenz optisch nicht passt. Die Serie *Angela Anaconda* hat im TV wunderbar funktioniert, aber nicht als Lizenz – weil die Serienfiguren aus Sicht der Mädchenzielgruppe zwar witzig und sympathisch, aber optisch leider eher unansehnlich und nicht schmückend waren.

## 10.2.2    Uniqueness

In der Menge der Lizenzen ist ein einzigartiges Erscheinungsbild sehr wichtig. Die vielen rosa Prinzessinnen kannibalisieren sich mittlerweile gegenseitig, eine *Pippi Langstrumpf* bleibt aber einzigartig in ihrer Nische. Dabei geht es um den Look der Lizenz, also die eingesetzten Design-Codes, aber auch um das Lizenzimage bzw. die Welt, die damit verbunden wird. Die Stärke der *Wilden Kerle* war insbesondere, dass hier endlich eine Lizenz für kleinere Jungen wirklich „wild" war und nicht in der üblichen Kinderbuch-Bravheit erstarrte.

Es ist also wichtig, Lizenzen auszuwählen, die einen eigenständigen Auftritt in Optik und Botschaft haben: Alle Themen, die in den letzten Jahren erfolgreich waren, sind unique sowohl in ihrem Erscheinungsbild als auch in ihren Markenwerten, seien es eben *Die Wilden Kerle*, *Lillifee*, *SpongeBob* oder *The Simpsons*.

## 10.2.3    Innen- vs. Außenwirkung der Lizenz

Bei der Auswahl der Lizenzen geht es natürlich immer auch um die Stimmigkeit zur jeweiligen Produktkategorie. Dahinter steht aber im Wesentlichen nur die Differenzierung zweier Dimensionen: Wirkt die Lizenz eher nach innen oder eher nach außen? Manche Lizenzen wie z.B. *Winnie Puuh* repräsentieren eine vertraute Heimat und sind entsprechend eher für Produkte für die Verwendung in den eigenen Wänden geeignet. Diese Produkte müssen gerade Kindern ein Gefühl von Sicherheit und Kuscheligkeit geben, und dafür braucht es Lizenzen, die genau hierfür stehen – unabhängig davon, wie bekannt sie sind.

Andere Lizenzen wie *Yu-Gi-Oh!* oder auch *Hannah Montana* repräsentieren dagegen den Aufbruch, das Ausbrechen und Älter-werden-Wollen der Kinder. Sie sind damit eher für Produkte geeignet, die in der sozialen Situation mit Freunden genutzt werden. Hier wollen Kinder ein Zeichen setzen, wollen durch ihre Produkte Sicherheit gewinnen – und dafür braucht es eine Lizenz, die diese Stärke, Coolness oder auch Jugendlichkeit vermittelt.

## 10.2.4    Lizenz-Lebenszyklus

Es ist eine Besonderheit des deutschen Marktes, dass es hierzulande vergleichsweise lange braucht, bis die Konsumenten eine Lizenz in ihr Herz schließen. Selbst extrem erfolgreiche Themen wie *Bob der Baumeister* oder *SpongeBob* haben zwei Jahre und mehr benötigt, um im deutschen Lizenzmarkt zu funktionieren. Man muss also grundsätzlich mehr Geduld haben als in anderen Märkten üblich.

Gerade Kinder wollen aber das, was alle haben. Deswegen funktionieren bei ihnen auch Lizenzen sehr gut, die schon länger im Markt sind – nicht zuletzt auch, weil ja immer wieder neue Generationen heranwachsen. Wenn die notwendige Bekanntheit erst einmal geschaffen ist, können sich Lizenzen im Kindermarkt dann auch recht lange halten. Aber auch bei Kindern gibt es eine Übersättigung: Hat man also schon einige Produkte einer Lizenz im Schrank, hat sie immer weniger Impulskraft, „triggert" nicht mehr so stark. Das heißt: Im Kindermarkt ist es problematisch, zu früh dran zu sein – dann wird noch nicht gekauft. Man kann aber auch zu spät dran sein, wenn die Lizenz langsam an Stärke verliert. Man muss also versuchen, auf dem Gipfel der Welle mitzureiten.

Anders funktioniert es im Jugendmarkt: Jugendliche wollen sich differenzieren. Lizenzthemen tanzen entsprechend meistens nur einen Sommer, genau wie andere Moden auch – dann muss etwas Neues her. Man konnte das beim Retro-Trend vor einigen Jahren genauso beobachten wie beim sehr speziellen Look der *Ed Hardy*-Produkte, die nach knapp einem Jahr schon wieder uninteressant waren bzw. von den Jugendlichen und jungen Erwachsenen an jüngere Zielgruppen „weitergereicht" wurden. Im Jugendmarkt muss man also im Grunde die Trends antizipieren – ist man drei Monate zu spät dran, kann das Thema schon durch sein.

## 10.2.5    Führung der Lizenz durch den Lizenzgeber

Leider gibt es Lizenzgeber, die sprichwörtlich alles lizenzieren – egal, welche Qualität und welcher Preispunkt hinter den Produkten stehen. Wenn aber wahllos alles lizenziert wird, dann führt dies fast automatisch zur Verramschung der Lizenz.

Hinter starken Lizenzen steckt deswegen immer auch ein starker, einheitlicher Style Guide und eine stringente Lizenzphilosophie, die den Lizenznehmer zwar massiv in dessen Möglichkeiten einschränkt, andererseits aber auch dafür sorgt, dass der Konsument mit jedem Lizenzprodukt einen einheitlichen Standard erwirbt. Es reicht also nicht, sich nur die Lizenz selbst anzusehen – man muss auch die Strategie des Lizenzgebers analysieren und einkalkulieren.

Die Beurteilung von Lizenzen ist also ein höchst komplexes Unterfangen – eine Mischung aus harten Fakten, soften Indikatoren und Bauchgefühl. Der nun folgende Blick auf einige erfolgreiche Lizenzen der letzten Jahre zeigt aber, dass es gerade die eher soften Indikatoren sind, die den Unterschied machen.

# 10.3 Fallbeispiele: Erfolgreiche Lizenzen in Deutschland

## 10.3.1 SpongeBob

Eine der großen Stärken von *SpongeBob* ist seine visuelle Uniqueness – er ist einfach unverwechselbar. Zu Beginn seiner Karriere im deutschen Markt hat sein Look zwar eher gehindert – der Markt hat zu Beginn spürbar gefremdelt – nachdem man sich aber gewöhnt hatte, war der Siegeszug des Schwammes nicht mehr aufzuhalten.

*SpongeBob* steht dabei zwischen „süß" und „cool" und spricht deswegen als eine der wenigen Lizenzen Jungen und Mädchen gleichermaßen an. Zudem verbindet er auch Außen- und Innenwirkung: Außenwirkung hat er durch seine coole Frechheit und den abstrusen Witz, Innenwirkung durch die fast spießig-wertkonservative Grundmoral, die sich durch alle Folgen zieht.

Allerdings hat er seinen Zenit als Lizenz deutlich überschritten: Dadurch, dass er eine relativ breite Altersspanne abdeckt, ist gerade beim älteren Teil seiner Zielgruppe eine deutlich Sättigung zu sehen: Man mag ihn immer noch gerne und schaut ihn im TV an, aber seinen Reiz als Lizenz verliert er langsam.

## 10.3.2 Prinzessin Lillifee

*Prinzessin Lillifee* ist eine typisch designgetriebene Lizenz: Zentrale Stärken sind nicht die Figur der Feenprinzessin oder die Geschichten, die sie erlebt, sondern die Designcodes Rosa, Plüsch und Glitzer. Zu Beginn verkauften sich die Produkte, ohne dass die Geschichten der Prinzessin überhaupt bekannt waren.

Allerdings gibt es neben dem starken Design noch einen zweiten Grund für den Siegeszug der Prinzessin: ein ausgesprochen starkes Lizenzmarketing. Bei kaum einem anderen Thema wird so intensiv und konsequent auf die Einhaltung von Designcodes und der Premiumstrategie bei den Produkten geachtet. Zudem wird der Handel mit fertigen Erlebniswelten versorgt, die am POS den Zauber der *Lillifee* zum Leben erwecken.

## 10.3.3 Ed Hardy

*Ed Hardy* ist ein typisches Beispiel für eine Trend-Mode-Lizenz. Aus dem Celebrity-Bereich kommend, wurde die Lizenz von coolen Großstadt-Twens aufgenommen, um von da aus immer jünger und „mainstreamiger" zu werden. Was hier vielleicht negativ klingen mag, ist in Wahrheit ein unheimlich lukratives Geschäftsmodell, wenn man auf dem „Flächen-Rollout" vorbereitet ist und den Markt mit Produkten versorgen kann.

Man hat dann zwar kein langes Zeitfenster, dafür aber die Möglichkeit, in kurzer Zeit schöne Margen zu erwirtschaften, da jede Zielgruppe die Lizenz zunächst als sehr begehrlich erleben wird und entsprechend mehr dafür bezahlt.

Eine Trend-Mode-Lizenz langfristig am Leben zu erhalten, ist allerdings vergleichsweise schwierig: Hierfür muss sich die Lizenz quasi jedes Jahr neu erfinden – schließlich ist die junge Zielgruppe ja ständig auf der Suche nach neuen Sensationen. Und die gleiche Lizenz immer wieder mit einem neuen Look zu aktualisieren, ist heikel.

## 10.3.4    Hannah Montana

Mit *Hannah Montana* wurde in Deutschland ein neues Marktsegment erschlossen: Ein jugendlicher Popstar-Look für Mädchen zwischen sechs und zwölf Jahren. Hier wurde über die TV-Serie eine unique Welt aufgebaut, die für die Mädchen hochattraktiv ist und quasi ihren Abschied von der eigenen Kindheit mitbegleitet – ein Thema mit hoher Außenwirkung also, und das mit einem klaren eigenständigen Look.

Allerdings ist *Hannah Montana* damit auch ein Lebenszyklus-Thema: Es wachsen junge Mädchen von unten nach, die sich jugendliche Welten mit und über *Hannah* erschließen, allerdings verlassen die älteren Mädchen die Lizenz irgendwann auch wieder, um sich dann „echten" Jugendthemen zuzuwenden.

## 10.3.5    Ice Age

*Ice Age* ist ein Beispiel für eine erfolgreiche Kinolizenz. Grundsätzliches Problem ist bei solchen Lizenzen ja, dass der Verwertungszyklus bei Kinofilmen viel kürzer ist als z.B. bei TV-Serien. Deswegen müssen Kinolizenzen auch mit mehr Vorsicht gehandhabt werden: Gelingt es nicht, die Lizenzprodukte während des kurzen Zeitfensters der Kinoverwertung zu verkaufen, werden die Produkte schnell zu unverkäuflichen Ladenhütern.

*Ice Age* hat es aber durch die Sequels, also die Teile 2 und 3, geschafft, „zeitlos" zu werden und sich vom engen Kinozeitfenster zu lösen. Der Lizenzlebenszyklus konnte durch jeden neuen Film neu verlängert bzw. die Lizenz auch weiter aufgebaut werden – anders als bei einmaligen Kinofilmen.

Dabei hat aber auch eine Rolle gespielt, dass es sowohl süße Figuren wie *Sid* als auch coole Figuren wie den Säbelzahntiger *Diego* und eine Vaterfigur wie *Manni* gibt, die Lizenz also eine Menge „Andockpotenzial" mit Innen- und Außenwirkung hat.

## 10.4 Fazit

Erfolgreiche Lizenzen wachsen nicht über Nacht. Für alle oben genannten Themen gilt: Sie waren als Lizenzen kein plötzlicher Erfolg, sondern wurden kontinuierlich und teilweise über mehrere Jahre hinweg aufgebaut.

Hinter einem Erfolg als Lizenz steht aber mehr als nur eine hohe Bekanntheit und Sympathie: Es sind vor allem die soften Indikatoren wie der Look, die Uniqueness, die Funktion für die Zielgruppe und der Status im Lizenzlebenszyklus, die eine Lizenz attraktiv und potenziell erfolgreich machen. Es lohnt sich also, einen genaueren Blick auf das zu werfen, was eine Lizenz zu bieten hat.

Und es lohnt sich, einen Lizenzgeber zu suchen, der klare Vorstellungen von der eigenen Lizenz hat und diese auch umzusetzen versteht. Nur einheitlich geführte Lizenzen sind auf Dauer erfolgreich, und der größere Aufwand, den man bei der Abstimmung der Produkte hat, macht sich in den meisten Fällen später bezahlt.

# Beteiligte am Lizenzierungsprozess: Weitere Partner und Helfer

# 11 Lizenzagenturen

Lizenzagenturen sind professionelle Vermittler zwischen Lizenzgeber und -nehmern. Einerseits beraten sie Lizenzgeber genauso wie Lizenznehmer bei der Wahl der richtigen Lizenzierungsstrategie für ihre jeweiligen Unternehmen und deren Produkte und Dienstleistungen. Andererseits erwerben sie oft Lizenzthemen von unterschiedlichen Rechteinhabern gemäß ihrer Portfolio-Strategie und vermarkten diese dann nach Absprache mit den Lizenzgebern.

Lizenzagenturen werden häufig bei der Vermarktung von Lizenzthemen eingeschaltet, da sie über ein großes Netzwerk an bereits bestehenden Kontakten zu Anbietern von Waren und Dienstleistungen wie auch zum Handel verfügen, das sie für die Vermarktung einsetzen können, und da sie zusätzlich spezialisiertes Personal haben, das weiß, worauf es bei der Lizenzierung ankommt. Sie haben meist natürlich auch Erfahrung und Expertise beim Aufbau und der Pflege von Lizenzthemen und kennen die Konkurrenzthemen, von denen es sich abzugrenzen gilt. Die Agenturen beraten Lizenzgeber und -nehmer auch bei der Auswahl des optimalen Zeitpunkts der Markteinführung eines bestimmten Lizenzthemas insgesamt wie bei der Einführung einzelner Produkte. Sie betreiben Marktforschung, beraten den Lizenzgeber bei rechtlichen Fragen wie dem Schutz einer Lizenz, entwickeln entweder in Absprache mit dem Lizenzgeber einen Style Guide selbst oder sie unterstützen ihn bei der Erstellung desselben, so dass der Style Guide auf die gängigen Bedürfnisse von Lizenznehmern zugeschnitten ist. Sie begleiten die Lizenznehmer bei der mit dem Lizenzthema konformen Produktentwicklung, koordinieren den Freigabeprozess der Lizenzprodukte und Werbemittel hierfür und übernehmen meist auch die Abwicklung und Kontrolle der Lizenzabrechnungen, die später dann an den Lizenzgeber abgerechnet werden. Zu den weiteren Aufgaben einer Lizenzagentur gehören u.a. Marketing und PR für das Lizenzthema, die Erstellung von Sales-Unterlagen und die Präsentation des Lizenzthemas bei potenziellen Lizenznehmern oder auf Messen.

Neue Lizenzthemen akquirieren die Lizenzagenturen sowohl durch proaktives Ansprechen von potenziellen Lizenzgebern wie auch durch Anfragen von Lizenzgebern. Oftmals „pitchen" bei der Vergabe von Lizenzthemen unterschiedliche Agenturen gegeneinander.

## 11.1 Organisatorischer Aufbau einer Lizenzagentur

Eine Lizenzagentur sollte idealerweise eine Full-Service-Agentur sein, die sich um alle Belange der Auswertung eines Lizenzthemas kümmert, damit das Thema einerseits bestmögliche Umsätze erwirtschaftet, seiner Positionierung entsprechend im Handel vertreten ist und für den Endverbraucher dauerhaft frisch bleibt. Daher sollte sie sowohl zu ihren Lizenzgebern wie auch zu ihren Lizenznehmern ein gutes Verhältnis haben und beiden beratend zur Seite stehen, um das Optimum für das Lizenzthema zu erreichen.

Erfahrungsgemäß verfügen Lizenzagenturen über auf bestimmte Produktkategorien spe-zialisierte **Sales** bzw. **Category Manager**, die in ihren jeweiligen Sektionen durch ihre Kontakte die Lizenzauswertung voranbringen und auch Lizenzverträge verhandeln. Die Aufteilung der Produktkategorien auf die zuständigen Sales Manager variiert durchaus von Lizenzagentur zu Lizenzagentur.

**Abbildung 11.1**   Exemplarischer Organisationsaufbau einer Lizenzagentur [268]

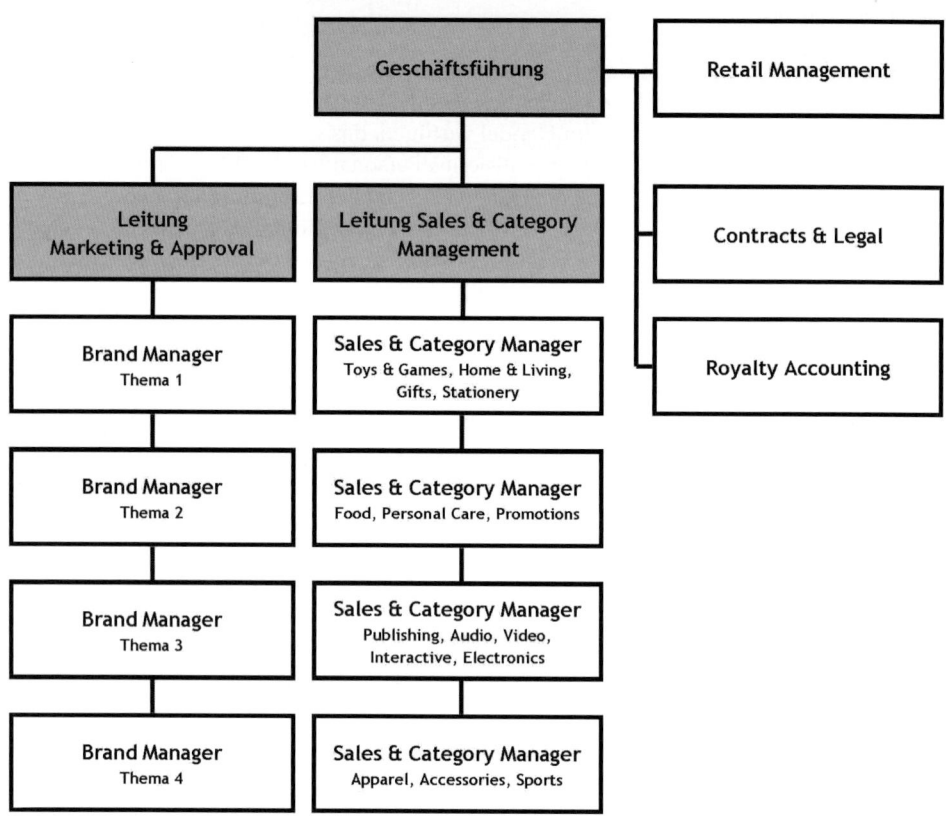

Des Weiteren verfügen Lizenzagenturen oft über **Product** oder **Brand Manager**, die Mar-keting, PR, Produkt-Design und ähnliches eines Themas betreuen und darauf achten, dass alle Maßnahmen der Vermarktung eines Themas mit der mit dem Lizenzgeber verab-schiedeten Vermarktungsstrategie des Lizenzthemas konform gehen. Hier stimmen sie sich für gewöhnlich direkt mit den Lizenzgebern ab. Das Product- bzw. Brand-Manage-

---

[268] Quelle: *eigenes Modell*

ment kümmert sich in der Regel auch darum, dass die Sales Manager mit den aktuellsten Informationen und Präsentationsunterlagen versorgt sind, damit diese bestmöglich auf die Lizenznehmerakquise vorbereitet sind. Außerdem sind sie zuständig für die Aktualisierung der Informationen auf der Website der Agentur und liefern Material für die häufig von den Lizenzagenturen versendeten Newsletter.

Manche Agenturen führen zusätzlich eine Design-Abteilung, die das Product-Management unterstützt, für die Freigabe der grafischen Umsetzung von Lizenzprodukten zuständig ist und für den Lizenznehmer auf Wunsch (eventuell kostenpflichtig) auch die Gestaltung der Lizenzprodukte übernimmt. Bei anderen Agenturen liegt die Freigabe der Produkte komplett beim Lizenzgeber, an den die Lizenzagentur die Unterlagen zur Freigabe weiterleitet. Beim Lizenzgeber selbst wird gegebenenfalls die dortige interne Design-Abteilung für die Freigabe hinzugezogen, bevor die Freigabe bzw. Korrekturwünsche über die Lizenzagentur an den Lizenznehmer übermittelt werden.

Weiterhin verfügen die meisten Lizenzagenturen über Mitarbeiter in einer **Contracts- und Legal-Abteilung**, die sich u.a. in Zusammenarbeit mit den Sales Managern um die vertraglichen Details bei der Verhandlung der einzelnen Lizenzverträge kümmern.

Die **Royalty-Accounting-Abteilung** ist für die Abrechnung der Lizenzeinnahmen zuständig. Hierfür prüft sie nicht nur die eingegangenen Lizenzabrechnungen, sondern erstellt auch die Abrechnungen der Lizenzzahlungen an die jeweiligen Lizenzgeber und kümmert sich um eventuell ausbleibende Zahlungen säumiger Lizenznehmer.

Neuerdings beschäftigen die Lizenzagenturen verstärkt spezialisierte Mitarbeiter, die die Beziehungen zum Handel pflegen. Diese **Retail Manager** kümmern sich ausschließlich um den Handel, aufgrund dessen wichtiger Rolle als Partner beim Vertrieb von Lizenzprodukten. Gemeinsam mit den Handelspartnern werden immer mehr individuelle Aktionen am POS initiiert, für die ein guter Draht zu den Ansprechpartnern des Handels unabdingbar ist. Des Weiteren werden Handelsunternehmen immer häufiger selbst zu Lizenznehmern und erwerben direkt von den Lizenzgebern oder deren Agenturen Lizenzthemen, um eigene Produkte für ihre Vertriebskanäle zu produzieren und zu vertreiben.

Gerade für Lizenzgeber, für die Licensing noch Neuland ist, ist die Verpflichtung einer Agentur häufig sinnvoll, da sie so quasi sofort auf umfangreiches Know-how und viele bestehende Kontakte aufbauen können, das sie sich bei einem Alleingang erst mühsam erarbeiten müssten. Ganz abgesehen davon, dass u.a. zusätzlich spezialisiertes Personal engagiert werden müsste, was wiederum auch das finanzielle Risiko für den Lizenzgeber gerade in der Anfangsphase erhöht. Gleiches gilt für Inhaber von Lizenzen aus dem Ausland, für die es vom Ausland aus ohne bestehende Kontakte und Kenntnisse für den spezifischen Markt eines Landes schwierig ist, das Lizenzthema dort zu etablieren.

Normalerweise sieht der Agenturvertrag vor, dass die Lizenzagentur dem Lizenzgeber vor Vertragsabschluss ein so genanntes **Deal Memo** vorlegt, in dem die wichtigsten Eckdaten zum Lizenznehmer selbst wie auch zum geplanten Lizenzvertrag wie z.B. Art des Produktes, Vertriebskanäle, Territorium, Vertragslaufzeit, Garantiesumme, Lizenzgebühren und geplantes Datum der Markteinführung aufgeführt sind. Üblicherweise muss der Lizenzgeber dieses Deal Memo freigeben, bevor der Lizenzvertrag dann aufgesetzt werden kann.

Ob sich ein Lizenzgeber für oder gegen die Einschaltung einer Agentur entscheidet, hängt oft davon ab, wie viel Verantwortung für das eigene Lizenzthema aus der Hand gegeben werden soll, kann oder muss und über welche Personalkapazitäten der Lizenzgeber verfügt. In jedem Fall muss sich ein Lizenzgeber darüber im Klaren sein, dass er selten alleiniger Kunde einer Lizenzagentur ist und entsprechend nicht die alleinige Aufmerksamkeit seiner Lizenzagentur erfahren wird. Es kann sogar sein, dass eine Lizenzagentur ein konkurrierendes Thema betreut. Auf der anderen Seite begibt er sich in die Hände von Experten auf dem Gebiet des Licensing, was wiederum auch viele Vorteile mit sich bringt. Auf Seiten von Lizenzgebern ist es durchaus üblich, verschiedene Agenturen für ihre unterschiedlichen Lizenzthemen zu beauftragen.

## 11.1.1 Hauseigene Lizenzagenturen

Gerade die großen Medienunternehmen haben seit längerem erkannt, das Licensing bei einer 360°-Vermarktungsstrategie ihrer Contents eine Rolle spielen sollte. Das Filmgeschäft ist ein teures Pflaster, so dass Licensing große Bedeutung für die Refinanzierung der Investments einer Filmproduktion beigemessen wird. In den Medienunternehmen werden auch Konzepte für die Vernetzung von Werbeformen und Licensing entwickelt.

Auch die öffentlich-rechtlichen Sender verfügen über Tochterunternehmen, die sich um Vermarktungsfragen und Licensing kümmern. Die *ARD*-Landesrundfunkanstalten haben z.B. die Vermarktung ihrer Sendeformate, deren Schwerpunkt vielfach auf der Video-, Audio- und Print-Auswertung liegt, in formal eigenständigen Firmen ausgegliedert. So übernimmt beispielsweise für den *NDR* die sendereigene Firmengruppe *Studio Hamburg* auch das Licensing, der *WDR* verfügt über die Tochter *WDR mediagroup*[269] mit einigen Unterfirmen, die auf unterschiedliche Vermarktungsgebiete wie Musik oder Licensing spezialisiert sind, oder der *rbb* hat für Vermarktungsaufgaben die *rbb media* gegründet. Das *ZDF* verfügt mit *ZDF Enterprises* ebenfalls über eine eigene kommerziell arbeitende Lizenzagentur.

Gleiches gilt für die großen Filmstudios. *Warner Bros.* oder *Disney* betreiben ihre eigenen Agenturen für die Lizenzierung ihrer Themen. Und auch deutsche Filmproduktionen wie z.B. die Münchner *Sam Film*, die u.a. die erfolgreiche *Wilde Kerle*-Filmreihe produziert hat, besitzen eigene Abteilungen bzw. Firmen, die sich um das Licensing ihrer Stoffe kümmern. Andere Filmproduktionen, Kinoverleiher und sonstige Rechteinhaber arbeiten mit externen Lizenzagenturen zusammen.

---

[269] siehe Kapitel „PRAXIS: Licensing für eine öffentlich-rechtliche Sendeanstalt der ARD", S. 131

In Deutschland betreiben nahezu alle großen TV-Sender bzw. Sendergruppen als Abteilungen oder als Firmen ausgegliederte Lizenzagenturen. Diese kümmern sich häufig auch um die Vermarktung der Werbeformen der Sender wie z.B. im Fernsehen, im Web und auch in Print-Magazinen zu ihren Sendeformaten. Entsprechend sind sie auch in der Lage, kombinierte Angebote aus Lizenzvereinbarung und rabattierten Werbe-Einbuchungen für die Bewerbung der Lizenzprodukte anzubieten. Oft übernehmen die hauseigenen Agenturen auch den Vertrieb von Senderechten ins Ausland (**Abbildung 11.2**).

**Abbildung 11.2**   Die Profitcenter in einem Medienunternehmen [270]

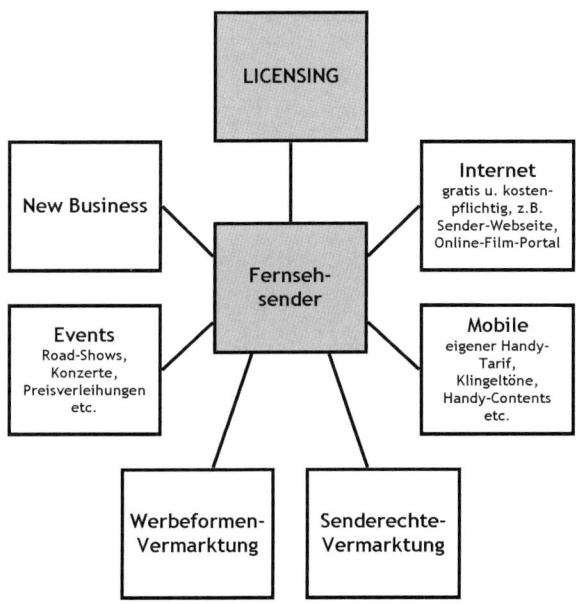

Bei den Privatsendern wie z.B. *MTV Networks Germany* (u.a. TV-Sender *MTV, VIVA* und *NICKELODEON*) setzt man beispielsweise auf die Tochterfirma *Brand Solutions* als hauseigenen Vermarkter und Entwickler von Kooperationsansätzen mit externen Partnern. Die *ProSiebenSat.1 Group* hingegen arbeitet mit mehreren Töchtern wie z.B. *MM MerchandisingMedia* als Lizenzagentur, *Star Watch* als eigenes Musik-Label der Sendergruppe, *SevenOne Media* als Werbezeitenvermarkter und *SevenOne AdFactory*[271] als Spezialist für die Umsetzung von integrierten Kampagnen rund um z.B. TV, Online, Mobile, Testimonials, Events und Lizenzen.

---

[270] Quelle: *eigenes Modell*

[271] siehe Kapitel „PRAXIS: Germany's next Topmodell – eine crossmediale Erfolgsgeschichte", S. 234

Selbstverständlich gibt es auch den Fall, dass Lizenzagenturen in der Produktion von Lizenzthemen finanziell und auch als Rechteinhaber involviert sind. In diesem Fall ist die Bindung zum Lizenzthema noch enger.

## 11.1.2   Die passende Lizenzagentur finden

Die meisten in Deutschland aktiven Lizenzagenturen sind im internationalen Lizenzverband *LIMA* organisiert. Bei der deutschen *LIMA Repräsentanz* in München,[272] aber auch beim Hauptsitz der *LIMA Organisation* in New York[273] können die Kontaktdaten der Mitglieds-Lizenzagenturen erfragt werden. Die Licensing-Fachzeitschrift *MEP Licensing Press*[274] veröffentlicht in ihrer Print-Ausgabe wie auch online zudem in Zusammenarbeit mit der deutschen Repräsentanz der *LIMA* die Kontaktdaten von Lizenzagenturen im deutschsprachigen Raum. Zusätzlich hilft es, sich bei der Suche nach einer Lizenzagentur für das eigene Thema auf den Lizenzmessen und -veranstaltungen[275] der *LIMA* umzuschauen.

Insbesondere für die Suche nach einer Lizenzagentur für den internationalen Markt empfehlen sich das *EPM Licensing Letter Sourcebook.*[276] sowie der *International Licensing & Merchandising Guide* der auf Licensing spezialisierten Pariser Beratungsagentur *Kazachok,*[277] der ab 2011 auch online zur Verfügung stehen wird.

Häufig sind Lizenzagenturen auf bestimmte Arten von Lizenzthemen spezialisiert. Manche vermarkten ausschließlich Entertainment-Themen, andere nur Marken oder Personen. Des Weiteren haben Agenturen unterschiedliche Ausrichtungen bezüglich der Vermarktungsstrategien ihrer Lizenzthemen: Einige sind eher auf den langfristigen Aufbau und die Pflege von Lizenzthemen spezialisiert, während andere vorwiegend kurzfristigere Themen wie z.B. Kinofilme in ihrem Portfolio haben. Und es gibt auch Agenturen, die (fast) ausschließlich Themen eines Lizenzgebers betreuen. Die Lizenzagenturen der großen Filmstudios wie *Disney* oder *Warner* sind ein Beispiel hierfür. Insbesondere in den USA nimmt die Spezialisierung der Lizenzagenturen stärker zu,[278] in Deutschland ist dieser Trend noch nicht so stark zu spüren, wird aber sicher auch hierzulande mit weiter zunehmender Bedeutung des Lizenzgeschäftes erkennbar werden.

---

[272] Link: *www.lima-verband.de*

[273] Link: *www.licensing.org*

[274] Link: *www.licensing-online.com*

[275] siehe Kapitel „Wichtige Messen für den internationalen Lizenzthemenhandel", S. 249

[276] Link: *www.epmcom.com*

[277] Link: *www.kazachok.com*

[278] vgl. *Raugust* (2008), S. 116

Die individuellen Erfolgsgeschichten der Lizenzagenturen, die anderen Lizenzthemen in ihrem Portfolio, die u.a. ja auch zum eigenen Thema konkurrierende Themen sein können, ihr Ruf bei Handelspartnern, namhaften Lizenznehmern aber auch anderen Lizenzgebern oder die Art der Presse- und Marketingarbeit für die ihr anvertrauten Lizenzthemen können Hinweise geben, ob eine Lizenzagentur zum eigenen Thema passt. Gerade die Presse- und Marketingarbeit macht eventuell den Unterschied, da in Zeiten von anwachsenden Zahlen an Lizenzthemen und nicht größer werdendem Platz im Handel, Lizenzagenturen heute nicht nur Themen verkaufen, sondern auch die Lizenznehmer aktiv mit Aktionen und Kooperationen unterstützen sollten, ihre Lizenzprodukte im Handel optimal zu platzieren.

Die einzelnen Lizenzagenturen haben unterschiedliche Portfolios und auch verschiedene Auffassungen bei der Vermarktung eines Themas, so dass es sinnvoll ist, sich verschiedene Angebote für die Vermarktung des eigenen Themas einzuholen und sich von den Agenturen jeweils präsentieren zu lassen, wie sie das eigene Thema sehen und wie sie die Vermarktungsaktivitäten anpacken würden.

## 11.2    Agenturprovision

Selbstverständlich sind abschließend die finanziellen Konditionen Teil des Entscheidungsprozesses bei der Auswahl einer passenden Lizenzagentur.

Die **Agenturprovision** bei Entertainment-Themen liegt je nach Vertrag im Schnitt bei circa 30 Prozent der Lizenzerlöse (Garantiesummen und Lizenzgebühren). Wenn Lizenzgeber ihren Lizenzagenturen zusätzliche Aufgaben für die Vermarktung übertragen wie z.B. die Erarbeitung einer Vermarktungsstrategie für die Lizenz, die Erstellung eines Style Guide oder die grafische Entwicklung von Lizenzprodukten sind 35 bis 40 Prozent Agenturprovision für die Lizenzagenturen die Regel. Es kann aber auch sein, dass eine Lizenzagentur „ihrem" Lizenzgeber diese ergänzenden Leistungen zusätzlich in Rechnung stellt. Diese Kosten sind dann in der Regel jedoch nicht mit den Lizenzerlösen verrechenbar.

Bei kleineren und noch unbekannten Themen ist der Aufwand für den Aufbau eines Lizenzthemas größer, so dass Lizenzgeber hier hin und wieder auch bereit sind, die Lizenzerlöse hälftig mit ihren Agenturen zu teilen.

Beim Brand Licensing erhalten die Lizenzagenturen häufig neben ihrer Agenturprovision von den Lizenzerlösen, die meist zwischen 35 und 40 Prozent liegt, eine Honorarpauschale. Dies ist üblich, weil die Vermarktung von Marken gewöhnlich deutlich mehr Aufwand bedeutet als bei Entertainment-Themen.

Häufig zahlen Lizenzagenturen an ihre Lizenzgeber – ähnlich wie es auch die Lizenznehmer an die Lizenzgeber oder die Agentur tun – einen Vorschuss auf die zu erwartenden Lizenzeinnahmen an den Lizenzgeber. Diese Vorschüsse können sich auf eine komplette Laufzeit eines Vermarktungsmandates beziehen oder auch jährlich sein. Des Weiteren sind sie meist verrechenbar mit den Provisionen der Agentur auf die tatsächlich zu erwirtschaftenden Lizenzeinnahmen.

## 11.3 Agenturvertrag

Genauso wie es einen Vertrag zwischen Lizenzgeber und -nehmer geben muss, sollte es auch einen Vertrag zwischen Lizenzgeber und seiner Agentur geben, wenn diese für die Lizenznehmerakquise zwischengeschaltet ist. Die Arbeitsgrundlage für diese Zusammenarbeit ist der so genannte **Agenturvertrag**, der meist über zwei bis drei Jahre abgeschlossen wird und häufig eine Verlängerungsoption vorsieht, wenn bestimmte gesetzte Ziele der Kooperation während der Vertragslaufzeit erreicht worden sind.

Neben der Frage, wer am Ende die Lizenzverträge unterzeichnet – ob Lizenzgeber oder Lizenzagentur – sollten unter anderem im Agenturvertrag außer dem Vertriebsgebiet, dem Vertragszeitraum und der genauen Rechteübertragung an die Agentur natürlich deren Agenturprovision und gegebenenfalls zusätzliche Honorare für z.B. die Erstellung eines Style Guides festgelegt werden. Des Weiteren regelt der Agenturvertrag einen eventuellen verhandelten Vorschuss der Agentur an den Lizenzgeber, deren Pflichten wie z.B. regelmäßige Reportings über den Erfolg ihrer Bemühungen, die Zeitpunkte für die Lizenzabrechnungen an den Lizenzgeber und die Handhabung der Freigaben (häufig wollen Lizenzgeber die letzte Entscheidungsgewalt über die Freigabe haben).

Ein wichtiger Punkt in den Agenturverträgen ist, dass der Lizenzgeber weiterhin alleiniger Eigentümer des Lizenzthemas bleibt. Infolgedessen wird im Agenturvertrag festgelegt, ob die Lizenzagentur die exklusive Vollmacht zur Akquise von Lizenznehmern hat oder nur für bestimmte Kategorien, Produkte oder geographische Territorien. Bezüglich der Eigentumsansprüche an der Lizenz sollten auch die Zuständigkeiten und Kostenübernahmen bei Anmeldung der Lizenz als Marke (falls noch nicht geschehen) und bei möglichen Verletzungen dieses Schutzes durch unbefugte Dritte fixiert werden.[279]

Abschließend sollte der Agenturvertrag auch regeln, was nach Beendigung der Zusammenarbeit zwischen Lizenzgeber und -agentur passiert. Hier geht es insbesondere um Lizenzeinnahmen, die auf das Engagement der Agentur zurückzuführen sind, aber nach Beendigung des Agenturvertrags zwischen Lizenzgeber und Agentur fällig werden.

---

[279] siehe Kapitel „Rechtliche Absicherung von Lizenzthemen", S. 55

# 12 PRAXIS: Wie schafft man es, ein Lizenzthema über 30 Jahre frisch zu halten?

**Tim Ehrhardt**

Fast alles ist heute vergänglich. Wir leben in einer Konsumgesellschaft, die immer mehr auf schnelllebige Produkte und kurzweilige Unterhaltung setzt. Was gestern noch einzigartig und besonders war, ist heute austauschbar und Massenprodukt. Was heute noch topaktuell und angesagt ist, kann morgen schon „out" sein und zum alten Eisen gehören.

Das ist in der Unterhaltungsindustrie und der Lizenzbranche nicht anders. Im Jahr 2009 hatten allein in Deutschland 500 Kinofilme Premiere[280] und über 14.000 Romane wurden veröffentlicht[281]. Einige dieser Film- und Buchthemen wurden auch als Lizenz vermarktet. Aber an wie viele dieser Werke erinnert man sich heute noch? Und wie viele der dazugehörigen Lizenzprodukte findet man heute noch in den Geschäften? Es werden nur sehr wenige sein. Und in 10 oder 20 Jahren werden viele dieser Themen gänzlich vergessen sein.

Warum verschwinden die meisten Lizenzthemen nach kurzer Zeit wieder von der Bildfläche und warum sind einige wenige über Jahre oder gar Jahrzehnte an der Spitze der Beliebtheitsskala. Dies soll anhand eines der erfolgreichsten Lizenzthemen der Welt auf den folgenden Seiten erläutert werden. Die Rede ist von *Star Wars*, die Space Saga von *George Lucas* und seiner Firma *Lucasfilm*.

## 12.1 „Star Wars", ein modernes Kinomärchen

### 12.1.1 Wie alles begann

Mit nur sechs *Star Wars* Kinofilmen wurden zahlreiche Umsatzrekorde gebrochen, und noch heute gehören die Filme zu den erfolgreichsten Filmreihen aller Zeiten. Auch im Licensing ist der Erfolg der Marke mehr als rekordverdächtig. Laut dem *Forbes Magazin* wurden bis 2005, dem Erscheinungsjahr des letzten der sechs Filme, über 20 Milliarden US-Dollar allein durch Lizenzprodukte und lizenzierte Promotions erwirtschaftet, mehr

---

[280] vgl. *www.movieworlds.com* (Web, 2010), Alle Kinofilme aus 2009

[281] vgl. *Börsenverein des Deutschen Buchhandels* (Web, 2010), Positives Ergebnis 2009: Buchmarkt gegen den Wirtschaftstrend

als mit den Filmen selbst[282]. Die Kinofilme spielten nämlich „nur" knappe 4,4 Milliarden US-Dollar ein.[283]

Und dabei begann die Geschichte Mitte der 70er Jahre für den damals 30jährigen Regisseur *George Lucas* nicht besonders vielversprechend. Viele Filmstudios lehnten das Drehbuch ab. Erst *20th Century Fox* nahm sich des Projekts an und gab damit den Startschuss zu einer galaktischen Erfolgsgeschichte. Man wollte das Risiko und die Kosten minimieren und zahlte *Lucas* nur einen kleinen Betrag im Voraus. Und da in den 70er Jahren das Thema Licensing eigentlich noch kein Thema war, überließ das Studio nach langen Verhandlungen *George Lucas* neben einer vierzigprozentigen Beteiligung an den Nettoeinnahmen auch die Rechte an den Fortsetzungen und die kompletten Lizenzrechte der Filmserie.[284] Am 25. Mai 1977 hatte dann der erste *Star Wars* Film *Krieg der Sterne* Premiere und die Geschichte nahm ihren Lauf.

Insgesamt schuf *George Lucas* zwei Filmtrilogien, wobei die erstveröffentlichten drei Filme (Kinostarts 1977, 1980 und 1983) inhaltlich Nachfolger der 2. Trilogie (Kinostarts 1999, 2002, 2005) sind.[285]

## 12.1.2    „Star Wars" - 33 Jahre danach

Selbst heute, 33 Jahre nach dem ersten Kinofilm, erzielen die *Star Wars* Filme im Fernsehen stets hohe Marktanteile (beispielsweise erreichte die Ausstrahlung von Star Wars: *Episode II – Angriff der Klonkrieger* bei *ProSieben* im Juli 2010 im Schnitt 2,77 Millionen Zuschauer bei einem Marktanteil von 10,0 Prozent beim Gesamtpublikum. In der Zielgruppe der 14- bis 49-Jährigen verzeichnete der Film 2,02 Millionen Zuschauer, bei einem Marktanteil von 17,3 Prozent.[286] Auch alle anderen Kinofilme der Reihe sind immer in den Top 5 der Fernseh-Tagessieger zu finden.

Die Begeisterung für gute *Jedi Ritter* und böse *Sith Lords* ist also ungebrochen. Und nicht nur die Filme und Fernsehserien, die die Geschichten aus dem *Star Wars* Universum fortsetzen und ergänzen, sondern gerade auch die Lizenzprodukte wie Bücher, Comic-Hefte oder Action Toys sind nach wie vor an der Spitze der Verkaufscharts. Dank des weltweiten Erfolgs der neuen animierten Fernsehserie *Star Wars: The Clone Wars* war die Marke auch in 2009 das beliebteste Spielzeug-Lizenzthema bei Jungen zwischen 5 und 10 Jahren. 2009 wurden über 5,7 Millionen Lizenzspielwaren mit einem Volumen von 450 Millionen US-Dollar verkauft. Von keinem lizenzbasierten Spielzeug wurden mehr Artikel abgesetzt[287].

---

[282] vgl. *Hesseldahl* (Web, 2005), Star Wars' Galactic Dollars

[283] vgl. *www.the-numbers.com* (Web, 2010), Box Office History for Star Wars Movies

[284] vgl. *Castillo* (Web, 2010), 'Star Wars' merchandise is beyond child's play

[285] Eine Übersicht der sechs Kinofilme findet sich bei *http://de.wikipedia.org/wiki/Star_Wars*.

[286] vgl. *Markhauser* (Web, 2010), Primetime-Check: Sonntag

[287] vgl. *Castillo* (Web, 2010), 'Star Wars' merchandise is beyond child's play

# 12.2 Faktoren für einen langfristigen Lizenzerfolg

## 12.2.1 Die Geschichte

Grundlage für den Erfolg von *Star Wars* als Lizenzthema ist zuallererst die Geschichte, die „Story" selbst. *George Lucas* sagte hierzu in einem Interview: *„Ohne eine gute Geschichte und ohne gewisse Werte, die durch eine Geschichte transportiert werden, können Sie alles vergessen, die großartigen Spezialeffekte, die wunderschönen Raumschiffe, dann das Merchandising, alles."*[288]

*Star Wars* ist ein klassisches Heldenepos, ein modernes Märchen, das vom ständig andauernden Kampf zwischen Gut und Böse handelt. Die Charaktere stellen Archetypen aus Märchen oder Heldensagen dar. Als Beispiele dafür seien *Darth Vader* als schwarzer Ritter, der Imperator als böser König bzw. Hexer und denen gegenüber *Luke Skywalker* als klassischer Held genannt. Diese archetypischen Motive und mythologischen Elemente wurden vermischt und in eine Handlungswelt projiziert, die an klassische Science-Fiction erinnert.[289] Die archetypischen Stationen und Motive der Heldenreise lassen sich ganz leicht auf unser Leben übertragen und daher können sich alle Menschen aus allen Generationen und in fast jedem Alter mit Helden und Antihelden so gut identifizieren und in ihre Lebenswelt eintauchen.[290]

Das ist auch ein Grund, warum die Filme und die *Star Wars* Lizenzprodukte heute auch bei den Konsumenten Erfolg haben, die zum Zeitpunkt der Premiere des ersten Teils der Saga noch nicht einmal geboren waren. Vergleichbare Archetypen finden sich auch in anderen erfolgreichen Buch- und Filmreihen wie z.B. *Der Herr der Ringe* oder *Harry Potter*, die sicherlich auch noch in Jahrzehnten ihre Fans haben werden.

## 12.2.2 Die Fernsehproduktionen

Seit der Mitte der 80er Jahre wurden neben den Kinofilmen einige Fernsehfilme und Fernsehserien produziert, die die *Star Wars* Geschichten fortsetzen bzw. ergänzen. Die bislang erfolgreichste ist die Animationsserie *Star Wars: The Clone Wars*, die mit ihrem zeitgemäßen Animéstil auch ein jüngeres Publikum anspricht und somit neue Zielgruppen für die *Star Wars*-Saga hinzugewinnt. Die Serie läuft seit 2008 weltweit mit großem Erfolg. Die Serie führt neue Figuren, Schauplätze und Vehikel in die Geschichte ein, die ebenso erfolgreich in Lizenzprodukte umgesetzt werden.[291]

---

[288] *Lucas* in: *Gorkow*, „Es ist nicht so leicht mit dem Bösen, wie wir es oft so gerne hätten"

[289] vgl. *www.wikipedia.de* (Web, 2010), Star Wars

[290] vgl. *www.martinweyers.com* (Web, 2006), Heldenreise

[291] Eine Übersicht der sechs Kinofilme findet sich bei *http://de.wikipedia.org/wiki/StarWars*.

## 12.2.3    Das erweiterte Universum

Obwohl zwischen den einzelnen Filmen teilweise eine Pause von bis zu 16 Jahren lag und seit 2005 kein neuer Life-Action-Film in die Kinos kam, lebt die Saga bei den Fans trotzdem weiter. Und dies gerade auch mit Hilfe zahlreicher Lizenzprodukte. Das so genannte Erweiterte Universum der *Star Wars*-Saga („Expanded Universe") beinhaltet Bücher, Comic-Hefte, Magazine, Computer- und Videospiele und klassische Spiele wie Brett- oder Kartenspiele. Diese offiziell lizenzierten Produkte erzählen Geschichten, die vor, nach oder während der Handlung der beiden Filmtrilogien passieren. Oft werden auch Nebenfiguren in den Mittelpunkt gestellt, die in den Filmen nur kurz erwähnt werden. Diese Geschichten sind oft Ideen anderer Autoren, stehen aber unter der strengen Kontrolle des Lizenzgebers *Lucasfilm*, der genau darauf achtet, dass sich alles nahtlos und ohne Fehler in das *Star Wars* Universum einpasst.[292] Das „Expanded Universe" bindet Fans an die Saga und kann gleichzeitig neue hinzugewinnen.

## 12.2.4    Der „Look" der Lizenzprodukte

Die Gestaltung der Lizenzprodukte und deren Verpackung ist ein weiterer und ganz entscheidender Erfolgsfaktor der Lizenz. Zu den Filmen und der neuen Fernsehserie der Saga gibt es umfangreiche und stringente Gestaltungsvorgaben in Form der so genannten Style Guides. Diese enthalten neben Logos, Szenenbildern, Hintergründen und Symbolen auch extra für das Licensing entwickelte Bildkompositionen und genaue Gestaltungsvorgaben für die Produktverpackung, von denen Lizenzpartner nur in den seltensten Fällen abweichen können. Somit hatten die Lizenzprodukte zu den Kinofilmen jeweils einen unverwechselbaren und einmaligen Look.

Heute werden in regelmäßigen Abständen neue Verpackungs-Style-Guides veröffentlicht, die für alle *Star Wars* Produkte für einen bestimmten Zeitraum gültig sind. Somit ist ein *Star Wars* Produkt in den Regalen der Handelsunternehmen auch eindeutig als solches zu erkennen. Die neue Verpackung schafft zudem neue Begehrlichkeit bei den Konsumenten und verhindert Ermüdungserscheinungen des Lizenzthemas, auch wenn gerade keine neuen Filme oder Serien auf dem Markt sind.

Auch der Inhalt des Style Guides selbst wird ständig mit neuem und historischem Artwork ergänzt. Bisher unveröffentlichte Szenenbilder, internationale Filmposter – beispielsweise historische Plakatmotive im 70er Jahre „Retro-Look" – technische Zeichnungen von Raumschiffen und Robotern und Kunstwerke internationaler Künstler bieten den Lizenzpartnern praktisch unbegrenzte Gestaltungsmöglichkeiten für neue Produkte, und damit den Fans immer wieder neuen Stoff für ihre Sammlung. Zudem bieten sich viele Motive auch als Vorlagen für modische Bekleidung an, *Star Wars* wird damit aufgrund seines Kultstatus und seines Designs auch zur aktuellen Lifestyle-Marke.

---

[292] vgl. *Pollok* (Web, 2005), Star Wars: George Lucas' Vision

**Abbildung 12.1** Entwicklung des *Star Wars*-Verpackungsdesigns 2008, 2009 und 2010[293]

**Verpackungsdesign 2009**

**Verpackungsdesign 2010**

Jedes neue Produkt muss einen umfangreichen und manchmal auch sehr langwierigen Genehmigungsprozess in mehreren Stufen durchlaufen, bevor es produziert und auf den Markt gebracht werden kann. Gerade dreidimensionale Produkte wie Figuren oder Raumschiffmodelle haben nur eine Chance genehmigt zu werden, wenn alle auch noch so kleinen Details zu 100 Prozent den Vorgaben entsprechen. Diese klaren und strengen Vorga-

---

ben garantieren einen einheitlichen Marktauftritt der *Star Wars* Produkte weltweit und minimieren das Risiko von Produktfälschungen. Zudem schaffen die hohen Qualitätsstandards Vertrauen und generieren ein positives Image für die Marke *Star Wars*.

## 12.2.5    Die Partner

Der Erfolg eines Lizenzthemas steht und fällt mit den Lizenznehmern und dem Handel, der die Produkte letztlich zu den Konsumenten bringt. Aber auch die professionelle Arbeit lokaler Lizenzagenturen ist ein entscheidender Faktor für den Lizenzerfolg.

*Star Wars* hat allein in Deutschland im Jahr 2010 über 40 Lizenznehmer mit hunderten von unterschiedlichen Produkten. Darunter sind Firmen, die schon seit vielen Jahren treue Partner sind und die es immer wieder schaffen, mit Kreativität und Professionalität neue innovative Produkte zu entwickeln und erfolgreich zu vermarkten. Dazu kommen starke Promotionpartner, die regelmäßig mit großen Werbe- und Mediakampagnen für eine weitere Steigerung des Bekanntheitsgrades der Marke sorgen.

*Lucasfilm* arbeitet weltweit mit unterschiedlichen Agenturen zusammen, die ihre regionalen Kenntnisse und Kontakte zu Industrie und Handel in die Gesamtstrategie der Marke einbringen. Obwohl *Star Wars* Millionen von Fans weltweit verbindet, sind Designvorlieben in verschiedenen Kulturkreisen sehr unterschiedlich. Hier können oft nur lokale Anbieter passende Produkte entwickeln und in ihren Distributionskanälen absetzen.

# 12.3    Fazit

*Star Wars* ist zu einem festen Bestandteil der Popkultur des 20. Jahrhunderts geworden, zu einem generationsübergreifenden Phänomen. Erwachsene, die mit den beiden Trilogien aufgewachsen sind, können ihre Begeisterung für die fantastischen Geschichten mit ihren Kindern oder Enkeln teilen, die durch zeitgemäße Fortsetzungen in Form von Fernsehserien und Lizenzprodukten wie Comics, Bücher, Computerspiele, Action-Figuren oder klassischen Spielen in den Bann der Saga gezogen werden.

Eine universelle zeitlose Story mit archetypischen Figuren, das gut gepflegte und unerschöpfliche erweiterte Universum der Saga, die stringente und sorgfältige Markenpflege, die Anpassung der Designs und des Looks der Geschichten an den aktuellen Zeitgeist und neue Zielgruppen und nicht zuletzt das unermüdliche Engagement der Lizenzpartner, des Handels und auch der Fans sind die Voraussetzungen, die die Marke *Star Wars* und die dazugehörigen Lizenzprodukte auch in zukünftigen Generationen erfolgreich weiterleben lassen.

Zusammenfassend kann man Folgendes sagen: Um ein Lizenzthema langfristig erfolgreich zu machen, muss man in der Zielgruppe eine Begehrlichkeit schaffen. Die Begeisterung für das Thema muss sich auf Produkte übertragen, die es dem Konsumenten ermöglichen, noch tiefer in die entsprechende Fantasiewelt einzutauchen. Grundlage dafür sind die

Geschichte selbst und begleitende Faktoren wie z.B. Design, Look, die Qualität oder auch der langfristige Nutzen der Lizenzprodukte. Ziel ist es letztlich, beim Konsumenten ein positives Image zu erzeugen und Vertrauen zu schaffen. Andererseits muss das Thema auch dauerhaft auf dem Markt präsent sein, ohne dass es zu Ermüdungserscheinungen beim Konsum der Zielgruppe kommt. Um dies zu erreichen, muss man der Lizenz permanent neue Inhalte geben und sie an neue Trends und Zielgruppen anpassen, ohne dabei den Markt zu übersättigen. Dies kann man beispielsweise mit zeitgemäßen Designs oder neuen an jüngere Zielgruppen gerichteten Erweiterungen der Geschichte erreichen. Und natürlich mittels neuer innovativer Lizenzprodukte.

Nicht jedes Lizenzthema kann und wird die genannten Voraussetzungen erfüllen. Je nach Genre oder Zielgruppe gibt es immer auch andere und weitere Erfolgsfaktoren, wie z.B. das Engagement und die Kreativität der Lizenznehmer, die aus einer Geschichte einen Dauerbrenner machen oder eben nicht. Langfristiger Lizenzerfolg ist nur schwer vorab planbar oder voraussehbar.

Jedem Unternehmen, das sich für den Erwerb einer Lizenz entscheidet, kann nur empfohlen werden, sich intensiv mit dem jeweiligen Thema auseinanderzusetzen, die Gestaltungsmöglichkeiten voll auszuschöpfen und immer wieder neue Produkte und Designs zu entwickeln, um die Zielgruppen zufriedenzustellen. Denn letztlich entscheidet der Konsument über den Erfolg oder den Misserfolg.

*Yoda*, der klügste und älteste aller *Jedi Ritter* in den *Star Wars* Filmen, pflegt zu sagen: *„Schwer zu sehen, in ständiger Bewegung die Zukunft ist."* In diesem Sinne, möge die Macht mit Ihnen sein!

# 13 Handel

## 13.1 Allgemeines zum Handelsmarketing

### 13.1.1 Absatzpolitik

Produkte können ohne den Handel nicht den Weg zum Endverbraucher finden. Dies gilt ebenso für Lizenzprodukte. Es ist die **Distributions-** oder **Absatzpolitik** eines Lizenznehmers, die all seine Entscheidungen und Handlungen in Bezug auf den Weg des Lizenzproduktes zum Endverbraucher einbezieht.[294]

Die Absatzpolitik stellt nicht nur die Weichen für einen möglichst großen Umsatz. Sie ist aufgrund der strategischen Positionierung eines Lizenzthemas wichtig für den Lizenzgeber bzw. dessen Agentur, da sich Absatzentscheidungen für ein Lizenzthema von dessen Positionierung ableiten. Je besser die Distributionspolitik eines Lizenznehmers zur Positionierung des Lizenzthemas passt und dieser noch dazu gute Umsatzerwartungen in Aussicht stellen kann, desto attraktiver ist er für den Lizenzgeber. Dabei geht es nicht nur um die Unterscheidung zwischen Großhandel und Einzelhandel. Heute ist auch der Direktvertrieb und hier besonders der Internethandel bei der Distribution von Lizenzprodukten von großer Bedeutung – auch weil durch das Internet der Vergleich von Angeboten und Preisen für den Konsumenten auch im internationalen Kontext stark vereinfacht wird.

Im Rahmen der Absatzpolitik spielen die **Absatzkanäle** eine wichtige Rolle, denn sie definieren den genauen Weg des Lizenzproduktes vom Lizenznehmer bzw. Hersteller zum Endverbraucher. Die Absatzkanäle beziehen unter Umständen auch eigenständige **Absatzmittler** wie Groß- und Einzelhandelsunternehmen ein, können sich aber auch ohne Zwischenstufen direkt an den Konsumenten richten (Direktvertrieb).[295] Die so genannte Handelslandschaft ist vielfältig, weil es eine Vielzahl an unterschiedlichen Betriebs- und Organisationsformen sowie Branchen mit ihren jeweiligen Spezifika gibt.

Für Lizenzgeber und -nehmer sind insbesondere Betriebs- und Organisationsformen von Handelspartnern interessant, die ihnen große Absatzmengen versprechen, da diese wiederum viel Umsatz für sie bedeuten. Der alleinige Vertrieb über Inhaber geführte und meist im Verhältnis kleine Fachgeschäfte kann keine großen Stückmengen absetzen. Ein Grund hierfür ist u.a., dass die Akquise von vielen derartigen Vertriebspartnern, die erst den Umsatz ansehnlicher Stückzahlen ermöglicht, sehr mühsam ist. Handelsunternehmen mit einem großen Filialnetz dagegen können durch mehr Standorte und meist auch mehr Verkaufsfläche nicht nur grundsätzlich mehr Waren vertreiben, sie setzen zusätzlich im

---

[294] vgl. *Schneck* (2007), S. 232

[295] vgl. *Meffert/Burmann/Kirchgeorg* (2008), S. 562

Regelfall auch Werbung und andere Kommunikationsmittel ein, um das bei ihnen erhält-
liche Sortiment anzupreisen. Da diese Maßnahmen eine große Reichweite besitzen, kommt
dies zweifellos auch dem Verkauf von Lizenzprodukten zugute. Des Weiteren ermöglicht
die Zusammenarbeit mit Handelsfilialisten auch eine bundesweite oder zumindest regionale flächendeckende Verbreitung der Lizenzprodukte. Dies ist für die Marktdurchdrin-
gung und auch den Aufbau der Bekanntheit eines Lizenzthemas aus Lizenzgebersicht sehr
attraktiv.

Die großen Handelsunternehmen gewähren ihren einzelnen Filialen in der Regel in einem
gewissen Rahmen Freiraum für eigene Entscheidungen und Aktionen, um den individuellen Gegebenheiten vor Ort bestmöglich begegnen zu können. Die Möglichkeit der Organisation einer Signierstunde im Ladengeschäft mit einem bekannten Musiker, der am gleichen Abend ein Konzert in der Stadt geben wird, und der Verkauf seiner CDs an einem
Sondertisch ist nur ein Beispiel hierfür. Diese Freiräume betreffen auch andere Aktionen
rund um Lizenzthemen. Ein *Looney Tunes*-Aktionstag mit Walking Act und Sonderver-
kaufsfläche für *Looney Tunes*-Artikel muss nicht zeitgleich in allen Filialen eines Handelsunternehmens stattfinden. Es kann durchaus sein, dass die einzelnen Filialen individuell
entscheiden können, ob sie an einer solchen Aktion teilnehmen wollen oder nicht. Oder
aber die Firmenzentrale entscheidet, welche Standorte ihres Unternehmens an ihr partizipieren sollen.

Selbstverständlich werden aber auch Lizenzprodukte bei kleineren und unabhängigen
Handelsunternehmen verkauft. Allerdings liegt der Fokus der Lizenznehmer genauso wie
der Lizenzgeber eher auf den Handelsketten, weil hier größere Stückmengen abgesetzt
werden können.

## 13.1.2    Handelsmarketing

Besonders die Filialisten unter den Handelsunternehmen führen häufig nicht nur Marken
und Lizenzprodukte, sie sind selbst überwiegend als Marken anerkannt. Auch ihr Ziel ist
es, sich zu positionieren und von der Konkurrenz abzuheben. Für Handelsunternehmen
gilt genauso wie für jede andere Firma, dass die Strategie auf die Ansprüche des Marktes
ausgerichtet wird, um innovations- und anpassungsfähig zu sein. Daher müssen auch
Handelsunternehmen ihren Marktauftritt ebenso planen, implementieren und weiter entwickeln. Nur so werden sie für den Endverbraucher eigenständig und unverwechselbar
wahrgenommen, wodurch Bekanntheit und Image entstehen, die wiederum die Kundenbindung verbessern können,[296] die fast immer zu Umsatzzuwächsen führt.

Eine Abgrenzung von den Wettbewerbern ist heute kaum noch über das Sortiment allein
zu erreichen, da dieses sich in den Filialen unterschiedlicher Handelsunternehmen gleicht.
Eine moderne Strategie für ein Handelsunternehmen positioniert dieses als Unternehmen

---

[296] vgl. *Ahlert/Kollenbach/Korte* (1996), S. 21

selbst, um es genauso zu einer Marke werden zu lassen.[297] Der Kern des Handelsmarketings sollte deswegen ein ganzheitlicher Ansatz sein, bei dem nicht einzelne Aktivitäten die Leistungen für den Konsumenten verbessern. Stattdessen sollte es ein integriertes Marketing sein, bei dem sämtliche Leistungen im Auftritt des Händlers einbezogen werden.[298] Dennoch sollte Raum für flexibles Eingehen auf Endverbraucherbedürfnisse bleiben, ohne aber die übergreifende Marketingstrategie außer Acht zu lassen.

Nur weil ein großer Sportevent in der Stadt stattfinden wird, bedeutet dies nicht, dass ein Buchhandels-Filialist das komplette dazu passende Fanartikelsortiment an allen seinen Standorten vor Ort führen muss. Vielleicht entscheidet er sich stattdessen eher für ein begrenztes Sortiment an Fanprodukten, das zum sonstigen Sortiment seines Unternehmens passt und das einerseits der Nachfrage nach Artikeln zur Veranstaltung nachkommt, aber andererseits ebenso den Erwartungen der Konsumenten an sein übliches Warensortiment Rechnung trägt. Schließlich erwartet der Kunde nicht, dass er in einer Buchhandlung T-Shirts kaufen kann, er wird aber gegebenenfalls dort Bücher, Kalender, DVDs oder Spiele nachfragen, die zum Event auf den Markt gekommen sind.

## 13.1.3   Markenmanagement im Handel

Ein Sortiment ohne Marken und ohne Lizenzprodukte ist heute im Einzelhandel nicht mehr vorstellbar. Durch die bewusste Produkt- und Markenauswahl betreiben die Handelsunternehmen **Markenmanagement**, das durch begleitende verkaufsfördernde Maßnahmen fortgesetzt wird.[299] Einzelne Angebote des Sortiments dienen als „Köder" und werden zielgerichtet in der Werbung und in der Auslage im Geschäft in Szene gesetzt. Die Händler sehen sich jedoch mit dem Problem konfrontiert, dass sie meist eine ganze Reihe an Marken unter einen Hut bringen und zudem den Balanceakt schaffen müssen, sich selbst so zu positionieren, dass die Endverbraucher bei ihnen und nicht der Konkurrenz einkaufen.

Händler treten heutzutage außerdem auch selbst als Hersteller/Produzenten auf und bringen unter so genannten **Handelsmarken** (auch: **Private Labels**, **Eigenmarken** oder **Retail Brands**) eigene Produkte heraus. Diese werden ausschließlich in den eigenen Filialen eines Handelsunternehmens verkauft. Handelsmarken sind rechtliches Eigentum des jeweiligen Handelsunternehmens.[300] Diese Produkte verfügen in der Regel über eine gute Produktqualität und entsprechen bei der Artikelauswahl der gängigen Kundennachfrage – und das allerdings oft zu einem geringeren Preis als vergleichbare Markenprodukte. Handelsmarken tragen dazu bei, dass die Konsumenten stärker an einen Händler gebunden werden. Im Idealfall wird die Handelsmarke in den Augen der Endverbraucher selbst zu einer

---

[297] vgl. *Esch/Wicke/Rempel* in: *Esch* (2005), S. 33

[298] vgl. *Belz* in: *Ahlert/Kollenbach/Korte* (1996), S. 22

[299] vgl. *Ahlert/Kenning/Schneider* (2000), S. 28

[300] vgl. *Ahlert/Kenning/Schneider* (2000), S. 3

vertrauenswürdigen Marke, die aus diesem Grund anderen Marken vorgezogen wird. Für den Händler spielen Gründe wie eine bessere Möglichkeit der Einflussnahme in die Kalkulation der eigenen Handelsmarken gegenüber dem Einkauf von Herstellermarken, die Differenzierung vom Wettbewerb, die Profilierung beim Konsumenten über eigene Marken und deren Preisimage eine wichtige Rolle bei der Entscheidung für eine Eigenmarke.

Man kann bei Handelsmarken zwischen günstigen Basisprodukten, so genannten **No-Name-** oder **Gattungsmarken** (z.B. *A&P/Tengelmann*), **klassischen Handelsmarken** (*McNeal/Peek & Cloppenburg*) in mittlerer Qualität zu günstigem Preis sowie **Premium-Handelsmarken** (z.B. die Ökoproduktlinie *Füllhorn/REWE*), die oft eine eigene, neue Produktkategorie schaffen und daher auch mit etwas höherem Preis positioniert sind. Letztere tragen besonders dazu bei, einem Händler durch die Einzigartigkeit dieser Produkte eine bestimmte Positionierung zu geben.[301] Wenn Händler selbst als Lizenznehmer auftreten, wird dies als **Direct-to-Retail-Licensing** bezeichnet.

Aktuell gelingt es nur wenigen Handelsmarken, sich in Markenpräsenz, -nutzen und Kaufentschluss gegen klassische Herstellermarken durchzusetzen. Meist ist es der Preis, der die Kaufentscheidung zu Gunsten der Handelsmarken beeinflusst, da die in Deutschland gängigen Handelsmarken sehr uniform daherkommen und sich kaum voneinander unterscheiden. Den Handelsunternehmen gelingt es noch nicht, ihre eigenen Marken nachhaltig zu positionieren, um sich von vergleichbaren anderen Handels- und Herstellermarken abzugrenzen. Hier besteht also auf jeden Fall noch Handlungsbedarf bei den Händlern in Deutschland.[302]

Einerseits treten Händler unter den Namen ihrer eigenen **Unternehmens-** bzw. **Betriebstypenmarke** oder unter einer so genannten **Netzmarke**, die sie gemeinsam mit anderen Unternehmen in einem Verbund führen, auf. In ihrem Umfeld tummeln sich andererseits zusätzlich Herstellermarken, die bei ihnen verkauft werden, Marken von Shop-in-Shop-Systemen in ihren Filialen sowie gegebenenfalls noch **Dienstleistungsmarken**, wie z.B. ein Aufbauservice für Elektrogeräte mit eigenem Markenauftritt. All diese Marken müssen bei vielen Handelsunternehmen unter einen Hut gebracht werden (**Abbildung 13.1**) und beeinflussen ihre jeweilige Außenwirkung.

Beispiel: Die einzelnen *Kaufhof*-Filialen müssen zum einen den Markenauftritt ihres eigenen Unternehmens, der Unternehmensmarke, wahren. Zusätzlich gibt es Vorgaben von externen Marken und Lizenzthemen, die z.B. eigene Warendisplays und Werbemittel mit ihren Produkten ausliefern, um ihre Produkte bestmöglich am POS präsentieren zu können, sowie in die Filialen integrierte Markenshops (wie z.B. *Tchibo*-Shop-in-Shops oder *Esprit*-Shops), die selbst oder von Fremdfirmen geführt werden. Abschließend gibt es noch Dienstleistungsmarken, wie z.B. einen Einkaufservice oder einen Onlineshop, die ebenfalls eine eigene Positionierung haben und oft ausgegliederte Unternehmen mit eigenen Namen

---

[301] vgl. *Ahlert/Kenning/Schneider* (2000), S. 35-36

[302] vgl. *Wieking* (Web, 2010), Handelsmarken: Billig allein reicht nicht mehr aus

sind. All diese unterschiedlichen Marken (und Lizenzen) müssen – auch wenn sie nicht alle immer für ein Handelsunternehmen und jeden seiner Standorte evident sein müssen – sinnvoll gemeinsam dargestellt werden, um das Vertrauen der Endverbraucher für sich als präferierten Einkaufsort zu gewinnen und zu halten.

**Abbildung 13.1**    Bereiche des Markenmanagements im Handel[303]

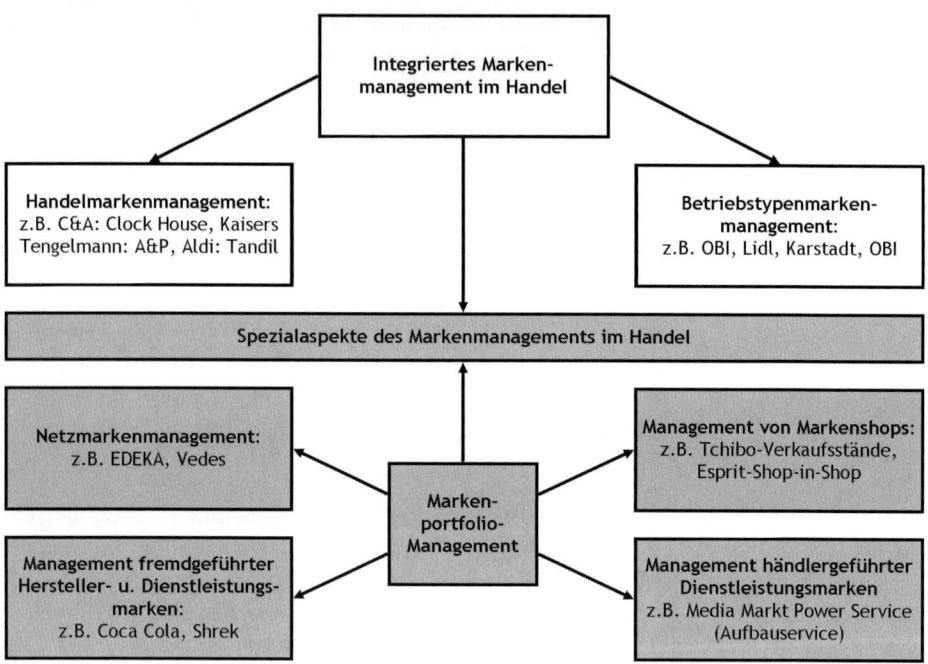

Genau wie jedes andere Unternehmen sollte auch ein Handelsunternehmen seine eigene Situation im Konkurrenzumfeld analysieren und darauf basierend Unternehmensziele definieren, aus denen dann die Marketingstrategie abgeleitet werden kann. Diese bestimmt schließlich die zu ergreifenden Maßnahmen, um die gesetzten Ziele zu erreichen. Das Marktumfeld kann sich ändern und mit ihm Ziele, Strategien und Maßnahmen. Daher ist das Marketingkonzept auch für Händler ein dynamisches Gebilde, das im Zeitverlauf zu modifizieren ist.[304]

---

[303] vgl. *Ahlert/Kenning/Schneider* (2000), S. 4 (modifiziert)

[304] vgl. *Ahlert/Kollenbach/Korte* (1996), S.22-23

# 13.1.4    Tendenzen beim Handelsmarkenmarketing

Der Handel ist diversen Faktoren ausgesetzt, die über Erfolg und Misserfolg von Waren – Handelsmarken, Herstellermarken und lizenzierten Marken – entscheiden:[305] [306]

▦ Macht des Handels („Gatekeeper")
Der Handel entscheidet, ob und wie er Waren am POS präsentiert. Er definiert sich außerdem nicht mehr nur als Vertriebspartner, sondern als aktiver Marktteilnehmer.

▦ Rückwärtsintegration des Handels
Die Handelslandschaft konzentriert sich zunehmend, denn die Anzahl der Wettbewerber wird kleiner. Entsprechend ist Wachstum für viele Handelsunternehmen nur durch effizientes Handeln, z.B. durch den konsequenten Vertrieb von vorwiegend Handelsmarken, möglich.

▦ Anhaltende Renditeschwäche des Handels
Die Umsätze der Händler stagnieren und sind zum Teil sogar rückläufig. Daher müssen sie effizienter und kostenreduzierender arbeiten, um bei konstantem Warenumschlag durch höhere Artikeldeckungsbeiträge höhere Gewinne erwirtschaften zu können. Auch hier spielen Handelsmarken eine wichtige Rolle. Warenwirtschaftssysteme unterstützen die Überwachung der Rendite und helfen bei der optimalen Aussteuerung des Warenangebots.

▦ Zunehmende Preistransparenz und mehr Wettbewerb im Handel
Insbesondere durch das Internet kann sich heute jeder – auch international – über Preise informieren und den günstigsten Anbieter lokalisieren und überregional oder gar international einkaufen. Die Folge ist, dass die Handelsunternehmen aktiv Differenzierungsmaßnahmen entwickeln und kommunizieren müssen, um sich vom Wettbewerb abzugrenzen und eventuell vorhandene Preisunterschiede über emotionale Komponenten des Einkaufs bei ihnen wettzumachen.

▦ Zunehmender Profilierungsdruck der Betriebstypen im Handel
Der Wettbewerb im Handel macht nicht vor den Betriebstypen Halt. Wenn ein Handelssystem gut funktioniert, wird es schnell Nachahmer haben. Ein Sortiment, das vorwiegend aus Handelsmarken – wie z.B. bei *Deichmann* oder *H&M* besteht –, kann ein Abgrenzungsmerkmal sein, weil diese nicht so leicht zu kopieren sind.

▦ Zunehmende Professionalisierung des Handelsmarkenmanagements
Handelsmarken werden heute professionell entwickelt und hergestellt. Dies zeigt sich in der Installierung von professionellem Produktmanagement bei den Handelsunternehmen genauso, wie in der eigenständigen Handelsmarkenwerbung und der Markenführung für ihre Handelsmarken.

---

[305] vgl. *Ahlert/Kenning/Schneider* (2000), S. 40-42

[306] vgl. *Esch/Wicke/Rempel* in: *Esch* (2005), S. 32

■ **Leichtere Beschaffung**

Die zunehmende Internationalisierung und Transparenz macht es auch für Händler leichter, Produkte für ihre Handelsmarken produzieren zu lassen. Sie kooperieren zum Teil sogar mit Markenherstellern im Bereich der Produktproduktion und sind so in der Lage, auch exklusive Artikel anbieten zu können. Durch den Wettbewerb unter den Lieferanten sinken zusätzlich die Einkaufspreise für die Händler.

■ **Neue Informations- und Kommunikationstechniken des Handels**

Scanner-Kassen und Warenwirtschaftssysteme helfen, die profitable Nutzung von Warenstellflächen am POS und Kundenkarten zu steuern, und handelseigene Kreditkarten geben Aufschluss über die Kaufgewohnheiten der Konsumenten. Diese Datenquellen helfen dem Handel, sein Sortiment zu optimieren, weil „Renner" und „Penner" im Sortiment leicht zu identifizieren sind. Mit diesen Informationen hat der Handel einen Wissensvorsprung gegenüber seinen Warenlieferanten und kann dies u.a. in Preisverhand-lungen ausspielen.

Die Ziele von Handelsunternehmen beziehen sich naturgemäß auf den Umsatz und die Konsumentenanzahl: mehr Umsatz, mehr Kunden bzw. neue Kundenzielgruppen hinzugewinnen. Hinzu kommen nicht monetäre Ziele wie die Manifestierung eines bestimmten Images oder der Ausbau der Bekanntheit. Gerade wenn es um die Endverbraucher geht, kann sich ein Händler heute nicht mehr nur allein auf die von den Kunden selbst getroffene Auswahl seines Sortiments verlassen und nur das anbieten, was von ihnen aktiv nachgefragt wird. Er muss stattdessen selbst handeln und weitere Marketingmaßnahmen ergreifen, die die Konsumenten ansprechen und sie an ihn binden und außerdem zu zusätzlichen Käufen animieren. Solche Maßnahmen können z.B. eine Mitarbeiteruniform, eine bestimmte Geschäftsausstattung und Anordnung der Waren, ein bestimmtes Sortiment, ein bestimmtes Preisgefüge, besondere Services und Dienstleistungen, gezielte und mit starkem Wiedererkennungswert versehene Werbe- und PR-Maßnahmen, aber auch der aktive Einsatz von Lizenzprodukten sein.

Aktionen im Zusammenhang mit Lizenzen können Events rund um ein Lizenzthema sein: Sonderverkaufsflächen, Meet & Greets mit Prominenten, Gewinnspiele, Walking Acts oder Bastel-Aktionen. Über solche Aktivitäten, die aufgrund ihrer Emotionalität für den Konsumenten nicht so leicht von den Mitbewerbern zu kopieren sind, kann sich ein Handelsunternehmen profilieren und von der Konkurrenz abheben.

## 13.2   Aktive Nutzung von Licensing durch Handelsunternehmen

Es ist existenziell für Lizenzgeber bzw. deren Lizenzagenturen und Lizenznehmer – wie aber letztlich für jedes Produkte absetzende Unternehmen – gute Beziehungen zum Handel zu pflegen. Der Handel hat seinerseits in den vergangenen Jahren immer mehr verstanden, welch attraktive Position er innehat: Im Gegensatz zu den meisten Herstellern verfügt er über den direkten Kontakt zum Konsumenten! Deswegen entscheiden neben

Preis und Nachfrage auch die Emotionalität eines Produktes und die Marketingmöglichkeiten, die sich aus dem Produkt selbst wie auch in der Zusammenarbeit mit dem Hersteller ergeben, über dessen Listung bei einem Handelspartner. Der Handel beeinflusst mit seinem Urteil das Schicksal eines Lizenzthemas: Wird er es listen und, wenn ja, wie viel Regalfläche wird das Thema bzw. das einzelne Lizenzprodukt erhalten und wie lange plant er damit? Bei Ablehnung eines Lizenzthemas durch den Handel ist dessen Ende vorgezeichnet. Diese einflussreiche Rolle des Handels ermöglicht es ihm auch, Einkaufspreise zu diktieren und so Einfluss auf den Endverbraucherpreis zu nehmen. Dieser Preis wiederum beeinflusst die Positionierung, die ein Lizenzgeber für ein Lizenzthema vorsieht.

Der Handel agiert zunehmend selbst marketingorientiert. Er ist sich seiner Wichtigkeit bewusst, weil sich die Anzahl der Marktteilnehmer auf Handelsseite durch die anhaltende Konzentration weiter reduziert. Die verbleibenden Unternehmen haben eine Machtposition inne, die sie zu nutzen wissen. Dennoch sind für die Handelsunternehmen mehr denn je Maßnahmen notwendig, die sie von ihren Mitbewerbern unterscheiden. Licensing und Private Labels, eigene PR- und Kommunikationsmaßnahmen, aber auch Aktionen am POS – die oft gemeinsam mit Lizenzgebern oder deren Agenturen initiiert und organisiert werden – sind Mittel der Diversifikation von der Konkurrenz.

Dies gelingt mit Lizenzprodukten und Retail Brands nur, wenn die so genannte **Quality Execution**, das ordnungsgemäße und homogene Präsentieren der Waren am POS und die **Retail Excellence**, die wettbewerbs- und kundenorientierte Positionierung des Artikels beim Händler, stimmig sind und ständig optimiert werden.[307] Das Emotionalisieren des Konsumenten ist durch Lizenzen und Handelsmarken für die Händler in diesem Zusammenhang ein wichtiges Thema. Denn genau wie für die Hersteller ist dies auch am POS bei den Händlern ein Argument für die Konsumenten, etwas zu kaufen.[308] Lizenzen haben zudem den Vorteil, dass sie gerade Impulskäufe durch ihre Emotionalität fördern. Die Händler müssen sich eindeutig positionieren, ebenso wie es die Hersteller mit ihren Unternehmen und ihren Produkten tun müssen, um erfolgreich am Markt bestehen zu können.[309] Über die „richtige" Auswahl von Lizenzen in ihrem Warensortiment kann eine Abgrenzung von der Konkurrenz erfolgen.

Die Markierung von Produkten am POS mit Lizenzthemen, Marken oder Eigenmarken eines Handelsunternehmens dient dem Endverbraucher als Orientierungshilfe bei in Funktion und manchmal auch beim Preis gleichwertigen Produkten. Lizenzthemen bedeuten für den Handel, dass Trends, Action und Lifestyle in sein Sortiment gelangen und dieses so attraktiver für den Konsumenten wird.[310] Dies kann auch als Qualitätsmerkmal durch den Konsumenten interpretiert werden.

---

[307] vgl. *Körber* in: *Ahlert/Olbrich/Schröder* (2004), S. 29

[308] vgl. *Creusen/Eschemann/Müller-Seitz* in: *Schröder/Olbricht/Kenning/Evanschitzky* (2009), S. 157

[309] vgl. *Swoboda/Berg/Pop/Dabija* in: *Schröder/Olbricht/Kenning/ Evanschitzky* (2009), S. 471

[310] vgl. *Lindl* in: *Böll* (2001), S. 235

Das Kaufverhalten der Konsumenten in Deutschland hat sich in den vergangenen Jahren, sicher auch durch die 2008 begonnene internationale Wirtschaftskrise, geändert: Grundbedürfnisse werden meist hierzulande beim Discounter abgedeckt, während das restliche verfügbare Einkommen gern auch in den Genuss von höherwertigen Waren und Dienstleistungen investiert wird. Aus diesem Kaufverhalten heraus resultiert wohl auch die immer noch hohe Nachfrage nach Sonderangeboten und Eigenmarken des Handels.[311] Dem Streben der deutschen Endverbraucher, möglichst kostensparend einzukaufen, trägt auch die immer weiter ansteigende Verlagerung der Produktion von Waren ins Ausland und hier insbesondere nach China Rechnung, wo die Produktionskosten deutlich geringer sind als in Europa. Trotz des weiten Lieferwegs kostet die gesamte Herstellung von Produkten dort inklusive Versand noch immer weniger als im Heimatland des Anbieters. Dieser Preisvorteil kann dann an den Konsumenten weitergegeben werden. Gleichzeitig entsteht durch die internationale Öffnung der Märkte, wie auch durch das Internet, ein internationaler Wettbewerb beim Absatz von Waren aller Art. Produkte aus dem Ausland werden im deutschen Handel angeboten und konkurrieren mit Produkten heimischer Anbieter.

Besonders aus dem Spielwarenbereich sind Lizenzen nicht mehr wegzudenken. Hersteller nutzen Lizenzthemen, um bei der Flut an oft vergleichbaren Produkten ein Alleinstellungsmerkmal gegenüber den Konkurrenzartikeln zu schaffen. Im Handel wiederum werden durch Lizenzen Themenwelten inszeniert, bei denen unterschiedliche Produkte verschiedener Hersteller zu einem Lizenzthema gemeinsam präsentiert und so emotionale, kaufanregende Umgebungen kreiert werden. Dies funktioniert im Spielwarenhandel genauso wie in anderen Handelssegmenten, die andere Zielgruppen ansprechen: Im Direktvertrieb z.B. in Katalogen mit Themenseiten und im stationären Handel über z.B. Thementische oder Shop-in-Shop-Systeme zu einem Lizenzthema.

Der Handel mit Kinderprodukten hat mit dem anhaltenden Geburtenrückgang zu kämpfen, da damit auch die Anzahl der potenziellen Konsumenten von (Kinder-)Produkten abnimmt. Eine weitere Schwierigkeit in diesem Geschäft ist, dass Kinder immer früher erwachsen werden – sie hören infolgedessen eher mit dem Spielen auf und besonders klassische Spielwaren wie Puppen oder Autos sind kurzfristiger von Interesse. Stattdessen kommen neue Produkte auf den Markt, die mit den klassischen Spielzeugen konkurrieren: z.B. Handys, Spielekonsolen oder neuartige Computer wie das *iPad*, die auch ältere Zielgruppen ansprechen.[312] Hier ist es umso wichtiger, den Kunden zu binden und Kaufanreize – auch für Impulskäufe – zu schaffen. Lizenzthemen werden auf Handelsseite hier sehr gezielt eingesetzt, um zu emotionalisieren. Dem Handel kann es über diese Wirkung von Lizenzen und damit verbundene inszenierte Themenwelten gelingen, Kunden zu binden. Denn diese lernen so mit der Zeit, dass „ihr" Händler nicht nur Waren entsprechend ihrer Bedürfnisse führt, sondern dass der Einkauf dort auch Spaß macht. Kein Wunder, dass auch in diesem Zusammenhang Kinderlizenzthemen eine zentrale Rolle

---

[311] vgl. *Saldsieder* (2008), S. 2

[312] vgl. *Saldsieder* (2008), S. 1

spielen. Kinder werden oft zum Einkauf mitgenommen und beeinflussen durch gezieltes Quengeln den Einkaufsort genauso wie die Wahl der zu kaufenden Produkte.

Aufgrund dieser und anderer Einflüsse auf den Markt sind Lizenzthemen auch für den Handel zu einem wichtigen Unterscheidungsmerkmal von Produkten geworden. Dies gilt für den allgemeinen Einkauf von Waren und Lizenzprodukten für das Sortiment genauso wie für den Einkauf von Lizenzthemen für Kooperationen mit den eigenen Handelsmarken, um diese für den Endverbraucher aufzuwerten. Ein attraktives Lizenzthema auf einem „guten" Produkt bedeutet für den Handel die Aussicht auf mehr Umsatz. Auch deswegen arbeiten die großen Handelsunternehmen mit auf Lizenzen spezialisierten Mitarbeitern, die den Wareneinkauf maßgeblich bestimmen. Interessanterweise werden Lizenzprodukte bei den Handelsbetrieben aber vielfach nicht von einer zentralen „Lizenzen"-Abteilung eingekauft. Stattdessen sind für den Einkauf auf bestimmte Sortimente spezialisierte Mitarbeiter zuständig. Da oft auch die Waren aus unterschiedlichen Sortimenten an unterschiedlichen Standorten im Geschäft präsentiert werden, kann es daher sein, dass es für ein und dasselbe Lizenzthema unterschiedliche Präsentationsflächen im Ladengeschäft gibt. Auch aus diesem Grund sind viele Lizenzgeber und -agenturen dazu übergegangen, persönliche Beziehungen zu den Handelspartnern aufzubauen, um wenigstens für einen Promotionszeitraum zusammenhängende Präsentationsflächen für ein Lizenzthema bei den Handelspartnern zu erreichen.

Der Handel sieht sich genauso wie die Lizenznehmer mit einer Vielzahl an Lizenzthemen konfrontiert. Er muss jedoch nicht nur zwischen Lizenzen auswählen, sondern auch zwischen Unmengen an Produkten zu diesen Themen. Er ist das Nadelöhr zum Endverbraucher, das eine Listung ermöglichen, aber auch verhindern kann. Wegen dieser **Gatekeeper-Funktion** ist der Dialog mit den Handelspartnern für Lizenznehmer nahezu obligatorisch. Viele Lizenznehmer besprechen die zur Auswahl stehenden Lizenzthemen, mögliche Lizenzprodukte und deren Funktionen schon frühzeitig mit ihren wichtigsten Handelspartnern. Sie wollen so verhindern, dass sie Themen einkaufen und Produkte entwickeln, die vom Handel nicht unterstützt werden. Bereits profilierte Lizenzthemen haben es dabei einfacher. Sie sind dem Handel bekannt und haben in der Vergangenheit bereits bewiesen, dass sie Umsätze erwirtschaften können. Neue Lizenzthemen haben hier ein schwereres Los, da sie ihr Potenzial erst noch demonstrieren müssen. Viele Lizenzgeber und -agenturen unterstützen ihre Lizenznehmer bei der Präsentation von Informationen und Strategien rund um ein Lizenzthema vor Ort bei den Handelspartnern.

Für den Erfolg oder Misserfolg gegenüber dem Endverbraucher sind natürlich auch die Performance eines Handelsunternehmens an sich – wie z.B. Frische der Waren, Sauberkeit im Geschäft, Freundlichkeit und Kompetenz des Personals oder Art und Qualität der Werbe- und PR-Maßnahmen – aber auch Parameter wie Standort und Sortiment maßgeblich.

## 13.2.1    Kostenführerschaft (Standardisierung) im Handel

Handelsunternehmen haben zwei grundlegende Wettbewerbsstrategien zur Auswahl, um sich am Markt gegenüber der Konkurrenz erfolgreich zu behaupten: die Kostenführerschaft oder die Diversifizierung.

Die **Kostenführerschaft** bzw. **Standardisierung** erreicht ein Handelsunternehmen durch besonders rentables Wirtschaften in allen Bereichen seines Tuns. Dazu zählen z.B. Wareneinkauf, Personal oder Art der Präsentation der Waren im Geschäft (z.B. Gestaltung des Ladengeschäftes, kostengünstige Standorte). Dies wird vor allem über Standardisierung von Abläufen und der Marktbearbeitung erreicht. So lassen sich Einsparungen erarbeiten, die an den Konsumenten durch günstigere Preise weitergegeben werden können. Fazit: Die Preise sinken und unterbieten die der Konkurrenz. Eine Kostenführerschaft kommt in der Regel nur für Händler mit einer gewissen Unternehmensgröße in Betracht, da diese notwendig ist, um Abläufe überhaupt vereinheitlichen zu können. Des Weiteren ist auch die Auswahl des Sortiments entscheidend. Der Fokus bei der Strategie der Kostenführerschaft eines Handelsunternehmens liegt auf sich schnell verkaufenden Waren (hoher Lagerumschlag).

Günstige Preise sind für den Endverbraucher attraktiv und werden von ihm als wichtiges Einkaufskriterium gewertet. Namhafte Handelsunternehmen, die der Kostenseite ihres Geschäftes besonders große Beachtung schenken, sind beispielsweise die Discounter *Aldi*, *Lidl* oder *Netto*, aber auch auf bestimmte Sortimente spezialisierte Handelsketten wie z.B. *Schlecker* oder *dm*.[313]

Da Discounter innerhalb kurzer Zeit große Mengen an Waren absetzen können, sind sie interessante Vertriebspartner für Lizenznehmer und -geber. Allerdings wird der Vertrieb über Discounter, wie schon mehrfach in diesem Buch erwähnt, oft erst zu einem späteren Zeitpunkt im Lebenszyklus eines Lizenzthemas genehmigt, um dieses wiederum nicht zu schnell zu verheizen. Deswegen wird am Anfang der Auswertung eines Lizenzthemas in der Regel von einer Lizenzierung von Produkten, die insbesondere dauerhaft im Sortiment der Discounter gelistet sind, abgesehen. Discounter listen ihrerseits natürlich gerne Produkte zu namhaften Lizenzthemen: Sie sind auch für ihre Kunden attraktiv und versprechen zusätzliche Umsätze.

## 13.2.2    Diversifizierung im Handel

Häufig sind die Unterschiede beim Warenangebot von konkurrierenden Handelsunternehmen nicht groß. Hin und wieder variieren die Warenpreise, es gibt vielleicht unterschiedliche Anbieter im Sortiment oder eventuell auch Abweichungen in den Schwerpunkten der angebotenen Produkte. Handelsbetriebe sind auch deswegen bestrebt, sich

---

[313] vgl. *Morschett (2002)*, S. 196-197

möglichst eindeutig von ihren Mitbewerbern zu unterscheiden und eine klare und dauerhafte Positionierung beim Konsumenten zu erzeugen.

Die Strategie der **Diversifizierung** bedeutet, dass ein Handelsunternehmen, genauso wie ein Hersteller, Maßnahmen ergreift, die es von seinen Konkurrenten möglichst deutlich unterscheidbar machen. Da Kosten nicht unendlich optimiert werden können, ist die vorher beschriebene Strategie der Kostenführerschaft als alleinige Maßnahme beim „Kampf um den Konsumenten" nur bis zu einem bestimmten Maße verfolgbar. Oft wird sie daher durch Diversifizierung ergänzt. Immer mit dem Ziel, das eigene Profil beim Konsumenten gegenüber Wettbewerbern zu schärfen, die in Angebot und Warenpräsentation ähnlich sind.

Eine Maßnahme der Diversifizierungs-Strategie kann es sein, sich auf hochwertige Qualitätsprodukte zu spezialisieren oder in bestimmten Bereichen des Sortiments ein breiteres und tieferes Sortiment als die Konkurrenz anzubieten.[314] Andere Instrumente können eine einheitliche Mitarbeiterbekleidung, die Raumgestaltung der Läden (z.B. in Farbe und Form der Verkaufsmöbel oder nach besonderen Öko-Standards), ein besonders prägnantes Logo oder kommunikationsbezogene Elemente in Werbung und PR sein.[315]

Auch Lizenzthemen können zur Diversifizierung bei einem Handelsunternehmen beitragen: Sie machen nicht nur Produkte für den Endverbraucher attraktiver, sondern dienen auch dazu, sich als Händler von der Konkurrenz abzugrenzen, da bestimmte Lizenzprodukte, Aktionen zu einzelnen Lizenzthemen oder gar komplette Lizenzthemen auf Grund von exklusiven Deals mit einzelnen Lizenznehmern oder selbst abgeschlossenen Lizenzverträgen nicht bei den Mitbewerbern erhältlich sind. So genannte **Themen-** bzw. **Lizenzwelten**, bei denen auf einer zentralen Präsentationsfläche viele Produkte zu einem (Lizenz-)Thema einem möglichst großen Publikum angeboten werden, sind Beispiele für Maßnahmen der Diversifikation im Zusammenhang mit Licensing. Hierzu werden oft passend zum Thema gestaltete Präsentationsmöbel eingesetzt oder sogar Shop-in-Shop-Systeme. Diese Verkaufsflächen sind individuell zum Thema dekoriert und heben den Händler gegenüber Mitbewerbern, die keine derartige Präsentationsfläche haben oder andere Themen zur gleichen Zeit prominent bei sich platzieren, ab. Das Einkaufen wird für den Endverbraucher zum Erlebnis und er wird animiert, sich aktiv mit dem Lizenzthema und dessen Produkten zu beschäftigen – der Kaufanreiz wächst. Flankiert werden solche Themenwelten in der Regel durch Werbemaßnahmen, die diese Aktionen besonders herausstellen – z.B. auf eigens dafür gestalteten Seiten innerhalb eines Werbeflyers oder mit eigenen Werbemitteln wie Radiospots, Zeitungsbeilagen oder sogar TV-Spots. Die Schwierigkeit auch für den Handel besteht darin, Themen für solche Lizenzwelten zu finden, die langfristig interessant genug für die Zielgruppe bleiben. Nur so lohnen sich Planung und Realisierung solcher Aktionen, die einen gewissen Vorlauf für deren Organisation benötigen. Kinofilme (abgesehen von Longsellern wie *Star Wars*, den *Wilden Kerlen*

---

[314] vgl. *Morschett (2002)*, S. 198-199

[315] vgl. *Creusen/Eschemann/Müller-Seitz* in: *Schröder/Olbricht/Kenning/Evanschitzky (2009)*, S. 162-165

oder der Vampirsaga *Twilight)* eignen sich meist nicht für Themenwelten im Handel, denn sie verschwinden häufig zu schnell wieder aus den Kinos und sind schlussfolgernd dann auch für die Konsumenten nicht mehr relevant.[316]

Bei **Direct-to-Retail**-Kooperationen mit Lizenzthemen, die eventuell auch nur für einen überschaubaren Promotionzeitraum abgeschlossen werden, vertreiben Handelsbetriebe exklusiv an ihren Standorten selbst lizenzierte Lizenzprodukte. Der Händler tritt also selbst als Lizenznehmer auf. In den 90er Jahren hat z.B. die Spielwarenverbundgruppe *VEDES* ein umfangreiches Produktsortiment zum TV-Format und -Character *Tabaluga* lizenziert. Es war exklusiv bei den angeschlossenen *VEDES*-Fachhändlern erhältlich und wurde dort mit eigenen Displays und Werbemitteln platziert. *VEDES* nutzte diese Möglichkeit, um sich neu zu positionieren.[317] Ein anderes Beispiel sind die Bekleidungs-Filialisten *H&M* und *C&A*, sie setzen seit einiger Zeit u.a. auf die Lizenzierung nicht immer exklusiver Lizenzprodukte zu *Hello Kitty* oder *Snoopy* und präsentieren diese Lizenzprodukte besonders prominent in ihren Geschäften, wie z.B. an der Kasse. Die derzeit (Herbst 2010) größte Direct-to-Retail-Kooperation Europas hat *Warner Bros.* mit *Carrefour* zu den *Looney Tunes* abgeschlossen, bei der es um 200 SKUs[318] geht, die bei dem französischen Handelsunternehmen vertrieben werden.[319]

Häufig werden auch punktuell – z.B. in ausgewählten Filialen eines Handelsunternehmens – Endverbraucher-Events rund um Lizenzthemen durchgeführt. Da sie nur bei bestimmten Handelspartnern stattfinden, erzeugen sie eine hohe Aufmerksamkeit beim Endverbraucher. Dies kann ein gemeinsam mit der Lizenzagentur organisiertes „Meet & Greet" mit den Hauptdarstellern eines Kinofilms in verschiedenen Filialen oder eine Road Show inklusive themenbezogenem Showprogramm mit Stopps bei verschiedenen Handelspartnern sein.

Alle drei oben dargestellten Möglichkeiten der Abgrenzung von der Konkurrenz (Kostenführerschaft, Diversifikation, Direct-to-Retail-Lizenzierung) über Lizenzthemen können und werden auch kombiniert durchgeführt, um die maximale Aufmerksamkeit beim Kunden zu erzielen. Des Weiteren werden auch neue Möglichkeiten der Abhebung vom Wettbewerb beim Handel entwickelt und ausprobiert. Lizenzgeber und -agenturen bringen sich aktiv ein und initiieren und koordinieren Maßnahmen gemeinsam mit den Handelspartnern und gegebenenfalls einigen Lizenznehmern. Häufig finanzieren Lizenzgeber und auch -nehmer die dafür benötigten Werbemittel entweder ganz oder zum Teil mit. Gerade weil Lizenzthemen den Handelsbetrieben helfen können, ihr eigenes Profil gegenüber den Endverbrauchern zu stärken und sich von der Konkurrenz abzuheben, sind auch sie im

---

[316] vgl. *Krause* in: *Böll* (2001), S. 419

[317] vgl. *Lindl* in: *Böll* (2001), S. 240-242

[318] SKU = Stock Keeping Unit, engl. für die eindeutige Bezeichnung einer Variante eines Artikels wie z.B. die Artikelnummer

[319] vgl. *Phillips* (Presse, 2010), Private Label's Secret Weapon: Licensing

hohen Maße daran interessiert, zu kooperieren, denn publikumswirksame Produkte und Aktionen zu beliebten Lizenzthemen stützen maßgeblich den Umsatz. Über Lizenzumsätze beim Handelspartner wiederum profitieren auch die anderen Beteiligten an der Wertschöpfungskette des Licensing, so dass auch aus ihrer Sicht eine enge Zusammenarbeit mit dem Handel sinnvoll ist.

# 13.3    Handelsansprache

Es gehört zu den Kernaufgaben eines Lizenznehmers, mit dem Handel in Kontakt zu treten, um seine (Lizenz-)Produkte an diesen zu verkaufen. Wenn es jedoch um die große Inszenierung eines Themas geht, arbeiten Lizenzgeber und -nehmer häufig Hand in Hand zusammen. So unterstützen Lizenzgeber einzelne Lizenznehmer bei der Präsentation von Produkten zu einem Lizenzthema bei den Einkäufern der Handelspartner. Oft bieten die Lizenzgeber bzw. deren Agentur u.a. auch ergänzend zu den Einkaufskonditionen, die der Lizenznehmer zu offerieren hat, Medialeistungen wie z.B. TV-Werbespots und Gewinnspiele auf der Website des Lizenzthemas zu Sonderkonditionen an. Um große Aktionen am POS unter Einbeziehung unterschiedlicher Lizenznehmer zu erreichen und/oder eine Direct-to-Retail-Lizenz zu verkaufen sowie den Launch eines neuen Lizenzthemas durch positive Einflussnahme beim Handel zu unterstützen, kontaktieren Lizenzgeber die Handelspartner auch direkt.

Die Unterstützung eines großen Handelspartners kann entscheidend sein, um weitere Lizenznehmer zu gewinnen. Handelspartner haben in einigen Fällen sogar Mitspracherecht bei der Entscheidung, welcher Lizenznehmer bei der Vergabe eines Lizenzvertrags bevorzugt werden soll. Umgekehrt sind Lizenzprodukte für den Handel ebenso wichtig, machen sie doch nicht nur im Spielwarensektor einen bedeutsamen Teil des Umsatzes aus. Daher beobachten die Handelsunternehmen die Entwicklungen am Lizenzmarkt sehr genau, stehen in der Regel auch im eigenen Interesse in engem Kontakt mit den wichtigen Lizenzgebern und -nehmern und besuchen Messen und Veranstaltungen, bei denen es um Lizenzen geht. Die großen Lizenzgeber und -agenturen realisieren außerdem regelmäßige Präsentationen ihrer Lizenzthemen, zu denen sie ihre wichtigsten Partner einladen. Auch hier stehen Vertreter der Handelsunternehmen fast immer mit auf der Gästeliste.

# 14    PRAXIS: Licensing aus Handelssicht

**Martin M. Bieri**

Das Geschäft mit Lizenzprodukten ist oft kurz- und schnelllebig. Doch höhere Margen sowie die Aufwertung des POS machen es für den Handel attraktiv. Umfassende Warenwelten rund um eine Lizenz ziehen den affinen Konsumenten oftmals in ihren Bann. Nicht einzelne Produktplatzierungen, sondern Konzepte sind gefragt. Einzelne Artikel gehen im Regal des Händlers meist unter und verlieren so die Aufmerksamkeit des Konsumenten. Die Handelsfilialisten bevorzugen „starke Lizenzen", also Massen kompatible Themen – so genannte Top-Properties. Diese zeichnen sich vor allem durch eine „extrem hohe Bekanntheit" aus. Der Einzelhandel interessiert sich besonders für Lizenzen aus lang laufenden Serien mit bekannten Helden. Langfristige TV-Serien beinhalten weniger Risiken als einmalige Kinofilme. Auch Kinofilm-Serien wie *Shrek* oder *Ice Age* tragen weniger Risiko in sich, ebenso Kinofilme, zu denen es zusätzlich auch TV-Serien gibt wie z.B. bei *Batman*.

Mit mehr als 50 Prozent sind die Entertainment-Lizenzen im deutschen Lizenzmarkt am stärksten gewichtet.[320]

## 14.1    Wie können Handel, Lizenzgeber und Lizenznehmer kooperieren?

Konzertierte Aktionen zwischen Handel, Lizenznehmern sowie Lizenzgebern bzw. deren Agenturen sind besonders erfolgversprechend. Der Support seitens des Rechtegebers kann beispielsweise durch die nachfolgende Bereitstellung erfolgen:

- Kontakte aller relevanten Lizenznehmer, um das Produktangebot zu maximieren

- Deko-Material (POS)

- Give-Aways

- POS-Promotions (z.B. Roadshow, Walking Act, Autogrammstunde)

- Gewinnspielpreise

- Exklusive Contents

- Media-Spendings

Insbesondere der Lizenzgeber sollte ein massives Interesse an einer außergewöhnlichen Handelspräsentation seiner Property haben, da er über die Lizenzgebühr (Royalty) – im

---

[320] vgl. *npdgroup deutschland GmbH/LIMA* (Studie, 2007), Lizenzmarkt Deutschland – Situationsanalyse

Non-Food-Bereich meist zwischen acht und zwölf Prozent auf den Handelsabgabepreis (HAP) – stets mitverdient.

Bei der gemeinschaftlichen Zusammenarbeit handelt es sich um eine „Win-Win-Win"-Situation: Der Handel erhält eine attraktive und einzigartige Lizenzpromotion mit einer hohen Emotionalisierung der Zielgruppen durch Interaktion, der Lizenznehmer steigert die Erfolgschancen durch die entsprechende Handelspräsenz, und der Lizenzgeber verbessert das Image und den Bekanntheitsgrad seiner Property und maximiert die finanzielle Vergütung.

Die Inszenierung von Themenwelten am POS erhöht die Erfolgsaussichten für alle Beteiligten. Solch eine exklusive Distribution lässt sich im Zeitalter des Multichannels auch kanalübergreifend umsetzen. Beispielsweise die quantitative Erweiterung des stationär angebotenen Lizenzportfolios im E-Commerce (Long-Tail) oder die zeitliche Verlängerung einer stationären Aktion über den Online-Kanal.

Abschließend ist festzuhalten, dass nicht jede Lizenz zwingend eine Umsatzsteigerung herbeiführt. Der Erfolg und die Lebensdauer einer Lizenz sind abhängig von der regionalen Präsenz (TV, Kino, Print etc.). Darüber hinaus sollten die angebotenen Sortimente passend zur jeweiligen Property bzw. Zielgruppe ausgerichtet sein. Bei kurzfristigen Themen empfehlen sich eher niedrigpreisige Impulsartikel, um das Warenrisiko zu minimieren. Hingegen sind bei langfristigen Themen auch hochpreisige Fanartikel chancenreich. Insbesondere das „Erlebnis-Shopping" erhöht die Pro-Kopf-Ausgaben durch die höhere Verweildauer am jeweiligen POS.

## 14.2 Case Study: Plus WHG mbH | Tengelmann Group

Jahrelang konnten die Discounter ihren Anteil an sämtlichen Non-Food-Umsätzen des Handels kontinuierlich steigern. Von 2,7 Prozent im Jahr 1998 auf 5 Prozent im Jahr 2005. 2006 gingen die Umsätze jedoch um etwa 10 Prozent zurück. Bei Non-Food-Produkten – jahrelang eines der lukrativsten Segmente – haben die Discounter ihren Zenit nach Ansicht der Konsumforscher bereits überschritten.[321]

### 14.2.1 Trendwende im Handel

Dass die Schnäppchenjagd nur noch in gebremstem Tempo läuft, hat sicherlich mehrere Ursachen. So waren in den letzten Jahren praktisch sämtliche Discounter in das Aktionsgeschäft mit Non-Food eingestiegen. *Aldi* und *Lidl* warben lange zweimal pro Woche für Artikel, die „nicht ständig im Sortiment" sind – ihre Mitbewerber zogen nach.

---

[321] vgl. *GfK Gruppe* (Studie, 2007), Wege aus der Krise – Veränderungen im Nonfoodmarkt

Auch der Wettbewerb außerhalb der Discounter nahm zu. Das beste Beispiel hierfür dürfte *Tchibo* sein: *Tchibo* professionalisierte sein Non-Food-Geschäft derart, dass es auch für Discounter beispielgebend wurde. Die Auswahl an Artikeln, die sich für Non-Food-Aktionen eignen, nahm allerdings nicht in gleichem Maße zu. Entsprechend wurden viele Produkte in ähnlicher Form bei unterschiedlichen Händlern angeboten.[322] Die Aktionen verloren den Reiz des Neuen und Besonderen: Wer die Mikrowelle mit Grill bei Discounter A verpasst hatte, fand sie in der nächsten Woche bei Discounter B.[323] Der Status des vermeintlich einmaligen Angebots ging verloren, der psychologische Druck des „Jetzt oder Nie" entfiel. Der Konsument konnte den Kauf guten Gewissens auf den Zeitpunkt des konkreten Bedarfs verschieben – der möglicherweise nie eintrat. Die Artikel liegen heute länger als früher in den Läden, und die Restanten reduzieren die Rentabilität des Geschäfts, werden gar über Restpostenmärkte verramscht.[324]

Auf der anderen Seite sind Aktionen mit Randsortimenten wie Angelausrüstung und Reitsportbedarf nur selten wiederholbar, da sie sich an eine enge Zielgruppe wenden.

## 14.2.2    Plus: Sortimentsdifferenzierung durch Lizenzen

*Plus* startete im Jahr 2006 die Sortimentsdifferenzierung mittels Lizenzen. Ziel war eine Kompensation der abnehmenden Umsätze im Non-Food-Aktionsgeschäft. Durch regelmäßige Lizenzaktionen wurde eine Differenzierung gegenüber den Marktbegleitern (*Aldi, Lidl, Penny, Netto, Norma* sowie Non-Food-Pionier *Tchibo*) angestrebt.

Insbesondere im Discount war der Markenimage-Transfer durch namhafte Lizenzthemen ein Alleinstellungsmerkmal. Dabei ging es mitunter auch um die Aktivierung neuer Zielgruppen (Neukundengewinnung), Steigerung des Instore-Traffics sowie die Absatzförderung durch die Erweiterung des Sortiments.

Eine Grundvoraussetzung für die einheitliche Themenpräsentation am POS lag damals in der warenübergreifenden Steuerung der fünf Einkaufsbereiche des Handelsunternehmens (Indoor, Textil, Outdoor, Elektro sowie IT/Multimedia). Durch diese Maßnahme wurden alle Aktionsaktivitäten seitens des Produktmanagements gebündelt und somit eine höhere Verbraucherwahrnehmung am POS sowie höhere Cross-Selling-Effekte erzielt. Verkaufsschlager waren im Non-Food-Bereich u.a. Brettspiele, Boxer Shorts, Gläser, Plüsch, Tassen, Rucksäcke, Socken, T-Shirts, Uhren und Wecker. Teilweise gab es sogar abgestimmte Aktionen mit dem Food-Einkauf – beispielsweise zeitgleiche Aktionen mit *SpongeBob* (Süßwaren und Pizza).

---

[322] vgl. *Bosshart/Kühne* (2008), S. 22

[323] vgl. *Rudolph* (2007), S. 49

[324] vgl. *Bosshart/Kühne* (2008), S. 22

**Abbildung 14.1**    Beispiel der Online-Einbindung einer Kampagne zu *Bob der Baumeister* bei *Plus*[325]

*Plus* intensivierte die Zusammenarbeit mit den Lizenznehmern und den Rechtegebern. Dies erforderte im Vorfeld intensive Verhandlungen mit vielen unterschiedlichen Stakeholdern. Alle hatten das gleiche Ziel: eine aufmerksamkeitsstarke und erfolgreiche Handelspromotion. Der Soft-Discounter stellte für den jeweils dreiwöchigen Aktionszeitraum mit regelmäßig wechselnden Properties Themenregale sowie Media-Spendings zur Verfügung. Die Lieferanten in Kombination mit den Lizenzgebern unterstützten die Marketingmaßnahmen durch individuelles POS-Material, Gewinnspiele sowie exklusive TV- und Hörfunk-Spots.

Sehr zeitintensiv war zumeist die exakte Abstimmung der werblichen Maßnahmen. Alle Werbemittel mussten vor Veröffentlichung einen Approval-Prozess durchlaufen. Innerhalb dieses Genehmigungsprozesses seitens der Lizenzgeber bzw. deren Agenturen wurden neben der Richtigkeit der Produktabbildungen auch die entsprechenden Logos sowie die zu verwendenden Copyrightvermerke überprüft. Bei der Umsetzung wurde immer besonderer Wert auf die Verzahnung der „Kleinen Preise" (Testimonials von *Plus*) mit der jeweiligen Lizenz gelegt. Dies steigerte die Authentizität und Einmaligkeit der Kampagnen (vgl. **Abbildung 14.1**, **Abbildung 14.2**). Innerhalb der Rundfunk-Spots wurden soweit möglich die bekannten Synchronstimmen sowie Soundtracks der TV- und Kino-Stars integriert. Besonders erfolgreich waren die damaligen Hörfunk-Spots mit *SpongeBob* oder *James Bond* (*Casino Royale*), die Print-Umsetzungen mit *Snoopy* sowie der TV-Spot und die Website-Gestaltung zu *Bob der Baumeister*.

Binnen kurzer Zeit erzielte *Plus* mit seinen Lizenzaktionen eine signifikante Umsatz- sowie Ertragssteigerung und avancierte zur diesbezüglichen Benchmark im Handel.

---

[325] © *2007 Hit Entertainment Limited and Keith Chapman. Lizenz durch SUPER RTL.*

**Abbildung 14.2**   Beispiel einer Doppelseite mit Lizenzartikeln bei *Plus*[326] [327]

*Plus* wurde im Jahr 2007 der begehrte *LIMA Award* als Handelspartner des Jahres verliehen. Ein Jahr später erhielt das Handelsunternehmen zusätzlich den *Homey Award* als *Retailer of the Year* seitens *20th Century Fox*.

---

[326] *Disney Princess © Disney*

[327] *© 2008 Gullane (Thomas) Limited. A HIT Entertainment Company. Lizenz durch SUPER RTL.*

# 15    Weitere Helfer

Die „prominentesten" Akteure im Lizenzgeschäft sind die Lizenzgeber bzw. die für sie aktiven Agenturen und die Lizenznehmer. Sie alle bedienen sich einiger „Helfer", die sie bei der erfolgreichen Vermarktung von Lizenzprodukten unterstützen. Die drei wichtigsten „Helfer" sind Hersteller, Werbeagenturen und Medienanwälte. Natürlich kann es im spezifischen Fall sein, dass sich Lizenzgeber oder -nehmer von weiteren Unternehmen unterstützen lassen. Des Weiteren verschwimmen oftmals die Aufgaben der einzelnen am Lizenzierungsprozess beteiligten Unternehmen und sind von Fall zu Fall sehr unterschiedlich, so dass es keine klare Aufgabenverteilung gibt.

## 15.1    Hersteller

Nicht immer sind Lizenznehmer und Hersteller ein und dasselbe Unternehmen. Viele Lizenznehmer arbeiten mit externen Firmen zusammen, die in ihrem Auftrag die Lizenzartikel produzieren, die sie dann unter eigenem Namen vertreiben.

Bei Herstellern kann unter rein externen Produktionsstätten und beratenden Herstellern unterschieden werden. Letztere produzieren nicht nur, sie unterstützen den Lizenznehmer auch aktiv dabei, die richtige Lizenz auszuwählen, die dazu passende Vermarktungsstrategie zu entwickeln und die Lizenzprodukte zu konzipieren. Manche dieser Hersteller verhandeln sogar den Lizenzvertrag zwischen Lizenzgeber und -nehmer. Solche Produzenten verfügen über eigene Lizenzexperten, die im Auftrag ihrer Kunden den Markt beobachten und Vorschläge machen, welche Lizenzthemen lohnend sind und damit eingekauft werden sollten.

Ein Unternehmen wie *Kellogg* stellt natürlich die Produktzugaben in seinen Frühstücks-Cerealien nicht selbst her, sondern kooperiert mit externen Herstellern. Diese beraten den Weltkonzern auch bei der Auswahl der Lizenzen und den Konzepten zur bestmöglichen Nutzung der Lizenzen bei ihren Produkten.

In einigen Fällen ist es notwendig, dass im Lizenzvertrag ausdrücklich festgehalten wird, dass ein Lizenznehmer die Produkte nicht selbst herstellt, sondern einen externen Dienstleister hierfür einsetzt. Dies ist besonders üblich bei namhaften internationalen Lizenzthemen, bei denen der Lizenzgeber strenge Regeln für die Produktionsbedingungen[328] definiert hat, an die sich natürlich auch ein externer Produzent zu halten hat.

---

[328] siehe Kapitel „Herstellung und Produktqualität", S. 108

## 15.2     Werbeagenturen

Sehr häufig lassen sich Marketing- und Werbeabteilungen von Unternehmen bei Werbung, Öffentlichkeitsarbeit und ihrem Marktauftritt von spezialisierten Agenturen unterstützen. Dies ist im Licensing nicht anders als bei der Vermarktung eines jeden anderen Produktes, das nicht mit einem Lizenzthema markiert ist. Externe Werbeagenturen helfen sowohl bei der Entwicklung einer Strategie für den Marktauftritt wie auch bei der Konzeption für die dafür nötigen Werbemittel. Da Lizenzthemen ein Teil dieses Auftritts sind, beraten sie vielfach auch bei der Auswahl der passenden Lizenzthemen für eine Kampagne oder sie unterstützen den Lizenzgeber bei der richtigen Strategie für den Aufbau und die Pflege ihres Themas samt der Lizenzierungsstrategie für die Auswertung desselben.

Dazu kommt, dass die Werbeagenturen auf Lizenzgeberseite oft auch in die Prozesse der grafischen Umsetzung von Lizenzprodukten eingebunden sind, da sie häufig die grafischen Elemente eines Lizenzthemas mit entwickeln oder diese gar federführend im Auftrag des Lizenzgebers betreuen. Es kann aber auch sein, dass für die Grafikaufgaben wiederum eine zusätzliche, externe, darauf spezialisierte Agentur involviert ist.

Auf Lizenznehmerseite unterstützen Werbeagenturen den Auftritt am POS und sind dafür zuständig, durch Werbemittel und -aktionen die Aufmerksamkeit der Endverbraucher für ein Produkt zu gewinnen. Sie beraten unter Umständen ebenfalls auch den Lizenznehmer bei der Auswahl der richtigen Lizenz für die geplanten Aktivitäten. Zusätzlich ist es ihre Aufgabe, das eingekaufte Thema in Werbemittel für das Lizenzprodukt zu integrieren.

## 15.3     Rechtsberatung

Wie im Abschnitt über das rechtliche Umfeld des Lizenzgeschäfts[329] erwähnt, ist es für jeden, der sich im Lizenzgeschäft bewegt, dringend zu empfehlen, sich von branchenfirmen Medienanwälten beraten zu lassen. Lizenznehmer und Lizenzgeber sollten grundsätzlich nicht darauf verzichten.

Bei der Rechtsberatung geht es auf Seiten des Lizenzgebers vorwiegend um den richtigen und umfassenden Schutz seines Lizenzthemas. In diesem Zusammenhang kann es auch notwendig sein, Missbräuche bzw. die unautorisierte Nutzung seines Lizenzthemas rechtlich zu verfolgen. Des Weiteren hilft die Einschaltung eines Medienanwalts auch bei der Vergabe von Nutzungsrechten. Der Lizenzgeber verhindert so, dass er eventuell Rechte veräußert, die er gar nicht vergeben möchte, und stellt sicher, dass er die nötige Kontrolle über die Auswertung seines Lizenzthemas nur soweit in die Hände eines Lizenzgebers legt, wie er es tatsächlich vorhat.

---

[329] siehe Kapitel „Rechtliche Grundlagen des Lizenzgeschäfts", S. 52

Für den Lizenznehmer sollte es bei der Konsultation eines Medienanwaltes in erster Linie um die Überprüfung des Lizenzvertrags gehen, der ihn unter Umständen bei der Entwicklung und Vermarktung der Lizenzprodukte zu stark einschränkt. Da in Lizenzverträgen oft auch der Passus zu Konventionalstrafen bei Verstößen integriert wird, ist es ratsam, besonders diese Regelungen überprüfen zu lassen.

Vor allen Dingen ist der Einsatz eines spezialisierten Rechtsberaters bei internationalen Lizenzkooperationen sinnvoll, da hier Rechtsvorschriften und Gebräuche unterschiedlicher Länder zum Tragen kommen und unter einen Hut zu bringen sind. Gerade US-amerikanische Lizenzverträge sind oft sehr umfangreich, kompliziert und regeln auch auf den ersten Blick vielleicht zu vernachlässigende Kleinigkeiten, so dass die Überprüfung durch einen Medienanwalt hier auf jeden Fall ratsam ist. Aber auch beim Abschluss eines Lizenzvertrags mit einer Lizenzagentur aus Deutschland können schnell internationale Vertragsgepflogenheiten aufkommen – etwa, wenn das zu verhandelnde Lizenzthema aus dem Ausland kommt und gewisse Vorgaben des ausländischen Lizenzgebers im deutschen Lizenzvertrag enthalten sind.

# Sonderformen des Licensing

# 16    Ausblick: Licensing-Sonderformen

Dieses Buch hat zahlreiche Beispiele aufgezeigt, die belegen, dass Licensing sehr viele Gesichter und unterschiedlichste Erscheinungsformen hat. Im Prinzip gibt es nichts, was man nicht mit Lizenzthemen tun oder besetzen könnte. Dies liegt zum einen an der permanent größer werdenden Anzahl von Lizenzthemen, aber zum anderen auch an der Tatsache, dass neue technische Entwicklungen und mögliche Produktadaptionen die Bandbreite der Möglichkeiten rasant erweitern.

Genauso wie es unzählige Varianten bei der Lizenzierung an sich gibt, so gibt es viele Wege, diese zu vermarkten und erfolgreich an den Endverbraucher zu bringen. Großen Einfluss darauf haben u.a. die neuen Medien und die hierfür speziell entwickelten Geräte. Ein derzeit sehr prominentes Beispiel sind die so genannten Apps (Applikationen) für *iPhone, iPod* und *iPad* von *Apple*. Daneben gibt es hierfür zahlreiches lizenziertes Zubehör wie Taschen, Schutzhüllen oder Lautsprecher. Jede App muss von *Apple* gegen Gebühr zunächst genehmigt werden. Außerdem verdient der amerikanische Konzern bei jeder einzelnen kostenpflichtigen App anteilig mit. Der Wettlauf um die Entwicklung der coolsten Apps insbesondere für *Apple*-Produkte aber auch für andere Mobiltelefone ist enorm und sorgt für viel Wirbel im Bereich der Nutzungsrechte. Da gibt es z.B. den Streit zwischen den deutschen Zeitungsverlegern und dem *Ersten Deutschen Fernsehen*, ob ein öffentlich-rechtlicher Sender via App gratis aktuelle Nachrichten verbreiten darf. Neuartige Medien und Abspielgeräte, wie auch die diversen E-Book-Lesegeräte, sind nicht nur ein Wirtschaftsfaktor für den Verkauf von Geräten, Anwendungen und Inhalten. Durch sie entstehen neue Vermarktungsformen, die dem Lizenzgeschäft neue Facetten hinzufügen.

Hinzu kommt, dass Unternehmen immer auf der Suche nach Erlösquellen sind, die die Umsätze erhöhen oder zumindest stützen. Dies trifft ganz besonders auf die Medien-Unternehmen zu. Die Rundfunkgebühreneinnahmen der öffentlich-rechtlichen Sender[330] auf der einen Seite und auf der anderen Seite die klassischen Werbeeinnahmen vorwiegend bei den privaten Sendern reichen entweder nicht aus oder sinken. Bei den privaten Sendern ist das Sendematerial wie Filme und Serien nur Mittel zum Zweck, damit über Werbung und Vermarktung Geld erwirtschaftet werden kann. Je mehr Zuschauer vor dem Fernseher sitzen, um eine Sendung zu verfolgen, desto höher sind die Beträge für die Werbeeinbuchungen in dieser Zeit, die vom Sender aufgerufen werden können.

Eine mögliche zusätzliche Erlösquelle ist hier das Licensing, das jedoch kein neues Geschäftsfeld mehr ist und als zusätzlicher Umsatzbringer auch nicht immer der Weisheit letzter Schluss. Medienunternehmen tummeln sich daher auch im Web, auf dem Gebiet der Apps für Mobiltelefone, im Teletext der TV-Sender und in weiteren Medienkanälen. Sie treten als Sponsor von Veranstaltungen auf oder akquirieren andere Unternehmen als Sponsoren für ihre Veranstaltungen. Alle diese Maßnahmen lassen sich zusätzlich mit

---

[330] siehe Kapitel „PRAXIS: Markenführungs- und Wachstumsoptionen durch Brand Licensing", S. 120

Licensing verknüpfen, und es entstehen integrierte Kampagnen, die unterschiedliche Werbeformen und Aktivitäten insbesondere von Medienunternehmen miteinander koppeln.

Andere Unternehmen setzen auf Kooperationen mit Partnern, um ihre Themen und Produkte im Markt zu stärken und mehr Aufmerksamkeit zu generieren. Dabei geht es hier oft um die Zusammenarbeit mit Unternehmen aus dem Lebensmittelbereich, deren Waren einen sehr hohen Warenumschlag haben und deswegen attraktiv für Kooperationen sind. Im Rahmen solcher Kooperationen fließt in der Regel entweder ein Geldbetrag oder es wird versucht, auf Tauschgeschäftsbasis aktiv zu sein. Der erste Fall ist mehr oder weniger eine klassische Lizenzkooperation wie beispielsweise der *Biene Maja*-Joghurt der *J. Bauer GmbH & Co. KG (Privatmolkerei Bauer)*, der dauerhaft im Sortiment des Joghurt-herstellers aufgenommen wurde. Ein Beispiel für den zweiten Fall ist eine Gewinnspiel-Kooperation zum Kinostart von *Til Schweigers* Film *Zweiohrküken* Ende 2009 mit der Süßwarenmarke *Celebrations* des Anbieters *Mars*. Diese Promotion wurde auf einer festgelegten Anzahl an *Celebrations*-Packungen integriert und lief einige Wochen. Beide dargestellten Promotion-Varianten zielten darauf ab, den Endverbraucher zu emotionalisieren. Dies galt für die Joghurt-Marke *Bauer* genauso wie für den Lizenzgeber von *Biene Maja*, der seine kleine Biene über diese Kooperation in das tägliche Leben der *Maja*-Zielgruppe brachte. Es galt für *Celebrations*, das als Produkt durch die Promotion für den Endverbraucher aufgewertet wurde, genauso wie für den Filmverleih *Warner Bros.* als den Anbieter des *Schweiger*-Films, der mehr Aufmerksamkeit dadurch erhielt. Im ersten Fall ist Geld in Form von Lizenzge-bühren geflossen, in zweiten sind (Media-)Leistungen zwischen den Partnern getauscht worden, ohne eine eigentliche Zahlung von Geld an einen der Partner.

Ein weiterer Trend, der aber noch in den Kinderschuhen steckt, sind Aktivitäten von Markenartiklern in den Social Communities im Internet wie z.B. *Facebook* oder *MySpace,* aber auch Internet-Spiele mit kostenpflichtigen Angeboten wie z.B. *Farmville* oder *Mafia Wars* auf *Facebook*. User können hier virtuelle Geschenke und Artikel erwerben. Was zunächst vielleicht etwas merkwürdig klingt, ist bereits heute ein riesiges Geschäft: Der Spiele-Entwickler *Zynga*, der die beiden oben genannten Spiele kreiert hat, hat so 2009 mehrere 100 Mio. US-Dollar erwirtschaftet. Unternehmen nutzen so genannte virtuelle Güter, die man sich entweder auf den Rechner oder das Mobiltelefon herunterladen kann, um Kunden über kostenlose Apps an sich zu binden, die dann wiederum in der realen Welt Umsätze durch den Kauf ihrer Waren generieren sollen, oder um tatsächlich über kostenpflichtige virtuelle Angebote Einnahmen zu erwirtschaften. *Paris Hilton*-Fans laden sich schon heute gegen eine Gebühr virtuelle Güter des amerikanischen IT-Girls herunter, weil sie sich mit ihrem Star identifizieren. Da Internet und ständiges Online-Sein immer wichtiger für die Menschen wird, scheint auch ein Wille bei den Konsumenten da zu sein, Geld in Dinge zu investieren, die nur im Cyber Space existieren.[331]

---

[331] vgl. *Olson* (Web, 2010), Marketing Fanciful Items in the Lands of Make Believe

So wie sich Medien und die technischen Entwicklungen in ständigem Wandel befinden, so ist auch die Nutzung dieser Möglichkeiten zur Bewerbung in Bewegung. Ebenso ändern sich Endverbraucher-Gewohnheiten, so dass es für Unternehmen notwendig ist, sich selbst, die Produkte und die Konsumenten-Ansprache anzupassen.

In den folgenden Abschnitten werden zwei Sonderformen des Licensing – crossmediales Licensing und Promotions – dargestellt. Sie gehören schon länger auch in Deutschland zur Klaviatur des Mediengeschäfts und sind Beispiele für die interessanten Möglichkeiten, die Licensing bietet – wenn man nur ein wenig „über den Tellerrand" blickt.

# 17 PRAXIS: „Germany's next Topmodel" - eine crossmediale Erfolgsgeschichte

**Sabine Eckhardt**

Im Licensing-Geschäft lernt man über die Jahre, dass es immer wieder Ausnahmen gibt, die nicht den gängigen Kriterien für klassische Erfolgsmodelle entsprechen und sich dennoch am Markt durchsetzen.

Es sind natürlich in der Regel häufig die großen internationalen Kinofilme, die das Lizenzgeschäft bewegen, ebenso wie erfolgreiche Kinder-Charaktere und internationale Comics ein Garant für erfolgreiche Auswertungen sind. Dennoch gibt es regelmäßig erstaunliche Ausnahmen: So scheint die *Diddl*-Maus, die weder aus TV noch Buch stammt oder sonstigen Content besitzt, in keinem deutschen Kinderzimmer zu fehlen. Ein weiteres Beispiel ist der *Sandmann*, der noch der deutschen Geschichte entsprechend in einer Ost- und einer Westversion existiert und nach wie vor einer der erfolgreichsten Lizenz-Plüschartikel im Fachhandel ist.

Eine weitere Faustformel besagt, dass die Lizenzprodukte der Ursprungsmarke sehr nahe sein sollten. Dies wiederum wird durch die Zigarettenindustrie widerlegt, denn wer möchte den Duft eines Parfums schon mit Zigarettenrauch in Verbindung bringen? Und dennoch hat es die Marke *Davidoff* geschafft, mit ihrem Parfum nur über das Lebensgefühl und die Marketingwelt einen Bezug zur Zigarette herzustellen und dabei über viele Jahre ausgesprochen erfolgreich zu sein.

## 17.1 Herausforderungen bei der Vermarktung eines neuartigen TV-Formats

Als wir im Jahre 2005 *Germany's next Topmodel* auf dem Sender *ProSieben* on Air brachten, standen wir vor ähnlichen Herausforderungen: kein europaweites TV-Format, das schon bekannt ist, sondern eine nationale Ausstrahlung, die darüber hinaus erst einmal über zwei Monate laufen sollte und dann aber für ein Jahr nicht mehr zu sehen sein würde. Zudem galt es die Hürde zu nehmen, eine deutsche Sendungslizenz für große internationale Markenartikler vor allem aus dem Fashion- und Kosmetik-Segment begehrlich zu machen, die wir wiederum benötigen, um auch inhaltlich glaubwürdig zu sein. Schließlich ist *Germany's next Topmodel* inhaltlich in allen großen Modemetropolen zuhause und muss deshalb auch kosmopolitische Partnerschaften eingehen.

Die Vorläufe und Produktionen dieser Firmen sind lang. Man produziert in der Regel nicht nur für den deutschen Markt und dann noch kurzfristig für eine neue Sendung, die bisher niemand kennt. *Germany's next Topmodel* wird jedoch nur in Deutschland ausgestrahlt; auch wenn das Format selbst eine erfolgreiche Sendungslizenz von *CBS* aus Amerika ist, so sind doch die Produktion und die Marke ihrem Namen entsprechend erst einmal nur auf den deutschen Markt bezogen.

Eine weitere Herausforderung lag darin, mit einem Format, das sich erst behaupten musste, die großen Markenartikler zu begeistern. Denn erschwerend kam hinzu, dass wir keinen regionalen Lizenznehmer als Partner unter Vertrag nehmen konnten, wenn wir im Werbeblock und als Sponsor der Sendung große Markenhersteller haben, die möglicherweise sogar noch ein konkurrierendes Produkt anbieten. Deshalb starteten wir die erste Sendung *Germany's next Topmodel* mit wenigen ausgewählten Lizenzpartnerschaften, die wir aber bereits von der ersten Sendung an nicht auf die Lizenz reduzierten, sondern umfangreicher aufsetzten: Uns war wichtig, dass die Lizenzprodukte zur Sendung auch in deren Umfeld beworben wurden – und das nicht nur im TV, sondern zum Beispiel auch auf der eigens geschaffenen Website. So ließ sich eine Verlinkung zu den Partnern schaffen – mit dem Ziel, den Abverkauf zu steigern oder den Traffic der Website zu erhöhen.

## 17.2    Der weitere Ausbau der Marke „Germany's next Topmodel"

Nach der ausgesprochen erfolgreichen ersten Staffel wurden wir bei der Akquise für die zweite Staffel von *Germany's next Topmodel* von den vielen Nachfragen aus dem Markt fast überrannt. Schnell wurde klar, dass die Symbiose aus einer TV-Show, die junge Mädchen zu erfolgreichen Models entwickeln möchte, und dem Superstar *Heidi Klum* eine sehr erfolgreiche Mischung ist, die den Zeitgeist trifft. Ebenso eindeutig war jedoch auch, dass die Show auf die Glaubwürdigkeit eines großen Models von internationalem Format angewiesen ist.

Frau *Klum* war ein Glücksgriff, weil sie nicht nur die nötige Expertise besitzt und die inhaltlichen Kriterien erfüllt, sondern auch ausgesprochen kameratauglich ist und Menschen begeistern kann – eine Gabe, die nicht jedem Model in die Wiege gelegt wird. Die Verbindung eines Superstars mit einer Sendungslizenz birgt jedoch auch einige logische Konsequenzen, die im Handling nicht immer einfach sind: So hat Frau *Klum* eigene Werbeverträge und langfristige Partnerschaften mit Markenartiklern, die es zu berücksichtigen galt. Da diese nicht automatisch mit der Sendungslizenz in Verbindung gebracht werden sollten, waren und sind wir bei jeder neuen Staffel aufgefordert, hier besonders behutsam vorzugehen.

## Bei der Auswahl der Lizenzpartner für „Germany's next Topmodel" gelten folgende Erfolgsfaktoren:

1. Lizenzpartner verpflichten, die einen hohen Qualitätsanspruch besitzen, damit die Lizenzmarke gestärkt und auf hohem Niveau geführt wird. Außerdem muss gewährleistet sein, dass auch die Marke *Heidi Klum* als Co-Produzentin und Hauptprotagonistin keinen „Schaden" bei einer mangelhaften oder niedrig positionierten Lizenzware davonträgt.

2. Lizenzpartner begeistern, die bereit sind, neben der klassischen Lizenz auch in TV und wenn möglich auch in Online-Maßnahmen zu investieren. Ziel ist es, das klassische TV- und Online-Werbegeschäft durch die Partnerschaften zu vernetzen und einen einheitlichen Markenauftritt auch im Werbeblock zu realisieren.

3. Lizenzpartner akquirieren, die langfristig in die Lizenz investieren und ihr Engagement nicht bereits nach einem Jahr wieder beenden, sondern das Format begleiten und eine homogene Produktwelt verfolgen.

Wie gelang es uns, eine gute Mischung von großen Markenartiklern und auch kleineren Partnern zu schaffen, die exklusive Segmente wie Brillen und Schmuck abdecken und dringend für die Markenwelt benötigt werden?

Wir starteten mit den zwei Hauptsegmenten Fashion und Kosmetik und verfolgten selektiv auch kleinere Partnerschaften, welche eng am Lizenzmarken-Kern saßen. Alle weiteren Partnerschaften und Lizenzkooperationen folgten dann umgehend. Dies ist erfahrungsgemäß die Regel, wenn die Lizenzmarke logisch bestückt und sauber geführt wird.

Einer der ersten großen Partner war die Firma *L'Oréal*, die sich mit dekorativer Kosmetik und ihrem Visagisten *Boris Entrup* die Lizenzrechte sicherte. Die Herausforderung lag darin, die Kooperation nicht nur darauf zu beschränken, dass am POS die Lizenzlogos auf den Displays sichtbar waren. Es ging vielmehr auch darum, eigens für die Sendung kreierte POS-Maßnahmen und Produkte in den Handel zu bringen, die sich sinnhaft und logisch in die Sendung aufnehmen ließen. Denn bei einem Format, das sich hauptsächlich um Fashion und Kosmetik dreht, werden auch seitens der TV-Produktion Kosmetik und auch Visagisten benötigt. Für *L'Oréal* war und ist es weiterhin eine aufwendige Kooperation, die viele Ressourcen bindet. Die speziell für den deutschen Markt produzierten Displays und Produkte sind nach wie vor eine logistische Herausforderung, die für einen international agierenden Konzern viel Handling-Aufwand bedeutet. *L'Oréal* hat mit seinen Kosmetikprodukten der Marke *Jade Maybelline* die Partnerschaft über die Jahre immer mehr ausgebaut und damit eine erfolgreiche Kooperation geschaffen, die Ihresgleichen sucht.

Ein weiterer wichtiger Bestandteil des perfekten Marketing-Mix sind so genannte „Promostories", die in den Werbeblock direkt hinter die Sendung gesetzt werden. Darin erzählen *Boris Entrup* als *Jade Maybelline*-Visagist und die Protagonistinnen der Sendung, wie man sich richtig schminkt und wie die Produkte einzusetzen sind. Der Zuschauer befindet sich zwar immer noch im „Look und Feel" der Sendung, ist aber bereits im Werbeblock. Das Ganze wird geschickt verlängert bis an den POS, wo die Endkunden die aus dem TV bekannte Produktpalette kaufen können. Ein *Germany's next Topmodel*-Schmink-Guide, der dem Style Guide entsprechend gedruckt wurde, hilft der weiblichen Zielgruppe auch praktisch bei der Produktauswahl und kann vom POS kostenlos mitgenommen werden.

**Abbildung 17.1**  Displays der *L'Oréal*-Kampagnen mit *Germany's next Topmodel*[332]

  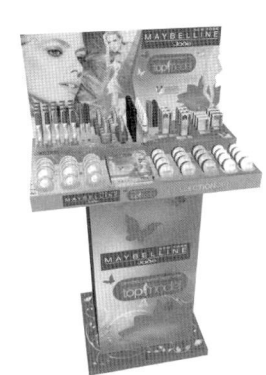

Zusätzlich begleitet *L'Oréal* seine Lizenzkooperation mit folgenden Maßnahmen auch online: Durch einen eigenen Werbespot, diverse Online-Werbemittel sowie ein umfangreiches Online-Gewinnspiel mit attraktiven Preisen des Partners wird die Verbraucherin auch im Internet zielgruppengerecht angesprochen.

Im dritten Jahr wurden die Produkte zusätzlich mit *Topmodel*-Labels versehen und damit mit stärkerem Branding in den Handel gebracht. Abgerundet wurde die vorbildliche Marketingumsetzung über Anzeigen in Print und im Lizenzmagazin *Germany's next Topmodel*, in dem sich auch Anzeigen und Gewinnspiele befinden – immer verbunden mit einer Protagonistin aus der Sendung.

Aus Redaktionssicht ist die Partnerschaft ebenfalls gelungen, da die Zuschauer erkennen, dass die Topmodels auch wirklich gebucht werden und sich als Testimonials in nationalen Kampagnen einen Namen machen. Dies wiederum unterstreicht die Authentizität der Sendung und hält die Marke auch über die Ausstrahlung hinaus im Markt.

So wie *L'Oréal* verlängern auch andere große Partner ihre Lizenzpartnerschaft als 360-Grad-Kampagnen in den Markt: Beispiele dafür sind *C&A*, *Sony Ericsson*, *Suzuki* sowie *Procter & Gamble* mit *Gillette Venus Breeze*. Eine gelungene Integration deckt in der Regel neben der Lizenz auch Testimonial-Rechte, TV-Sonderwerbeformen und Online-Maßnahmen ab.

---

[332] © 2010 ProSieben, Lizenz durch MM MerchandisingMedia GmbH, www.merchandisingmedia.com

Eine große Herausforderung im Zuge der Kooperationen ist das Timing. Dies liegt daran, dass die Lizenzkooperationen bereits im Herbst besprochen und vertraglich geregelt werden, während der Style Guide und die neuen Inhalte der Sendungen, an denen sich auch die Kommunikation ausrichtet, meist erst ein bis maximal zwei Monate vor Dreh der neuen Staffel feststehen. Ein schwieriges Unterfangen, da gemeinsame Kommunikationsmaßnahmen der Partner untereinander sowie zusammen mit *ProSieben* initiierte PR-Aktionen immer unter großem Zeitdruck entstehen müssen. Hinzu kommt, dass die PR-relevanten Magazine einen Vorlauf von circa drei Monate haben.

## 17.3     360-Grad-Vermarktung bei „Germany's next Topmodel"

Eine gute und erfolgreiche 360-Grad-Vermarktungsstrategie muss nicht unbedingt immer besonders groß und aufwendig sein, sondern ist auch in einem kleineren Rahmen realisierbar. Ein Beispiel dafür war *Reebok* als Partner der Staffel im Frühjahr 2010:

**Abbildung 17.2**    Anzeigen der *Reebok*-Kampagnen zu *Germany's next Topmodel*[333]

*Reebok* hat mit seiner Turnschuhserie *Easy Tone* ein besonderes Produkt herausgebracht, das die hintere Oberschenkelmuskulatur so in Form bringt, dass man allein schon beim Gehen den knackigen Po erhält, den sich jedes junge Mädchen wünscht. Ein Produkt, das inhaltlich erklärt werden muss, weil sich sein Nutzen nicht direkt über einfache Werbung vermitteln lässt. Aus diesem Grund kam *Reebok* auf uns zu, um eine Lizenzkooperation mit

---

[333] © 2010 ProSieben, Lizenz durch MM MerchandisingMedia GmbH, www.merchandisingmedia.com

*Germany's next Topmodel* einzugehen. Wir stimmten begeistert zu, da Sportschuhe, Workouts und *Reebok* als stylischer innovativer Partner perfekt zu Marke und Inhalt der Sendung passen. Das Sendungskonzept sah zudem vor, dass die Mädchen in dieser Staffel wesentlich mehr sportliche Aktivitäten machen sollten als bisher.

*Reebok* stützte sich in seiner Kommunikation auf Print-Motive, die mit *Sara Nuru*, der Topmodel-Gewinnerin der vierten Staffel von *Germany's next Topmodel*, warben. Darüber hinaus nutzte *Reebok* in seiner Plakatkampagne den Absender „Offizieller Partner von *Germany's next Topmodel*" und unterstrich die Kooperation über TV-Sonderwerbeformen, die während der Sendung eingeblendet wurden. Eine Ausstattung der Mädchen mit Turnschuhen rundete das Konzept ab, das für beide Partner ausgesprochen erfolgreich funktionierte.

## 17.4    Fazit

Diese Beispiele zeigen, dass eine vernetzte Kampagne, die sich eng an den Inhalten und dem „Look und Feel" der Formatmarke orientiert, bei Lizenzkooperationen mit TV-Sendungen der Schlüssel zum Erfolg ist. Der Verbraucher und auch der Handel verlangen eine konsistente Kommunikationsstrategie – mit demselben Inhalt und einem klaren Kommunikationsziel. Dabei spielt die Glaubwürdigkeit der Kampagne eine sehr große Rolle: Ein einfaches Co-Branding ohne weitere gestützte Marketingmaßnahmen über TV oder Online wird als „Trittbrett-Kooperation" vom Handel abgelehnt und vom Verbraucher nicht ernst genommen.

Grundsätzlich lässt sich festhalten, dass eine gute Markenführung die Produkte und Partner passend zum Inhalt der Sendung wählt, diese in die Welt der Marke einbindet und zelebriert. Dies sorgt für Begehrlichkeit und hält die Marke „frisch".

Markenkooperationen müssen eine „Win-Win"-Situation ergeben. Die TV-Marke profitiert von der Kommunikation der Lizenzpartner Richtung Handel – also dort, wohin TV nicht mehr unmittelbar reicht. Der Lizenzpartner wiederum profitiert von der Begehrlichkeit der TV-Marke, dem Glamour der Stars sowie von der inhaltlichen Einbindung, die bei einem perfekten Markenfit logisch und sinnhaft erfolgt. Wer es versteht, diese Art der Einbindung kommunikativ aufzugreifen und über seine Distributionskanäle zu verlängern, ist in der Regel immer erfolgreich.

# 18    Promotions

Genau genommen sind alle Maßnahmen der Verkaufsförderung Promotions. Unternehmen (Lizenznehmer) und Lizenzgeber strengen sie an, um die Verbindung zwischen Lizenzthema und Konsument aufzubauen und/oder zu stärken. Das große Ziel hinter diesen Anstrengungen ist ein Mehrumsatz durch die größere Sympathie des Endverbrauchers für Lizenzthema und -produkt.

Eine Promotion verleiht einem schnöden Produkt oder einer Dienstleistung zusätzlichen Wert, indem beispielsweise zusätzliche Produkte und Services wie z.B. eine Produktprobe, ein Spielzeug, ein Download eines Songs oder ein Kinogutschein hinzugefügt werden. Meist sind Promotions zeitlich begrenzt. Üblich sind Zeiträume zwischen einem Monat und einem halben Jahr.

In manchen Produktkategorien werden Lizenzen verstärkt im Rahmen von Promotions – natürlich ebenfalls mit dem Ziel der Verkaufsförderung – eingesetzt. Klassische Produkte, in denen insbesondere Lizenzthemen für Promotions akquiriert werden, sind insbesondere die so genannten **Fast Moving Consumer Goods**, also z.B. Lebensmittel, Getränke und Produkte der persönlichen Hygiene wie z.B. Taschentücher, Windeln oder Zahnpasta. Hierfür werden übrigens ganz besonders häufig Kinderthemen eingekauft, die auf Kindergarten- und Grundschulkinder abzielen. Natürlich soll eine attraktive Promotion auch dazu führen, dass Konsumenten lieber zu dem einen oder anderen Produkt greifen, weil ihnen das Thema der Promotion sympathisch ist.

Bei den Kinderzielgruppen bauen die Hersteller ganz bewusst darauf, dass Kinder ihre Eltern beim Einkauf begleiten. Lizenzpromotions werden dabei gezielt eingesetzt, um die Aufmerksamkeit von Kindern zu erregen. Diese wiederum überzeugen ihre Eltern, das meist teurere Markenprodukt mit der bekannten Lizenzfigur darauf zu kaufen, statt den günstigeren No-Name-Joghurt. Dabei ist es übrigens nicht zwingend wichtig, dass dem begehrten Produkt mit Lizenz ein Spielzeug oder ähnliches beiliegt, häufig reicht auch schon die Benutzung eines bekannten Characters z.B. aus dem Fernsehen auf der Verpackung aus, um die Kids für ein Produkt zu gewinnen. Eine interessante Produktzugabe macht dieses Produkt natürlich umso attraktiver, denn sie verstärkt die Nachfrage der Kids. Diesen Effekt, den Kinder im Supermarkt auslösen können, nennt man **Quengel-Faktor** oder englisch **Pester Power**. So kommt es, dass Kinder, die eigentlich den Windeln schon länger entwachsen sind, ihre Mama dazu bringen, im Supermarkt für das jüngere Geschwisterlein die teurere *Pampers*-Windel zu kaufen, auf der die bekannten Kinderbuchstars *Paula und Paul* des *Baumhaus Verlags* mit einer Hörspiel-CD zu finden sind, statt der günstigeren Windeln eines anderen Anbieters.

Selbstverständlich funktionieren Promotions auch, wenn die Zielgruppen von Produkt und Promotion- bzw. Lizenzthema identisch sind. Der französische Video Games Major *Ubisoft* ging in 2010 eine Promotion mit *Coca-Cola* ein, bei der 35 Millionen Getränkedosen der Sorte *Coke Zero* mit unterschiedlichen Motiven der *Raving Rabbids* in Supermärkten in ganz Frankreich vertrieben werden. Die *Raving Rabbids* sind seit Jahren beliebte Characters eines international sehr erfolgreichen Video-Game-Franchise von *Ubisoft*.[334]

Klassische Promotions richten sich in der Regel an den Endverbraucher. Andere verkaufsfördernde Maßnahmen zielen jedoch eher auf den Handel ab, den es zu motivieren gilt, die Produkte eines Unternehmens bzw. Lizenznehmers oder -themas besonders gut zu präsentieren, um den Verkauf anzukurbeln. Auch hier geht es darum, die Bindung zum Lizenzthema oder -produkt zu stärken, um eine bessere Verkaufsperformance zu erreichen. Um die Distributionspartner zu motivieren, die Produkte optimal in ihren Shops darzustellen und zu verkaufen, werden Maßnahmen wie Sonderkinovorstellung des zu promotenden Films, Besuche am Filmset oder in der Fabrik, Treffen mit den Schauspielern oder Gewinnspiele für die Mitarbeiter des Handelspartners entwickelt.[335]

Häufig werden Promotions von den Unternehmen (z.B. Lizenzgeber, Kinoverleih) selbst durchgeführt. Sie bedienen sich dabei meist jedoch der Hilfe von klassischen Werbeagenturen oder auch spezialisierten Promotionagenturen. Diese entwickeln Kooperationskonzepte, akquirieren die dazu passenden Partner, betreuen die Entwicklung der notwendigen Werbemittel für die Aktion und übernehmen normalerweise auch die Auswertung der Kampagne. Im Bereich der Kino- und DVD-Vermarktung wie auch bei Video Games werden besonders häufig Promotionagenturen eingesetzt.

Wie bei so vielen Dingen hilft eine noch so ausgefallene Promotion nichts, wenn sie an der Zielgruppe vorbei arbeitet. Genauso wenig wird eine Promotion funktionieren, wenn die eingebundenen Partnerunternehmen nicht harmonieren – egal ob bei den Produkten, bei Werbung und PR oder in der Kommunikation. Auch hier hilft ein guter Fit bezüglich des Imagetransfers. Gleiche Zielgruppen und Ziele aller Partner sind die Minimumvoraussetzung für eine erfolgreiche Promotion. Häufige Wiederholungen einer an sich immer gleichen Promotion werden außerdem nicht zu dauerhaftem Erfolg führen, da dies den Endverbraucher langweilt. *Ferreros* „Geheimrezept" bei den *Überraschungseiern* sind neben einem guten Auge für erfolgreich werdende Lizenzen vor allem auch immer wieder überraschende Funktionen und Designs der in ihnen enthaltenen Spielzeuge. Und auch *McDonald's* seit vielen Jahren besonders in Deutschland erfolgreiche *Monopoly*-Promotion glänzt einerseits durch hoch attraktive Gewinnspielpreise, aber auch durch sich jährlich ändernde Gewinnspielmechanismen der Aktion an sich. Hilfreich ist es auch, wenn der Endverbraucher sich einbringen oder etwas erleben kann. Erlebte Emotionen z.B. über ein Treffen mit dem Star eines Films, der promotet werden soll, sind nicht kopierbar. Solche Aktionen binden den Konsumenten außerdem besonders stark an ein Lizenzthema oder Produkt.

---

[334] *Phillips* (Presse, 2010), The Rabbids invade France

[335] vgl. *Raugust* (2008), S. 210-213

# 18.1    Arten von Promotions

Es gibt vielfältige Möglichkeiten für Promotions und unendlich viele Abwandlungen schon vielfach gesehener Verkaufsförderungsaktivitäten.

Häufig durchgeführte Promotions in Verbindung mit Lizenzen:[336]

■ **Premiums**
   Spielzeuge und andere meist kostengünstige Artikel im Design eines Lizenzthemas, die zusammen mit dem handelsüblichen Produkt verkauft werden, z.B. *McDonald's Happy Meal* Spielzeuge oder Spielzeuge in *Kellogg's* unterschiedlichen Frühstückscerealien.

■ **Rabatte und andere Formen von Preisnachlässe**
   Ein oder mehr Produkte einer Aktion werden rabattiert angeboten oder es wird durch den Kauf des Produktes eine zusätzliche Leistung wie z.B. ein Kinogutschein oder eine zusätzliche Warenprobe ohne Aufpreis erworben.

■ **Gewinnspiele**
   Gewinnspiele, bei denen die Preise Lizenzartikel sind.

■ **Gezielte Werbung**
   Radiospots, Anzeigen, TV-Werbung und Ähnliches, die gezielt auf eine zeitlich limitierte Sonderaktion hinweisen und ein Lizenzthema hierfür nutzen, erhöhen meist signifikant die Besucherzahlen in teilnehmenden Geschäften. Ebenso ist die Werbung beispielsweise für Lizenzprodukte zu einem Thema in dem dazu passenden Magazin oder im Umfeld der entsprechenden Fernsehserie meist verkaufsfördernd.

■ **Neue Verpackungen, Verpackungsgrößen und Produkte**
   Der Relaunch eines Logos samt neuem Verpackungsdesign lenkt neue Aufmerksamkeit auf ein Produkt. Die Nutzung einer Lizenz kann den Relaunch emotionalisieren.

■ **Veranstaltungen wie Road Shows, Autogrammstunden usw.**
   Veranstaltungen erreichen beim Konsumenten eine positive Bindung zum Lizenzthema und erhöhen dessen Kaufbereitschaft. Es muss übrigens nicht zwingend eine Veranstaltung sein, bei der es ausschließlich um das Lizenzthema geht, es funktioniert auch, wenn das Thema nur am Rande auftaucht, z.B. als Sponsor.

■ **In-Store-Werbemittel**
   Attraktive und vielleicht auch ungewöhnliche Displays unter Einbindung einer Lizenz im Geschäft lenken ebenfalls die Aufmerksamkeit auf das Produkt, ein zusätzliches Gewinnspiel bewirkt weitere Beschäftigung mit dem Lizenzthema und dem Produkt.

■ **Online**
   Eine Aktionswebsite mit besonderen Features und/oder einem Gewinnspiel animiert User häufig auch dazu, die eigentliche Website eines Anbieters (Lizenznehmers) anzu-

---

[336] vgl. *Raugust* (2008), S. 211-213 (modifiziert)

schauen und sich mit dessen Produkten und dem Unternehmen zu beschäftigen. Es
wird also zusätzlicher Traffic dorthin dirigiert.

■ **Kindergarten- und Schulaktionen**
Gerade Kinder affine Lizenzthemen aus dem Unterhaltungsbereich eignen sich dazu,
unterhaltsame Lehrmittel an Kindergärten und Schulen zur Verfügung zu stellen. Solche Unterlagen sollten mit den Stundenplänen konform gehen, und es sollte darauf geachtet werden, dass sie nicht zu werblich ausfallen – das ist weder von Lehrern, noch
von Eltern oder von Schulbehörden erwünscht. Gut gemachte Schulunterlagen schaffen aber den Spagat der dezenten Beschäftigung mit der Lizenz in Verbindung mit der
Vermittlung von Lehrinhalten.

■ **Charity-Aktionen**
Kooperationen mit gemeinnützigen Einrichtungen stärken die Aufmerksamkeit für das
Produkt wie auch für die involvierte Lizenz und emotionalisieren dadurch besonders
stark, was Kunden bindet, die sich mit wenig Aufwand sozial engagieren können.

■ **Cross-Merchandising und Co-Packaging**
Die Zusammenarbeit zwischen Unternehmen, die über die Zugabe von Warenproben
des jeweils anderen Partners funktioniert. Der Stifte-Lizenznehmer eines Lizenzthemas
kooperiert mit dem Schulhefte-Hersteller der gleichen Lizenz, indem der eine seiner
großen Stifte-Packung ein kleines Schulheft beilegt, während der andere das mit einem
Stift bei seinen Schreibheften tut.

In all diese Aktionen können zusätzliche Partner eingebunden werden – sei es beispielsweise bei der Charity-Aktion als offizieller Partner oder bei anderen Aktionen vielleicht als
Sponsor, der die Preise für ein Gewinnspiel zur Verfügung stellt und dafür auf den Werbemitteln der Aktion groß abgebildet wird, oder auch als Kooperation mehrerer gleichbe-
rechtigter Lizenznehmer.

## 18.2    Die finanzielle Seite von Promotions

Wie oben schon dargelegt, muss bei Promotions nicht zwangsläufig Geld in Form einer
Lizenzgebühr fließen. Häufig werden stattdessen Mediawerte wie Werbemittelauflagen-
höhen, Media-Spendings (z.B. TV, Radio, Print) und Genauigkeit der Zielgruppen-
erreichung mit Gewinnspielpreisen, Werbemittelerstellung und ähnlichen Leistungen
gegeneinander auf- oder auf Lizenzgebühren angerechnet. Nicht selten fließt auch gar kein
Geld, sondern jeder Partner einer Promotion erfüllt einen Katalog von Leistungen für die
gemeinsame Kooperation, die einen gewissen finanziellen Gegenwert haben. Die vertraglichen Vereinbarungen für derartige Kooperationen sind selten standardisiert, weil es zu
viele individuelle Möglichkeiten gibt, eine Promotion durchzuführen.

Lizenzgebühren – meist in Form von Flat Fees – fließen bei zeitlich begrenzten Promotions
in der Regel nur dann, wenn das Lizenzthema wirklich vielversprechend und „heiß" ist
und es mit großem Marketingbudget ausgestattet und sehr sicher beliebt, bekannt und

erfolgreich in der Zielgruppe werden wird oder dies schon ist. Die Promotions zwischen *Ferrero* mit dem Produkt *Kinder Joy* zum Kinofilm *Für immer Shrek* im Sommer 2010 oder mit den *Überraschungseiern* zu *Michael „Bully" Herbigs* Realverfilmung von *Wickie und die starken Männer* dürften solche Promotions mit Lizenzzahlung gewesen sein, bei der zusätzlich auch Leistungen wie die Nutzung von original Filmmaterial für Werbespots für die Bewerbung der Produkte mit in die Promotion verhandelt wurden.

Die Höhe der Lizenzgebühren für Promotions orientiert sich häufig am Mediawert der Kooperation – z.B. Anzahl der Produkte zur Aktion, Werbemittel, Media-Spendings und deren Reichweite. Allerdings gibt es keine gemeingültige Regel, an der die Höhe der Lizenzgebühren hier festgemacht werden kann. Zusätzlich spielen auch Bekanntheit und Beliebtheit einer Lizenz eine Rolle hierbei. Und da es – wie bereits erwähnt – zahlreiche Lizenzgeber und Kinoverleiher gibt, die aufgrund der Reichweite von Promotions auch kostenfreie Kooperationen eingehen, reicht die übliche Bandbreite der Lizenzgebühren für Promotions mit Lizenzthemen von null Euro bis hin zu einigen hunderttausend Euro.

# 18.3 Evaluierung von Promotions

Da Unternehmen Promotions nicht zum Selbstzweck durchführen, sondern um Verkäufe, Besucherzahlen, Bekanntheit oder Sympathie für ein Thema oder Produkt anzukurbeln, ist es natürlich in ihrem Interesse, den Erfolg einer Promotion zu messen.

Der Erfolg ist einerseits anhand bestimmter Zahlen zu messen, die über die Promotion-Kampagne generiert werden: die Teilnehmerzahl am Gewinnspiel der Promotion, die Anzahl der Downloads eines Songs, der in die Kampagne integriert war, oder die Menge der eingelösten Gutscheine, die im Rahmen der Promotion zur Verfügung gestellt wurden. Anderseits lassen sich indirekte Messmechanismen festlegen, anhand derer der Erfolg einer Promotion gemessen werden kann. Beispiele hierfür sind der Vergleich der Kinobesucherzahlen mit einem ähnlichen Film, die Anzahl der verkauften Produkte während der Promotion im Vergleich zu Zeiträumen ohne Promotion oder auch die Kundenfrequenz in den Geschäften mit und ohne Promotion.

Weiterhin kann man über Marktforschung (z.B. über Telefoninterviews oder auch vor Ort am POS) herausfinden, ob die Kunden die Aktion wahrgenommen haben und, wenn ja, welchen Eindruck sie hinterlassen hat.

Attraktive Promotions, die den Konsumenten überraschen oder ihm einen irgendwie gearteten Zusatznutzen bieten, der das Produkt oder die Lizenz hervorhebt und so interessanter macht, zahlen sich meist nicht nur in hohen Sympathiewerten aus, sondern oft auch in Umsatzzahlen. Natürlich darf man nicht vergessen, das Investment in eine Lizenz sowie in die Werbemittel, neues Verpackungsdesign etc. in die Kalkulation einer Promotion einzurechnen. Diese Kosten müssen den Einnahmen aus der Aktion gegenübergestellt werden. In den meisten Fällen rechnen sich solche Kampagnen jedoch. Die großen Konzerne der Lebensmittelindustrie wie *Nestlé* oder *Burger King*, aber auch deutsche Unternehmen wie

*Tank und Rast* beweisen uns dies ständig und setzen mit ihren jährlich (fast) lückenlos und meist mit langem Vorlauf durchgeplanten Promotionplänen fast ausschließlich auf die Macht von Promotions (mit Lizenzen).

## 18.4    Barter vs. Licensing bei Promotions

Lizenzgeber sind auf Aktionen angewiesen, bei denen sie eine große Zielgruppe erreichen, um ihr Lizenzthema aufzubauen und/oder es frisch und angesagt zu halten. Einerseits ist dies natürlich über die kostenintensive Schaltung von Werbung und andere eher teure Maßnahmen möglich, andererseits aber auch durch Kooperationen mit Partnern, die auflagenstarke Produkte im Handel distribuieren.

Ganz besonders attraktiv für solche Kooperationen sind, wie schon erwähnt, Produkte aus dem Lebensmittelbereich. Viele der Produkte allein aus dem Kühlregal von Supermärkten (Joghurts, Käse, Milchgetränke usw.) werden in millionenfacher Auflage binnen zwei oder drei Monaten verkauft. Zudem haben diese Produkte meist eine klar definierte Zielgruppe, so dass Kooperationen mit solchen Partnern für viele Lizenzgeber hoch attraktiv sind. Andere auflagenstarke Partner mit klarer Zielgruppendefinition sind Frühstücks-Cerealien, Süßigkeiten, die Fast-Food-Ketten als auch FMCG-Marken.

*McDonald's* hat in den 70er Jahren das *Happy Meal* auf den Markt gebracht, um mit Hilfe von attraktiven Spielzeugen, die im Laufe der Jahre immer häufiger auf Basis von Lizenzthemen entwickelt wurden, alle vier bis sechs Wochen neue Anreize zum Kauf von *McDonald's* Produkten zu schaffen. Kinder im Alter zwischen vier und zehn Jahren wissen heute weltweit ganz genau, welche Spielzeuge aktuell im *Happy Meal* sind, und Eltern kommen nur schwerlich umhin, mit ihren Kids nicht wenigstens ab und zu in den Restaurants des amerikanischen Konzerns einzukehren. Die Kinder fragen das *Happy Meal* explizit nach und der Fast-Food-Riese nutzt das konsequent aus. Die amerikanische Restaurant-Kette aus Chicago war ein Vorreiter bei der Erkenntnis, dass Lizenzen die Begehrlichkeiten der Konsumenten wecken können und so der Umsatz kräftig angekurbelt werden kann.

Im Umkehrschluss haben auch die Unternehmen aus der Lebensmittelindustrie wie auch der anderen FMCG-Branchen erkannt, dass die großen Stückzahlen, die im Monat von ihren Produkten verkauft werden, hoch attraktiv für Partner insbesondere der Unterhaltungsindustrie sind. So passiert es nicht selten, dass ein Hersteller beispielsweise eines Streichkäses für die Verwendung des Artworks eines Kinderkinofilms und den Abdruck eines Gewinnspiels auf seinen Verpackungen gar kein Geld zahlt. Und dies, obwohl er ein hoch attraktives Lizenzthema verwenden kann, das sein Produkt für den Endverbraucher noch interessanter werden lässt. Stattdessen zahlt der Lizenzgeber, ein Kinoverleih, unter Umständen seinerseits Geld, um auf der Verpackung zu erscheinen und so dafür zu sorgen, dass ein Promotionflyer mit dem Gewinnspiel auf der Verpackung des Streichkäses angebracht wird. Der Kinoverleih tut dies, um über die hohe Anzahl an verkauften Streichkäsen in deutschen Supermärkten eine große Zielgruppe zu erreichen, von der idealerweise möglichst viele dann auch den Weg ins Kino finden. Hier entsteht häufig ein

Interessenskonflikt mit einer eventuell in die Vermarktung des Films involvierten Lizenz-agentur, die ihrerseits selbstverständlich lieber Lizenzgebühren dafür einstreichen würde, dass der Streichkäsehersteller ein hochattraktives Kinothema auf seinen Produkten ver-wendet, um sein Produkt noch attraktiver zu machen.

Die FMCG-Hersteller kennen ihren Wert und vermarkten zum Teil selbst sehr aktiv ihre Produkte. Dies tun sie teilweise auf Barter-Basis, bei der statt Geld Medialeistungen ge-tauscht werden. Sie drehen damit die Mechanismen des Lizenzgeschäftes um. Sie wissen sehr genau, dass ein attraktives Thema wie ein Kinofilm ein Kaufanreiz für ihre Kunden ist, so dass sie großes Interesse an derartigen Kooperationen haben. Auf der anderen Seite ist ihnen aber auch klar, dass sie eine hohe Auflage mit klarer Zielgruppenausrichtung in die Waagschale werfen, was sie selbst zu einem interessanten Partner macht, der eine starke Verhandlungsposition hat, von der aus er sogar finanzielle Ansprüche stellen kann.

Daher sind FMCG-Unternehmen oftmals harte Verhandlungspartner, wenn man ihnen Lizenzkooperationen anbietet. Sie werden gerade von den Kinoverleihern, die innerhalb kurzer Zeit vor Kinostart Aufmerksamkeit erreichen wollen, umworben, die ihnen mitt-lerweile eine Menge zusätzlicher Leistungen wie z.B. Gewinnspiele oder die Produktion und Anlieferung spezieller Werbemittel für den Partner anbieten, um den Zuschlag zu erhalten. Lizenzgeber und -agenturen haben es da nicht leicht! Vor allem, wenn sie mit den Lizenzrechten eines Kinofilms bei einem Lebensmittelpartner anklopfen, dem ein Kinover-leih bereits gratis ein attraktives Gewinnspiel angeboten hat. Da die Kinoverleiher oft auch Lizenzgeber dieser Filme sind und natürlich auch Lizenzeinnahmen generieren möchten, wird daher in der Regel mit den Agenturen vereinbart, dass die Promotionabteilung (oder -agentur) des Filmverleihs erst ab einem bestimmten Termin auf Partnerakquise gehen darf oder dass bestimmte Partner von der Akquiseliste der Promotionsabteilung gestrichen werden, damit es nicht zu Interessenskonflikten kommt.

Es ist zu beobachten, dass immer mehr Flat Fees statt Garantiesummen und Lizenzgebüh-ren für Promotions gezahlt werden. Des Weiteren sinken die Höhen der Flat Fees oder die Promotionpartner drängen gleich auf Barter-Deals. Umgekehrt wissen die Filmverleiher, dass es gute Publicity für seinen Film ist, wenn er auf Joghurt-Bechern mit seinem Film erscheint – egal, ob er dafür zahlen muss oder eine Zahlung erhält.

Daneben gibt es dennoch zahlreiche Beispiele vor allem im Lebensmittelbereich mit lang-fristig angelegten Lizenzkooperationen zu üblichen Lizenzkonditionen. *Disney* hat bei-spielsweise lange mit *Nestlé* im Bereich „Cerealien" kooperiert. *Kölln Müsli* arbeitet seit Jahren mit der *Sendung mit der Maus* zusammen und der Senf-Hersteller *Develey* lizenziert schon lange für seinen *Bautzner Senf* das *Sandmännchen*.

# Anhang

# Wichtige Messen für den internationalen Lizenzthemenhandel

Wer Lizenzthemen anbietet oder einkauft, kommt um den Besuch von Messen und Lizenzveranstaltungen nicht herum. Es gibt eine Anzahl von Messen und Events, die sich inzwischen als Handelsplatz für Lizenzthemen etabliert haben und die viele deutsche Unternehmen besuchen:

- Januar: **Hong Kong International Licensing Show** (Asien)
- Februar: **Spielwarenmesse International Nürnberg** (international)
- Februar: **New York Toy Fair** (international)
- März: **LIMA Tag der Lizenzen**/Köln (deutschsprachiger Raum)
- April: **Bologna Licensing Trade Fair** und **Bologna Children's Book Fair** (international)
- April: **Kazachok Licensing Forum**/Paris (Europa)
- April: **MIP TV**/Cannes (Medien/TV/Film, international)
- Juli: **Licensing International Expo**/Las Vegas (international)
- Juli: **E3 Expo** /Los Angeles (Video Games, international)
- August: **gamescom**/Köln (Video Games, Europa)
- September: **Brand Licensing Europe**/London (Europa)
- Oktober: **Frankfurter Buchmesse** (international)
- Oktober: **MIPCOM Junior**/Cannes (Medien/TV/Film für Kinder, international**)**
- Oktober: **MIPCOM**/Cannes (Medien/TV/Film, international)
- November: **LIMA Licensing Market**/München (deutschsprachiger Raum)
- November: **Kazachok Licensing Forum**/Mailand (Italien, Südeuropa)
- November: **Dubai International Character & Licensing Fair** (Naher Osten)

(Die Monatsangaben für das Stattfinden dieser Messen sind veränderlich.)

# Wichtige Fachmessen für den Lizenzthemenhandel in Deutschland

Es empfiehlt sich, auch Messen der Branchen zu besuchen, an die Lizenzthemen verkauft werden oder aus denen neue Lizenzthemen identifiziert werden sollen:

- **Ambiente**/Frankfurt am Main (u.a. Wohnaccessoires und weitere Konsumgüter)
- **Anuga**/Köln (Lebensmittel und Getränke)
- **CeBit**/Hannover (u.a. Unterhaltungselektronik, Telekommunikation)
- **Christmas World**/Frankfurt am Main (Weihnachtsartikel)
- **Didacta**/wechselnde Orte (Bildung, Schule)
- **Heimtextil**/Frankfurt am Main (Wohntextilien)
- **ISM Internationale Süßwarenmesse**/Köln
- **Kind und Jugend**/Köln (Kinderausstattung und Kinderbekleidung)
- **Leipziger Buchmesse**/Leipzig (Bücher, Medien)
- **Paper World**/Frankfurt am Main (Schreibwaren, Geschenkartikel, Kalender)
- **Tendence**/Frankfurt am Main (u.a. Wohnaccessoires und weitere Konsumgüter)

Zusätzlich finden über das Jahr verteilt auch weltweit zahlreiche Messen statt, die für den Erwerb von Lizenzthemen oder deren Vertrieb von Interesse sein könnten. Der *Ausstellungs- und Messeausschuss der deutschen Wirtschaft e.V.* betreibt die Website *www.auma.de*, auf der nationale und internationale Messetermine recherchiert werden können.

Die großen Lizenzagenturen und -geber laden außerdem mindestens einmal pro Jahr zu einer Art Hausmesse ein, wo sie ihren Partnern ihre neuen Lizenzthemen und Marketing-Aktionen vorstellen. Vielfach werden auch regelmäßige Lizenznehmer-Meetings von den Lizenzgebern und/oder ihren Agenturen organisiert, bei denen die bisherigen Erfolge und die künftige Vermarktungsstrategie für Lizenzthemen präsentiert werden.

# Glossar

**Abverkaufsfrist**
Zeit, in der nach formalem Ablauf des Lizenzvertrags die noch an Lager befindlichen Produkte im Handel abverkauft werden dürfen; neue Produkte dürfen dann jedoch nicht mehr herstellt werden.

**Added Value**
Zusatznutzen, der ein Produkt noch attraktiver macht. Dies kann beispielsweise ein Lizenzthema sein, aber genauso ein Preisnachlass oder eine Produktzugabe (siehe Eintrag zu Premiums).

**Adults**
Zielgruppe: Erwachsene

**Agenturvertrag**
Vertrag zwischen Lizenzgeber und Lizenzagentur

**Approval**
Freigabe eines Lizenzproduktes oder Werbemittels, i.d.R. durch den Lizenzgeber

**Artwork**
Design, Gestaltungselemente eines Lizenzthemas, die meist im so genannten Style Guide (vgl. Eintrag hierzu) festgehalten werden

**Awareness**
engl. Bekanntheit, z.B. als Markenbekanntheit innerhalb einer bestimmten Zielgruppe

**Barter-Kooperation**
gegenseitige Aufrechnung der Leistungen der Partner einer Kooperation (vorrangig Mediawerte), ohne dass monetäre Zahlungen zwischen den Partnern geleistet werden

**Benchmark**
Marketingausdruck für Vergleichsgröße, oft ist dies der Marktführer oder ein vergleichbares Produkt oder Unternehmen.

**Blockbuster**
engl. erfolgreicher Kinofilm

**Box Office**
Während in Deutschland der Erfolg von Kinofilmen anhand der Besucherzahlen gemessen wird, so wird international i.d.R. das Box-Office-Ergebnis, also das finanzielle Einspielergebnis in US-Dollar gemessen, als Vergleichsgröße herangezogen.

**Brand**
engl. Marke

**Brand Extension**
Markenerweiterung durch Übertragung von Eigenschaften einer Marke/Lizenz z.B. auf eine neue Produktkategorie.

| **Brand Management/ Brand Manager** | Abteilung bzw. Mitarbeiter eines Lizenzgebers oder einer Lizenzagentur, die für die sämtliche PR- und Marketing-Maßnahmen für Aufbau und Pflege eines Lizenzthemas zuständig sind mit dem Ziel, dieses dauerhaft für Lizenznehmer und Konsumenten attraktiv zu halten; ein anderer Begriff im Licensing hierfür ist auch Product Management bzw. Product Manager. |
|---|---|
| **Break-Even-Point** | engl. Gewinnschwelle |
| **Category Management/ Category Manager** | siehe Sales Management / Sales Manager |
| **Celebrity** | engl. berühmte Persönlichkeit, Prominenter |
| **CGI** | Computer generated Imagery = Computer generierte Bilder; heutige Zeichentrickfilme werden fast ausschließlich am Computer erstellt, dadurch ist auch ein realer 3D-Effekt möglich Ein bekanntes Filmstudio für CGI Animation ist z.B. *PIXAR* (z.B. *Findet Nemo, Toy Story, Cars*). |
| **Chain of Title** | Ungebrochene Rechtekette; beim Erwerb von Lizenzthemen ist es wichtig, dass der Lizenzgeber oder die Lizenzagentur überhaupt über die Rechte verfügen können, die sie anbieten. |
| **Character** | engl. Figur, meist aus dem Unterhaltungsbereich, wie *SpongeBob* oder *Donald Duck*. |
| **Character Licensing** | Lizenzieren von Figuren (Characters) |
| **CFM** | Central Marketing Funds, siehe Marketing-Pool |
| **Co-Branding** | Zusammenarbeit von etablierten Marken zur besseren Vermarktung ihrer Produkte, z.B. auf einem Produkt. Meist ist die Wertigkeit der Darstellung der Partner gleich. Co-Branding kann auf Basis eines Lizenzvertrags erfolgen, aber auch auf Basis eines unentgeltlichen Barter-Deals. |
| **Commitment** | engl. Bindung zwischen Konsument und Produkt (oder auch Lizenz), nach der der Endverbraucher strebt und die er halten will. |
| **Consumer Awareness** | engl. Konsumentenaufmerksamkeit |
| **Consumer Goods** | engl. Konsumgüter |

| | |
|---|---|
| **Copyright-Vermerk** | Gemäß des Lizenzvertrags ist der Lizenznehmer i.d.R. verpflichtet, das Lizenzprodukt mit einem Hinweis auf den Rechteinhaber zu kennzeichnen. |
| **Core Products** | engl. Kernprodukte; häufig werden so Produkte der für den Lizenzgeber wichtigsten Produktkategorien aber auch dessen selbst hergestellte Produkte bezeichnet. |
| **Cross Border Trade** | engl. grenzüberschreitender Handel |
| **Cross Licensing** | Verwendung von mehreren Lizenzen für ein Produkt, z.B. *LEGO Star Wars* Video Games |
| **Deal Memo** | siehe LOI (Letter of Intent) |
| **Direct-to-Retail** | Vergabe eines Lizenzgebers direkt an den Handel, der selbst als Lizenznehmer auftritt und die lizenzierten Produkte exklusiv in seinen Filialen vertreibt. |
| **EK-Preis** | Einkaufspreis |
| **Fast Moving Consumer Goods (FMCG)** | schnell drehende Konsumgüter des täglichen Bedarfs wie z.B. Lebensmittel, Produkte der persönlichen Hygiene |
| **F.O.B (Free on Board)** | Frei an Bord; Bezeichnung aus dem Bereich des Warentransports; bei Transporten mit dem Schiff (z.B. aus Asien) enthält der Preis der Ware häufig nur die Kosten bis zur Lieferung an Bord des Transportschiffes, alle anderen Kosten wie z.B. Transport ins Bestimmungsland oder Einfuhrzölle sind noch zu zahlen. Der F.O.B-Preis ist häufig Grundlage der Lizenzgebühren-Berechnung. |
| **Flat Fee** | Pauschalpreis, den i.d.R. ein Lizenznehmer an den Lizenzgeber oder dessen Agentur zahlt statt der sonst üblichen Garantiesumme und der Lizenzgebühren. Flat Fees sind u.a. üblich bei Promotions, die i.d.R. nur in einem begrenzten Zeitraum im Handel stattfinden. |
| **Franchise** | engl. für ein meist langfristig angelegtes Lizenzthema, das breit und i.d.R. international vermarktet wird und i.d.R. aus dem Kino- oder Video-Game-Bereich stammt, wie z.B. *Harry Potter Bros.*) oder *Super Mario* (*Nintendo*). |
| **Freelancer** | engl. Freiberufler, Selbständiger |

| | |
|---|---|
| **FSK** | Die Freiwillige Selbstkontrolle der Filmwirtschaft ist eine Tochtergesellschaft der Spitzenorganisation der Filmwirtschaft (SPIO). Es besteht keine Pflicht zur Prüfung von Filmen für Kino und TV sowie für Video Games durch die FSK, jedoch haben sich die Mitglieder SPIO dazu verpflichtet, nur von der FSK kontrollierte Produktionen zu veröffentlichen. Basis der FSK-Prüfungen ist das Jugendschutzgesetz. Die FSK unterscheidet zwischen folgenden Altersfreigaben, die auf den Covern der geprüften Medien aufgebracht werden müssen: FSK 0, FSK 6, FSK 12 und FSK 18. Die FSK-Gutachten sind verbindliche Vorgabe für die Kinobetreiber. |
| **Garantiesumme** | siehe Minimumgarantie |
| **Gatekeeper-Funktion des Handels** | Der Handel entscheidet über die Einkaufspolitik für sein Sortiment und damit über die Verfügbarkeit von Produkten für den Konsumenten. So kann er die Auswahl an Produkten limitieren und beeinflussen. Aus diesem Grund ist eine gute Beziehung zum Handel aus Lizenzgeber- und Lizenzagentursicht wichtig, um dem entgegenzuwirken. |
| **Guarantee Sum** | siehe Minimumgarantie |
| **Handelsmarke** | siehe Private Label |
| **Hangtag** | engl. Anhänger oder Etikett, auf dem bei lizenzierten Produkten i.d.R. der Copyrightvermerk zu finden ist |
| **HAP** | Handelsabgabepreis |
| **Haushaltsführende Personen (HFF)** | HFF verrichten den überwiegenden Teil der Hausarbeit (in Zusammenhang mit Kinder-TV-Serien ist es ein Elternteil, das häufig mit den kleineren Kindern zusammen vor dem Fernseher sitzt) und werden insbesondere in Zusammenhang mit der Erfassung von TV-Quoten für Kinderprogramme als Bezugsgröße herangezogen, da sie die Wertigkeit eines Programmes unterstützen. |
| **Home Entertainment** | Im Licensing häufig als Oberbegriff für Produkte aus den Kategorien wie DVDs, Video und Video Games verwendet. |
| **In-Pack-Promotion** | Kooperation, bei der beispielsweise Spielzeuge in den Verpackungen eines Partners beigelegt werden (siehe auch Promotion). |
| **In-Store** | engl. im Ladengeschäft |

| | |
|---|---|
| Involvement | engl. Engagement des Konsumenten, mit dem er sich einem Angebot zuwendet |
| IP (Intellectual Property) | engl. geistiges Eigentum, absolute Rechte an immateriellen Gütern. Inhaber einer IP ist z.B. der Anmelder eines Patents oder der Schöpfer eines urheberrechtlichen Werks. |
| Key Categories | wichtigste Lizenzprodukt-Kategorien wie z.B. bei Kinderlizenzthemen Spielwaren und Publishing |
| Lead Time | Vorlaufzeit für ein Lizenzprodukt: von der Unterzeichnung des Lizenzvertrags bis hin zur Auslieferung des Produktes an den Handel |
| Licensee | siehe Lizenznehmer |
| Licensee Summit | Lizenznehmer-Treffen, zu denen viele Lizenzgeber und/oder Lizenzagenturen ihre Lizenznehmer sowie zum Teil auch Handelsvertreter und potenzielle Lizenznehmer einladen, um Neuigkeiten rund um ihre Lizenzthemen vorzustellen. |
| Licensor | siehe Lizenzgeber |
| LIMA | Licensing Industry Merchandiser's Association; internationale Organisation der Lizenzindustrie, der Lizenzgeber, Lizenzagenturen und Handelsunternehmen angehören. Für den deutschsprachigen Raum wurde 2000 die *LIMA*-Repräsentanz in München gegründet. |
| Live Action | Film, der mit echten Schauspielern gedreht wird |
| Lizenzgeber | Inhaber eines Lizenzthemas, von dem ein Lizenzthema erworben werden kann |
| Lizenzgebühren | Lizenzzahlung des Lizenznehmers an den Lizenzgeber bzw. dessen -agentur, die entweder pro verkauftem Stück, als Anteil vom Umsatz oder pauschal bezahlt wird, meist viertel- oder halbjährlich. |
| Lizenznehmer | Unternehmen, das eine Lizenz für die Nebenrechtsverwertung eines Lizenzthemas von dem Lizenzgeber selbst oder einer von diesem beauftragten Agentur erwirbt. |
| LOI (Letter of Intent) | Absichtserklärung, häufig Vorstufe eines Lizenzvertrags, in der die wichtigsten Eckdaten einer Kooperation zusammengefasst werden, die dann en détail von den Anwälten zu einem Lizenzvertrag ausverhandelt werden. |

| | |
|---|---|
| **MarkenG** | Markengesetz |
| **Marketing-Pool** | gemeinsamer Pool der Lizenznehmer eines Themas, die in diesen einzahlen, um gemeinsame Marketingaktionen für das Lizenzthema zu finanzieren. Die Höhe der Beiträge wird häufig in den Lizenzverträgen festgelegt, meist ist sie ein bestimmter prozentualer Betrag, der sich anhand der zu zahlenden Lizenzgebühren errechnet und der zusätzlich zu den Lizenzgebühren zu entrichten ist. |
| **Master Toy Licensee** | Lizenznehmer für meist mehrere Produkte aus der Kategorie Spielzeug, im Bereich der Kinderlizenzthemen ist der Master Toy Licensee wichtig aufgrund seiner Außenwirkung. |
| **Minimumgarantie** | Vorauszahlung auf einen Anteil der zu erwartenden Lizenzgebühren des Lizenznehmers |
| **NLVP** | Netto-Laden-Verkaufspreis; häufig die Basis für die Berechnung von Lizenzgebühren bei (in Deutschland) preisgebundenen Produkten wie Büchern und Zeitschriften. |
| **On-Pack-Promotion** | Kooperation, bei der beispielsweise CDs auf die Verpackungen des Partners aufgebracht werden |
| **Outlet** | Filiale eines Handelsunternehmens |
| **Packaging** | engl. Konfektionierung und/oder Verpackung |
| **Pan-European** | europaweit (z.B. Lizenzierung) |
| **Pester Power** | engl. Begriff, der die „Macht" von Kindern beschreibt, Erwachsene beim Kauf von Produkten zu beeinflussen, indem sie danach „quengeln". Die Pester Power wird von Unternehmen häufig gezielt angesprochen durch auf Kinder abgestimmte Werbung, mit der auf ihr Nachfrageverhalten eingewirkt werden soll. |

| | |
|---|---|
| **PG**<br>**(Parental Guidance)** | Amerikanisches Pendant zur deutschen FSK (siehe Eintrag), das durch die Motion Picture Association of America (MPAA) eingeführt wurde. Sie unterscheidet zwischen diesen Altersfreigaben: G (= General Audiences, freigegeben ohne Altersbeschränkung), PG (= Parental Guidance; ohne Altersbeschränkung, aber Begleitung durch Erwachsene wird empfohlen), PG 13 (= Parents Strongly Cautioned, Freigabe ab 13 Jahren), R (= Restricted, nicht für Jugendliche unter 17 Jahren geeignet), NC-17 (No Children under 17 admitted, Freigabe ab 18 Jahren). Eine Durchführung einer Altersfreigabenprüfung durch die MPAA ist nicht verbindlich vorgeschrieben. |
| **Pitch** | engl. Verkaufsgespräch oder Verkaufspräsentation |
| **POS** | Point of Sales; Marketingbegriff für Verkaufsort bzw. Platzierung im Handel |
| **Premiums** | auch Gimmick, im Licensing-Kontext: engl. Produktzugabe, häufig werden lizenzierte Produkte vor allem im Lebensmittelbereich zugegeben, um dieses aufzuwerten, wie z.B. *McDonald's Happy Meal*-Spielzeuge. |
| **Pre-School-Kids** | engl. Vorschulkinder (drei bis fünf Jahre) |
| **Prequel** | Handlung, die vor der eines bereits veröffentlichten Stoffes spielt. Prominentes Beispiel: die drei neueren *Star Wars*-Kinofilme, die 16 Jahre nach dem letzten Film der ursprünglichen *Star Wars*-Trilogie in die Kinos kamen und die Geschichte von *Star Wars* vor diesen drei ersten Kinoabenteuern erzählen. |
| **Prime-Time** | engl. Hauptsendezeit im Fernsehen (18.30 bis 22.00 Uhr) mit der höchsten Zuschauerbeteiligung |
| **Private Label** | engl. Handelsmarke; eigens für Handelsunternehmen erstelltes und mit eigenem Markennamen versehenes Produkt. Andere Begriffe für Private Label: Handelsmarke, Eigenmarke oder Retail Brand. |
| **Product Management/**<br>**Product Manager** | siehe Brand Management/Brand Manager |
| **Product Placement** | Gezielte Platzierung eines Produktes in einem Film oder einer TV-Serie als Teil der Handlung oder auch in journalistischen Artikeln mit Werbebotschaft. Product Placement ist in Deutschland im Fernsehen ein rechtlicher Graubereich, der je nach Art und Weise zulässig oder illegal sein kann. |

| | |
|---|---|
| **Promotion,**<br>**auch: Sales Promotion** | Im Sinne des Licensing eine auf den Endverbraucher gerichtete Aktion im Handel entweder mit dem Handelspartner selbst oder mit einem Hersteller. Diese Aktionen sind i.d.R. zeitlich begrenzt und beziehen Lizenzthemen ein wie z.B. eine *Bob der Baumeister*-Bastelaktion bei einem Handelspartner oder ein *Wickie*-Happy Meal bei *McDonald's*. |
| **Property** | engl. Lizenzthema |
| **Proposal** | Angebot eines potenziellen Lizenznehmers mit den Eckdaten zu seinem Unternehmen, sowie zu den geplanten Lizenzprodukten (Art, Anzahl, Auflage, Vertriebskanäle, Einkaufs- und Verkaufspreise |
| **Rechteinhaber** | siehe Lizenzgeber |
| **Recouping** | Refinanzierung/Erreichen der Minimumgarantie (gemäß Lizenzvertrag) durch den Abverkauf von Lizenzprodukten und die daraus errechneten Lizenzgebühren. |
| **Relevant Set** | Eine vom Konsumenten getroffene Auswahl aus einem bestimmten Produktangebot, die für ihn persönlich für einen Kauf in Frage kommen würde |
| **Retail** | engl. Handel, Handelsunternehmen |
| **Retail Brand** | siehe Private Label |
| **Retooling** | engl. Umrüstung von Maschinen (Herstellung von Produkten) |
| **Royalties** | siehe Lizenzgebühren |
| **Sales Management/**<br>**Sales Manager** | Abteilung bzw. Mitarbeiter bei einem Lizenzgeber oder einer Lizenzagentur, die für die Akquise von Lizenznehmern zuständig sind und die Lizenzverträge verhandeln. Meist sind die einzelnen Sales Manager auf unterschiedliche Produkt-Kategorien (engl. Categories) spezialisiert und werden daher auch als Category Manager bezeichnet. |
| **Sell-off Period** | engl. Ausverkaufs- bzw. Abverkaufsfrist |
| **Sequel** | engl. Fortsetzung z.B. eines Kinofilms |
| **SKU** | Stock Keeping Unit, die eindeutige Bezeichnung einer Variante eines Artikels wie z.B. die Artikelnummer |
| **Store Traffic** | engl. Kundenfrequenz im Geschäft |

| | |
|---|---|
| **Storyline** | Zusammenfassung der Geschichte eines Buches, einer TV-Serie, eines Films oder Video Games |
| **Style Guide** | Regelwerk des Lizenzgebers mit Abbildungen, Farb- und Schriftvorgaben sowie Hintergrundinformationen zu einem Lizenzthema, anhand dessen der Lizenznehmer Lizenzprodukte entwickeln kann. |
| **Teen** | Zielgruppe Teenager: 13 bis 19 Jahre |
| **Testimonial** | Begriff aus der Werbung, der den Einsatz einer bekannten Person, die sowohl real als auch fiktiv (z.B. eine Comicfigur) sein kann, für ein Produkt oder eine Dienstleistung oder eine Institution beschreibt. Testimonials dienen dazu, glaubwürdig für die Nutzung des bewerbenden Gegenstands zu stehen. Sie werden in Presse, Funk oder Fernsehen platziert. Es geht meist um ihre Bekenntnis zum Produkt. Es werden auch Produktpräsentationen oder eigens gelaunchte Presseartikel mit z.B. Interviews über das Testimonial dazu verwendet, um positiv über das zu bewerbende Produkt zu sprechen. |
| **Tie-In Kooperation** | Kooperation mit einem i.d.R. gleichwertigen Partner im Handel, bei der beide Partner und deren Produkte nebeneinander kommuniziert werden. |
| **Tooling** | engl. Einrüstung von Produktionsmaschinen, Werkzeugbereitstellung |
| **Track Record** | engl. Erfolgsgeschichte |
| **Trigger** | engl. (Kauf-)Anreiz |
| **Turn-Around** | 360°-Darstellung einer Figur, die z.B. notwendig ist für die Herstellung von Plüschtieren. Heutzutage entstehen Turn-Arounds meist am Computer, und es ist auch möglich, zweidimensionale Zeichnungen in dreidimensionale Figuren zu übertragen. |
| **Tween** | Zielgruppe zwischen Kindern und Teenagern (8 - 12 Jahre) |
| **Twen** | Zielgruppe zwischen 20 und 29 Jahren |
| **Uniqueness** | engl. Einmaligkeit, Eindeutigkeit |
| **UrhG** | Urhebergesetz |
| **USP** | Abkürzung für Unique Selling Proposition, im Marketing engl. Bezeichnung für ein Alleinstellungsmerkmal |

| | |
|---|---|
| **Video Games** | Computerspiele bzw. Spiele für unterschiedliche Konsolen wie z.B. *Nindendo DS, Microsoft X-Box, Sony Playstation* oder *Nintendo Wii* |
| **VK-Preis** | Verkaufspreis |
| **VÖ** | Abkürzung für Veröffentlichung (Datum), häufige Verwendung in der Musik- und Home Entertainment Branche |
| **Young Adults** | Zielgruppe Jugendliche, 15/16 Jahre bis ca. 25 Jahre |

# Quellenverzeichnis

## Bücher

AHLERT D./KENNING, P./SCHNEIDER, D. (2000), Markenmanagement im Handel – Von der Markenführung zum integrierten Markenmanagement in Distributionsnetzen, Wiesbaden.

AHLERT D. /KOLLENBACH, S./KORTE. C (1996), Strategisches Handelsmanagement – Erfolgskonzepte und Profilierungsstrategien am Beispiel des Automobilhandels, Stuttgart.

AHLERT, D./OLBRICHT, R./SCHRÖDER, H. (Hrsg., 2004), Internationalisierung von Vertrieb und Handel – Jahrbuch Vertriebs- und Handelsmanagement 2004, Frankfurt am Main.

AHLERT, D./TÖNNIS, S./VOGEL, V./WOISETSCHLÄGER, D. (2005), WM 2006: Awareness der Sponsoren auf dem Prüfstand, Münster.

BANNOCK, G./BAXTER, R. E./DAVIS E. (1998), Dictionary of Economics, London.

BEA, F. X./DICHTL, E./SCHWEITZER, M. (1994), Allgemeine Betriebswirtschaftslehre – Bd. 3: Leistungsprozess, Stuttgart.

BÖLL, K. (Hrsg., 2001), Handbuch Licensing, Frankfurt am Main.

BÖLL, K. (1996), Merchandising – Die neue Dimension der Verflechtung zwischen Medien und Industrie, München.

BÖLL, K. (1999), Merchandising und Licensing – Grundlagen, Beispiele, Management, München.

BOSSHART, D./KÜHNE, M. (2008), Discount Forever: Wie sich das Erfolgsformat für die Zukunft rüstet, Zürich 2008.

BROOKE, M. Z./SKILBECK, J. M. (1994), Licensing – The international Sale of Patents and Technical Knowhow, Brookfield.

CHOURAQUI, N./WAYS, S. (2003), Au Pays des Licences, Paris.

ENGH, M. (2006), Popstars als Marke – Identitätsorientiertes Markenmanagement für die musikindustrielle Künstlerentwicklung und -vermarktung, Wiesbaden.

ESCH, F.-R. (Hrsg., 2005), Moderne Markenführung – Grundlagen, Innovative Ansätze, Praktische Überlegungen, Wiesbaden.

ESCH, F.-R. (2006), Wirkung integrierter Kommunikation – Ein verhaltenswissenschaftlicher Ansatz für die Werbung, Wiesbaden.

FÖRSTER A./ KREUZ P. (2006), Marketing Trends, Wiesbaden.

HALEK, P. (2009), Die Marke lebt! Das All-Brand-Concept – Die Marke als Kern nachhaltiger Organisationsführung, Wien.

HEINRICHS, W./SCHÄFER. H (Hrsg., 1999), Merchandising und Licensing in Kulturbetrieben, Stuttgart.

LORENZ, B. (2009), Beziehungen zwischen Konsumenten und Marken – Eine empirische Untersuchung von Markenbeziehungen, Wiesbaden.

MEFFERT, H/BURMANN C./KIRCHGEORG, M. (2008), Marketing – Grundlagen marktorientierter Unternehmensführung, Wiesbaden.

MEFFERT, H./BURMANN C./KOERS, M. (Hrsg.) (2005), Markenmanagement – Identitätsorientierte Markenführung und praktische Umsetzung, Wiesbaden.

MEYER, M.F. (2003), Character Merchandising – Der Schutz fiktiver Figuren, Frankfurt am Main.

MORSCHETT, D. (2002), Retail Branding und Integriertes Handelsmarketing, Wiesbaden.

OLINS, W. (2004), Marke, Marke, Marke – Den Brand stärken, Frankfurt am Main.

PECORA, N. O. (1998), The Business of Children's Entertainment, New York.

PEPELS, W. (2002), Marketing-Lexikon, München.

POLTORAK, A.I. /LERNER, P.J. (2004), Essentials of Licensing Intellectual Property, Hoboken.

RAUGUST, K. (1995), Merchandise Licensing in the Television Industry, Woburn.

RAUGUST, K. (2008), The Licensing Business Handbook, New York.

RUDOLPH, H. (2007), Aldidente & Co.: Schnäppchenplaner 2008/2009, Frankfurt 2007.

SALDSIEDER, K.A. (2008), Erfolgsfaktoren des Licensing in der Spielwarenindustrie, München.

SCHÄFER, T. (2003), Licensing und Merchandising, Düsseldorf.

SCHINDLER, N. (2008), Die Rolle der Markenpersönlichkeit für die kommunikative Führung einer Marke – Eine Analyse aus systemanalytischer Perspektive, Wiesbaden.

SCHNECK, O. (2007), Lexikon der Betriebswirtschaft, München.

SCHRÖDER, H./OLBRICH, R./KENNING, P./EVANSCHITZKY, H. (Hrsg., 2009), Distribution und Handel in Theorie und Praxis, Wiesbaden.

SHERMAN A. J. (1991), Franchising & Licensing, New York.

SIEGERT, G. (2001), Medien Marken Management: Relevanz, Spezifika und Implikationen einer medienökonomischen Profilierungsstrategie, München.

SPECHT. G (1998), Distributionsmanagement, Stuttgart.

ZATLOUKAL, G. (2002), Erfolgsfaktoren von Markentransfers, Wiesbaden.

## Presse, Studien und Vorträge

ABSATZWIRTSCHAFT (2009), Lizenzmarken als gefeierte Stars (Ausgabe 3/ 2009), Düsseldorf.

FEINDOR-SCHMIDT, U. (2009): Rechtliche Grundlagen des Lizenzgeschäfts. Vortrag auf „LIMA Tag der Lizenzen am 04.11.2009", München.

GfK Gruppe (2007), Wege aus der Krise – Veränderungen im Nonfoodmarkt: Studie, Nürnberg 2007.

ICONKIDS & YOUTH (2010), Trend Tracking 2010: Studie, München.

KAZACHOK INTERNATIONAL LICENSING MAG' (2009), Der Lizenzmarkt in Deutschland (Ausgabe October-December 2009), Issy des Moulineaux.

LICENSE! GLOBAL (2010), Top 125 Global Licensors (Ausgabe: March/April 2010), Woodland Hills.

LISANTI, T. (2010), Sanrio keeps on smiling in: License Global! (Ausgabe: August 2010), Woodland Hills.

NPDGROUP DEUTSCHLAND/LIMA (2007), Lizenzmarkt Deutschland – Situationsanalyse: Studie, Nürnberg.

PHILLIPS, S. (2010), Private Label's Secret Weapon: Licensing in: License Global! (Ausgabe July 2010)

PHILLIPS, S. (2010), The Rabbids invade France, in: License Global! (Ausgabe: July 2010), Woodland Hills

SPIELZEUG INTERNATIONAL (2010), Lizenz Power Rangers zurückgekauft (Ausgabe Juni/Juli2010), Ebermannstadt.

SPIELZEUG INTERNATIONAL (2010), Looney Tunes wieder auf Tour (Ausgabe Juni/Juli2010), Ebermannstadt.

TLL – THE LICENSING LETTER (2009), Emerging Territories Grow in 2008, But Worldwide Retail Sailes Down: in TLL – The Licensing Newsletter (Vol. XXXIII, No. 5 - März 2009), New York.

TOTAL LICENSING (2010), Raft of Deals from Lazytown (Ausgabe: Summer 2010), Wadhurst.

## Web

ASSOCIATED PRESS (2010), Michael Jackson's Estate earns 250 Million After His Death. Zugriff: http://www.cnbc.com/id/37843714/Michael_Jackson_s_Estate_Earns_250_Million_After_His_Death (25.06.2010)

BÖRSENVEREIN DES DEUTSCHEN BUCHHANDELS (2010), Positives Ergebnis 2009: Buchmarkt gegen den Wirtschaftstrend. Zugriff: http://www.boersenverein.de/de/158446/Presse-mitteilungen/387780?_nav= (11.08.2010).

BRANDORA LIZENZBRANCHE (2010), Galaktisches Finale von Ben 10: Alien Force am 10.10.10! Start der Ben 10 Kino-Tour und deutsche TV-Premiere bei Cartoon Network. Zugriff http://www.lizenzbranche.de//DocPage.aspx?IzmLang=7&DID=12146&DIA=12146&QSI=1 &OPS=19&LUR=http%3a%2f%2fwww.lizenzbranche.de%2f%2fNewsPage.aspx%3fIzmLan g%3d7%26QSI%3d1%26LPS%3d0%26& (05.08.2010)

CASEY, B., Avatar raises the Bar (2010). Zugriff: http://www.licensemag.com/ licensemag/Entertainment/Avatar-Raises-the-Bar/ArticleStandard/Article/detail/ 655584?contextCategoryId=47729 (03.04.2010).

CASTILLO, M. (2010), 'Star Wars' merchandise is beyond child's play. Zugriff http://today. msnbc.msn.com/id/37788526/ns/today-entertainment (11.08.2010).

CONLAN, T. (2010), The Simpsons is top TV brand of all time, says survey. Zugriff: http://www.guardian.co.uk/media/2010/sep/22/the-simpsons-merchandising (24.09.2010).

ECK, S. (2010), Harald Glööckler, Nackt durch die Wüste. Zugriff: http://www.wuv.de/ nachrichten/unternehmen/harald_gloeoeckler_nackt_in_der_wueste (09.07.2010)

ELLER, C./CHMIELEWSKI D.C. (2010) ‚Pixar, with 'Toy Story 3,' shows increasing reliance on sequels. Zugriff: http://articles.latimes.com/2010/jun/17/business/la-fi-ct-toystory-20100617 (18.06.2010)

Fritz, B./Chmielewski D. C. (2010), After ‚Iron Man', Marvel hopes its other characters follow suit. Zugriff: http://articles.latimes.com/2010/may/18/business/la-fi-ct-marvel-20100518 (19.05.2010)

GASCHKE, S. (2009), Mega-Weihnachten. Zugriff: http://www.zeit.de/2009/52/DOS-spielzeug?page–1 (23.04.2010)

GORKOW, A. (2005), „Es ist nicht so leicht mit dem Bösen, wie wir es oft so gerne hätten". Zugriff: http://www.sueddeutsche.de/kultur/star-wars-es-ist-nicht-so-leicht-mit-dem-boes-en-wie-wir-es-oft-so-gerne-haetten-1.438199 (11.08.2010).

HESSELDAHL, A. (2005), Star Wars' Galactic Dollars. Zugriff: http://www.forbes.com/2005/05 /12/cx_ah_0512starwars.html (11.08.2010).

JANOTTA, A. (2010), Armani eröffnet erstes Hotel unter seiner Marke. Zugriff: http://www.wuv.de/nachrichten/unternehmen/armani_eroeffnet_erstes_hotel_unter_ seiner_marke (27.04.2010)

KESSLER, G./WERNER, K. (2010), Die Banden-Stars von Südafrika. Zugriff: http:// www.ftd.de/unternehmen/:werbung-die-banden-stars-von-suedafrika/50129353.html (17.06.2010)

KIREEV, M. (2009): Disney/Marvel:, Heldenhafte Übernahme?, Zugriff: http://www.handels blatt.com/magazin/presseschau/disney-marvel-heldenhafte-uebernahme;2451413 (04.04.2010).

LIMA REPRÄSENTANZ DEUTSCHLAND (2009), LIMA Deutschland: Aussichten 2009. Zugriff: http://www.lizenzbranche.de//DocPage.aspx?IzmLang=7&DID=9552&DIA=9552&CMP=75 2&OPS=24&LUR=http%3a%2f%2fwww.lizenzbranche.de%2f%2fNewsPage.aspx%3fIzmLa ng%3d7%26CMP%3d752%26LPS%3d20%26& (19.08.2009).

MARKHAUSER, A. (2010): Primetime-Check, Sonntag, 01. August 2010. Zugriff: http://www.quotenmeter.de/cms/?p1=n&p2=43619&p3 (11.08.2010).

MATTEL PRESSEMITTEILUNG (2007), Mattel kündigt erweiterten Rückruf von Spielzeugen an. Zugriff: www.mattel.de/spielzeug/presseinformation/Mattel_kuendigt_erweiterten_ Rueckruf_von_Spielzeugen_an/1187100363/y (29.11.2009).

MARTHA STEWART LIVING OMNIMEDIA INC. (2010), Company Overview: Zugriff: http://phx.corporate-ir.net/phoenix.zhtml?c=96022&p=irol-homeprofile (17.09.2010).

MIELKE, J./SCHRÖDER, M. (2010), Avatar: Goldrausch auf Pandora. Zugriff: http://www.tagesspiegel.de/wirtschaft/Avatar;art271,3013127 (28.01.2010).

MOLARO, R. (2004), United Colors of Benetton makes a splash with its North American licensing program. Zugriff: http://www.licensemag.com/licensemag/Fashion/Bright-Spots/ArticleStandard/Article/detail/109679 (02.04.2010).

OLSON, E. (2010), Marketing Fanciful Items in the Lands of Make Believe. Zugriff: http://www.nytimes.com/2010/09/07/business/media/07adco.html (19.09.2010).

PECK, S. (2010): Celebrity Fashion Lines. Zugriff: http://www.forbes.com/2010/07/06/ celebrity-fashion-lines-lifestyle-style-clothing.html (11.07.2010).

Pollok, D. (2005), Star Wars: George Lucas' Vision. Zugriff: http://www.washingtonpost. com/wp-dyn/content/discussion/2005/05/06/ DI2005050600821.html (11.08.2010)

SZALAI, G. (2010), ‚Avatar' merchandise strategy going long-term. Zugriff: http://www.hollywoodreporter.com/hr/content_display/film/news/e3i773194c18528fcf706c 1dd8374e289d9 (16.06.2010)

WIEKING, K. (2010), Handelsmarken: Billig allein reicht nicht mehr aus. Zugriff: http://www.wuv.de/nachrichten/unternehmen/handelsmarken_billig_allein_reicht_nicht_mehr_aus (28.07.2010)

WWW.LICENSEMAG.COM (2010), Iconix acquires United Media Licensing, Peanuts. Zugriff: http://www.licensemag.com/licensemag/Character/Iconix-Acquires-United-Media-Licensing-Peanuts/ArticleStandard/Article/detail/667101 (27.04.2010)

WWW.MARTINWEYERS.COM (2006), Heldenreise. Zugriff http://www.martinweyers.com/sukhavati/heldenreise.htm (11.08.2010)

WWW.MOVIEWORLDS.COM (2010), Alle Kinofilme aus 2009. Zugriff: www.movieworlds.com/kinofilme2009.php (11.08.2010).

WWW.SPIEGEL.DE (2006), McDonald's und Disney stoppen Kooperation. Zugriff: http://www.spiegel.de/wirtschaft/0,1518,415272,00.html (22.11.2009).

WWW.SUEDDEUTSCHE.DE (2010), Kinderbuchautor Janosch – Tag der toten Ente. Zugriff: http://www.sueddeutsche.de/kultur/793/508931/text/ (23.04.2010).

WWW.THE-NUMBERS.COM (2010), Box Office History for Star Wars Movies. Zugriff: http://www.the-numbers.com/movies/series/StarWars.php# (11.08.2010).

WWW.VOGUE.CO.UK (2009), The Designers' Doll. Zugriff: http://www.vogue.co.uk/celebrity-photos/090109-barbies-designer-loo (29.11.2009).

WWW.WIKIPEDIA.DE (2010), Janosch. Zugriff: http://de.wikipedia.org/wiki/Janosch (23.10.2010).

WWW.WIKIPEDIA.DE (2010), Lurchi. Zugriff: http://de.wikipedia.org/wiki/Lurchi (21.06.2010).

WWW.WIKIPEDIA.DE (2010), Power Rangers. Zugriff: http://de.wikipedia.org/wiki/Power_Rangers (23.10.2010).

WWW.WIKIPEDIA.DE (2009), Die Simpsons. Zugriff: http://de.wikipedia.org/wiki/Die_Simpsons (01.11.2009).

WWW.WIKIPEDIA.DE (2010), SpongeBob. Zugriff: http://de.wikipedia.org/wiki/Spongebob (26.06.2010).

WWW.WIKIPEDIA.DE (2010), Star Wars. Zugriff: http://de.wikipedia.org/wiki/Star_Wars (11.08.2010) .

WWW.WWF.DE (2008), Krombacher Regenwald-Projekt 2008 erfolgreich abgeschlossen. Zugriff: www.wwf.de/kooperationen/krombacher/ (23.10.2010).

# Index

# Autorin und Co-Autoren

## Stefanie Brandt

Stefanie Brandt ist Verlagskauffrau und Diplom Buchhandelswirtin. Sie begann ihre berufliche Karriere nach dem Studium an der *HTWK-Hochschule für Technik, Wirtschaft und Kultur* in Leipzig als Product Manager bei der Lizenzagentur *Bavaria Sonor* (u.a. *Janosch, Sendung mit der Maus, Milka, Playmobil*), einem Tochterunternehmen der *Bavaria Film* in Geiselgasteig bei München. Dort war sie sowohl für Lizenznehmer-Akquise in der Produktkategorie Publishing als auch für Marketing und Produktfreigaben für zahlreiche Lizenzthemen verantwortlich. Im Anschluss folgte eine Anstellung als Marketing-Referentin beim *Hermann-Gemeiner-Fonds e.V.* Dort hatte sie maßgeblichen Anteil am Aufbau einer Vermarktungsagentur für Lizenz- und Sponsoring-Aktivitäten der *SOS-Kinderdörfer weltweit*. Sie akquirierte zahlreiche namhafte Sponsoren und Lizenznehmer für diesen gemeinnützigen Verein und entwickelte hierfür auch die Kooperationskonzepte. Schließlich wurde Stefanie Brandt Lizenzeinkäuferin bei der deutschen Dependance der Promotionagentur *Creata (Germany) GmbH*, die weltweit u.a. für den Fast-Food-Riesen *McDonald's* Spielzeuge für dessen *Happy Meal* entwickelt und herstellt.

2008 gründete Stefanie Brandt ihre eigene Agentur *Brandtsatz* (*www.brandtsatz.de*), die auf die Vermarktung von Lizenzthemen sowie auf Cross-Marketing spezialisiert ist. Des Weiteren berät *Brandtsatz* Unternehmen bei Auf- und Ausbau ihres Lizenzgeschäfts.

## Co-Autoren

Folgende Fachleute der deutschen Lizenzbranche haben an diesem Buch durch mit ihrem jeweiligen Namen gekennzeichnete Beiträge mitgearbeitet:

**Martin M. Bieri** ist als Vice President New Business bei der *Media-Saturn-Holding GmbH* – einem Unternehmen der *Metro Group* – tätig. Er verfügt über Erfahrung als Geschäftsführer sowie Unternehmensberater in der Konsumgüterbranche, zuletzt als Hauptabteilungsleiter Product Management Non-Food Europe bei der *Plus WHG mbH/Tengelmann Group*.

Der gelernte Industriekaufmann studierte Marketing-Kommunikation in Düsseldorf und danach Betriebswirtschaft in Berlin und München. Im Anschluss absolvierte er ein MBA-Programm an der *Steinbeis-University Berlin* in Kooperation mit der *NYU Stern New York* und der *SDA Bocconi Mailand*. Derzeit promoviert er als externer Doktorand bei *Prof. Dr. Volker Trommsdorff*. Sein erstes Buch mit dem Titel „Revolutorische Wettbewerbsvorteile durch endogene Regelbrüche" ist 2009 im *Josef Eul Verlag* erschienen. Darüber hinaus ist er Beiratsmitglied des internationalen Lizenzverbandes *LIMA*.

**Axel Dammler** ist geschäftsführender Gesellschafter von *iconkids & youth*, dem größten deutschen Spezialinstitut für Kinder- und Jugendforschung. Geboren in Lemgo, hat er nach seinem Abitur in München Kommunikationswissenschaft studiert. Er arbeitet seit 1992 mit jungen Zielgruppen und hat seitdem zahlreiche Studien zu nationalen und internationalen Medien- und Konsumgütermärkten durchgeführt. Er arbeitet außerdem als Berater und hat neben seinem aktuellen Buch zum Thema Jugend und Internet auch mehr als 50 Artikel sowie ein Marketing-Fachbuch und einen Elternratgeber veröffentlicht.

Axel Dammler ist zudem regelmäßiger Interviewpartner für Funk, TV und Printmedien und ist häufiger Referent z.B. bei Verbänden (z.B. *Akademie des Deutschen Buchhandels, Zeitungsmarketing Gesellschaft ZMG, Verband der deutschen Papierindustrie, Bundesverband kommunaler Energieversorger VKU, Bundesverband der Zeitungsverleger e.V. (BDZV), Deutscher Hotel- und Gaststättenverband DEHOGA, Spielwarenmesse Nürnberg*), für politische und gesellschaftliche Institutionen (z.B. *Auswärtiges Amt, Bundeszentrale für politische Bildung, Bertelsmann Stiftung, Evangelische Akademie Tutzing, Konrad-Adenauer-Stiftung, Deutscher Katechetenverein, Bundesamt für Sicherheit in der Informationstechnik, Evangelisch-Lutherische Kirche Bayern*) oder auf nationalen und internationalen Marketing-Fachkongressen (z.B. *Deutscher Handelstag, Kid Power, Teen Power, Management Circle*).

**Tim Ehrhardt** wurde am 15. März 1966 in Starnberg geboren. Nach dem Studium der Wirtschaftwissenschaften mit Schwerpunkt Marketing und Unternehmensführung an der *Universität Augsburg* startete er direkt in der Lizenzbranche und wirkte als Marketing- und Produktmanager großer Lizenzagenturen an zahlreichen Lizenzkampagnen mit, von *Familie Feuerstein* über *Pingu* bis hin zur der *Der Herr der Ringe*-Trilogie und *Star Wars – Episode 3*.

Heute ist Tim Ehrhardt für *The Licensing Company Germany* tätig und verantwortet dort die Bereiche Marketing, Produktentwicklung und Öffentlichkeitsarbeit. *The Licensing Company (TLC)* ist eine der weltweit führenden Lizenz- und Markenagenturen. Dabei vermarktet *TLC* Lizenzthemen großer Film- und Fernsehproduzenten, wie beispielsweise *Lucasfilm, Sony Pictures, Paramount Pictures, HBO* oder *Discovery Channel* und namhafte Markeninhaber wie z.B. *Coca-Cola, Mercedes-Benz* oder *Strenesse*. Mit Büros in London, Paris, München, New York und Tokio kann *TLC* globalen agieren und gleichzeitig regionale Expertise in die Vermarktung einbringen.

**Sabine Eckhardt,** geboren 1972, ist seit dem 1. Juli 2009 Geschäftsführerin der *SevenOne AdFactory*, einem Unternehmen der *ProSiebenSat.1 Group*, das als Partner von Kunden und Agenturen crossmediale Werbekonzepte entwickelt.

Seit April 2005 ist sie zudem Vorstandsmitglied der *ArtMerchandising & Media AG*. In dieser Funktion verantwortet sie die Lizenzierung von Kunstnebenrechten unter anderem von Künstlern wie *Marco, Charles Fazzino, Dalí, Monet, Klimt* und *Gauguin*. Gleichzeitig zeichnet Sabine Eckhardt als Geschäftsführerin der Buchagentur *Intermedien GmbH* für die

Vermarktung eines hochwertigen Portfolios an Kinder-Entertainment-Themen verantwortlich – darunter Klassiker wie *Pumuckl* und *Grisu*.

Von Oktober 2004 bis Juni 2009 führte Sabine Eckhardt als Geschäftsführerin die Geschäfte der *MM MerchandisingMedia* und verantwortete damit das gesamte Lizenzgeschäft rund um die Fernsehnebenrechte der Sendermarken der *ProSiebenSat.1 Group* sowie alle eigenständigen Lizenzthemen des Produktportfolios.

Bevor Sabine Eckhardt zur *ProSiebenSat.1 Group* kam, war sie als Head of Marketing & Merchandising für die *EM.TV AG* tätig. Nach ihrem Studium der Germanistik, Philosophie und BWL an der *LMU Münche*n startete sie ihre Karriere 1998 bei Mattel als Produktmanager für Fernsehlizenzen und wechselte anschließend als Marketing Manager zu *Digital Publishing*.

**Dr. Ursula Feindor-Schmidt, LL.M.** ist seit 1998 für *Lausen Rechtsanwälte* tätig, und seit 2009 ist sie Partnerin der Münchner Kanzlei. Nach dem Abschluss ihres LL.M.-Programms in Großbritannien mit dem Schwerpunkt „Intellectual Property Law", spezialisierte sie sich auf die anwaltliche Beratung im Bereich des Urheber-, Marken- und Wettbewerbsrechts sowie im Presse- und Verlagsrecht.

Erfahrung in der internationalen Entertainment-Branche konnte Dr. Ursula Feindor-Schmidt während ihrer Tätigkeit für medienrechtlich orientierte Kanzleien in Sydney und Los Angeles sammeln.

Frau Dr. Feindor-Schmidt hält Vorträge und Seminare in ihrem Schwerpunktbereich und veröffentlicht regelmäßig in Branchenpublikationen. Sie ist Fachanwältin für Urheber- und Medienrecht.

**Gabriele Lorenz-Schayer** war neun Jahre lang im Produktmanagement der WDR mediagroup licensing GmbH beschäftigt und hat von 2007 bis März 2011 das Produktmanagement dort geleitet. Derzeit ist sie als freie Beraterin und Coach in Köln tätig.

Bereits während ihrer langjährigen Tätigkeit als „Leitung Rechte und Lizenzen" bei der *Dumont Buchverlag GmbH & Co. KG* führte Gabriele Lorenz-Schayer regelmäßig Tagesseminare zum Thema „Rechte und Lizenzen" an der *HTWK Leipzig* durch. Von 2004 bis einschließlich 2007 setzte sie dies durch eine jährliche, ganztägige ehrenamtliche Lehrveranstaltung zum Thema „Merchandising – Erfolgreiche Vermarktung attraktiver Marken" im Fachbereich Medien, speziell der Studiengang Buchhandel/Verlagswirtschaft, an der *HTWK Leipzig* für Studierende des 7. Semesters fort.

Einen besonderen beruflichen Schwerpunkt bildeten zahlreiche Fortbildungen im Bereich Kommunikation, Führen und Coachen von Teams im Rahmen von Rechtevermarktung als strategisches Marketinginstrument. Seit Juni 2010 ist Gabriele Lorenz-Schayer ausgebildeter NLP-Master, DVNLP. Im Rahmen ihrer Tätigkeit beim *Dumont Buchverlag* war sie Fachmitglied einer Arbeitsgruppe zur „Entwicklung eines Vertrags- und Rechte-Moduls" der national und international lizenzierten Software „PPM – Produktplanungs- und Managementsystem für Verlage" der Firma *Klopotek und Partner*, Berlin.

**Florian Wagner** ist ausgebildeter Diplomkaufmann (*Universität zu Köln*) mit den Schwerpunkten Controlling und Marketing. Nachdem er für *Bertelsmann* acht Jahre u.a. das Thema Brand Licensing für Medienmarken verantwortet hatte, übernahm er für weitere 18 Monate die Geschäftsführung eines Verlages im Medienunternehmen *Georg von Holtzbrinck*.

Mitte 2006 gründete er das Beratungsunternehmen *Licennium*. *Licennium* ist spezialisiert auf die Entwicklung, die Vermarktung und den Kauf von Persönlichkeits- oder Markenrechten. Um dieses Beratungslevel weiterzuentwickeln, gründete er im Januar 2009 die Kommunikationsagentur *Interactum GmbH*, die ihre Schwerpunkte in den Bereichen CD, Packaging- und Webdesign hat.

Im November 2009 schloss sich Florian Wagner mit *Stefan Rüssli* zur *Rüssli, Wagner & Partner GmbH* zusammen. *Rüssli, Wagner & Partner* ist ein Beratungsunternehmen mit dem Schwerpunkt der Kapitalisierung von nationalen und internationalen Intellectual Properties.